江苏省农业科学院院史系列丛书

江苏省农业科学院
蔬菜研究所所志

1931 — 2019 年

王伟明　主编

中国农业科学技术出版社

图书在版编目（CIP）数据

江苏省农业科学院蔬菜研究所所志：1931—2019 年 / 王伟明主编 . —北京：中国农业科学技术出版社，2019. 7
（江苏省农业科学院院史系列丛书）
ISBN 978-7-5116-4309-4

Ⅰ. ①江…　Ⅱ. ①王…　Ⅲ. ①蔬菜-研究所-概况-江苏-1931—2019　Ⅳ. ①S63-242. 53

中国版本图书馆 CIP 数据核字（2019）第 152264 号

责任编辑	李冠桥
责任校对	马广洋
出 版 者	中国农业科学技术出版社 北京市中关村南大街 12 号　邮编：100081
电　　话	（010）82109705（编辑室）（010）82109702（发行部） （010）82109709（读者服务部）
传　　真	（010）82106625
网　　址	http：//www.castp.cn
经 销 者	各地新华书店
印 刷 者	北京科信印刷有限公司
开　　本	880 mm×1 230 mm　1/16
印　　张	11. 75　彩插　24 面
字　　数	365 千字
版　　次	2019 年 7 月第 1 版　2019 年 7 月第 1 次印刷
定　　价	150. 00 元

《江苏省农业科学院院史系列丛书》

编 委 会

《江苏省农业科学院蔬菜研究所所志（1931—2019年）》

编 委 会

主　编　王伟明

副主编　何循宏　赵统敏　刘金兵　陈龙正

编　委（按姓氏笔画排序）

于　利　万云龙　马　林　王伟明
王述彬　冯伟民　华秀红　庄　勇
刘若玮　刘金兵　羊杏平　严继勇
苏小俊　李建斌　何循宏　陈龙正
郑子松　赵统敏　姚协丰　徐　刚
徐　海　徐锦华　蒋　宁　管安琴

顾　问（按姓氏笔画排序）

刁阳隆　余文贵　辛红霞　汪兴汉
沈善铜　陈广福　陈　新　赵华崙
袁希汉　徐润芳

编撰人　华秀红　刘若玮　张晓青　韩　琪

序

“凡草菜可食者通名曰蔬，草木之可茹者谓之菜”，蔬菜（vegetable）是人类赖以生存和发展的基本食品。风雨兼程四十载硕果累累，峥嵘岁月埋头科研谱华章，坐落于风景秀丽的紫金山南麓的江苏省农业科学院蔬菜研究所自 1979 年成立至今，已经走过了 40 年的光辉历程。

“谷不熟为饥，蔬不熟为馑，果不熟为荒”。蔬菜科技在国民经济中的功能和地位不可替代。40 年来，在江苏省省委、省政府和相关部门及江苏省农业科学院的直接领导和关心支持下，一代又一代蔬菜所人，不畏艰辛，锐意进取，大胆创新，孜孜不倦，默默耕耘，将青春年华和满腔热血都无私地奉献给蔬菜所这方热土，取得了一个个辉煌成果，谱写了一曲曲璀璨华章。

巍峨钟山，山清水秀。蔬菜所源于 1931 年创建的原中央农业试验所，1979 年建所以来，牵头主持多项国家攻关重大课题、重要学术活动以及重大成果，“七五”“八五”期间，荣获全国农业科研单位综合科研能力优秀单位、全国农业科研开发综合实力百强研究所等称号。1988 年来，蔬菜学科的发展，经历了一个从孕育初生、成长壮大、蓬勃发展、改革调整、再创辉煌的漫长历程。在国内率先开展了地方品种资源的调查收集、优良品种的引进与利用、蔬菜杂种优势的利用与育种、生物技术在蔬菜育种上应用、蔬菜覆盖栽培及无土栽培技术、蔬菜贮藏保鲜、蔬菜病虫害防治，西瓜嫁接栽培，甜瓜东移育种等开拓性研究，较早地开展了食用菌研究。开创新品种的开发与推广，育成的‘早丰一号’、‘苏椒 5 号’辣椒、‘苏抗’番茄、‘苏蜜 1 号’西瓜、‘春丰’甘蓝等品种均先后在省内外大面积推广应用，并获得巨大的经济与社会效益。为我国蔬菜学科发展和蔬菜产业科技进步做出了重要贡献。

逶迤金陵，人杰地灵。作为全国成立较早的省级蔬菜研究机构，主要从事辣椒、番茄、茄子、甘蓝、白菜、豆类、西甜瓜、瓜类、食用菌等 20 余种蔬菜的育种及配套优质绿色生产技术在生产上广泛应用。先后承担国家及省部级及国际合作项目 430 多项，获得省部级以上成果奖 83 项，为江苏省乃至全国蔬菜产业经济发展和菜农增产增收提供强有力科技支撑。

四十载风雨兼程，不惑年光辉历程。如今的江苏省农业科学院蔬菜研究所正以崭新的风貌呈现在世人面前，受到国内外同行的瞩目。科研队伍日益壮大，科研实力持续增强，科研条件不断改善，对外合作与交流与日俱增。我相信蔬菜所的未来会越来越美好。

这部《江苏省农业科学院蔬菜研究所所志（1931—2019 年）》反映了锲而不舍的峥嵘岁月，展示了硕果累累的辉煌成就。激励新一代蔬菜所人，继续弘扬老一辈专家爱岗敬业、求真务实、开拓创新、团结协作的光荣传统，始终坚持面向生产内外结合的优良学风，高度重视科研成果转化的工作作风，在新时代新起点上，不忘初心，砥砺前行，凝心聚力，开放创新，服务社会，为江苏省蔬菜学科发展、产业兴旺、乡村振兴、人民健康做出新的更大贡献。

中国工程院院士 方智远

2019 年 5 月

前　言

江苏省农业科学院蔬菜研究所（全书简称蔬菜所）坐落于巍巍钟山脚下，蔬菜研究工作源自1931年创建的中央农业实验所时期，老一辈蔬菜专家管家骥先生主持的蔬菜、薯类研究工作。1937年中央农业实验所因抗战西迁，抗战胜利后迁回南京，1943年设立园艺系，下设蔬菜专业。1950年，在原中央农业实验所所址成立华东农业科学研究所，随后又历经中国农业科学院江苏分院、江苏省农业科学研究所的变更，1978年，江苏省农业科学院成立。建院之初，蔬菜科研主要力量还是园艺所下设的蔬菜室（组），1979年蔬菜研究工作从园艺所中划出，正式成立蔬菜所。八十多年历经数代蔬菜人的执着奋进，目前，蔬菜所已经成为集二十余种蔬菜作物品种选育、高效栽培、成果推广、服务“三农”为一体的蔬菜科研单位，在国内同行中具有一定的地位。

八十余载风雨兼程，一代代蔬菜科技工作者谱写了无数动人篇章，在蔬菜所发展史上留下浓墨重彩的印记。抗战胜利后，留美回国蔬菜专家姜诚贯、吴光远等先生，主持蔬菜研究工作，发现了洋葱雄性不育系与保持系，初步选育出优良杂种组合，其三系配套利用方法开创了我国蔬菜作物杂种优势利用的先河，成为新中国成立后蜚声海内外的著名蔬菜专家。

回眸过去，筚路蓝缕，我们的前辈们，以蔬菜科技为业，薪火相传，砥砺前行，先后培育出许多优良新品种，并在生产中大面积推广应用，推动了江苏省蔬菜科技事业的大发展。苏抗、苏粉系列番茄品种，成为20世纪80年代江苏省番茄的主栽品种，改变了省内番茄生产面貌，荣获国家科技进步三等奖2次；‘早丰一号’辣椒于20世纪70年代育成，是我国最早的辣椒一代杂交种，在国内十多个省、市推广应用，栽培面积累计百万亩（1亩约为667平方米，全书同）以上，成为20世纪70—80年代全国范围内应用最早、推广面积最大的辣椒一代杂种；‘苏蜜1号’西瓜在20世纪80年代中后期年均栽培面积达70万亩左右，占江苏省西瓜栽培面积的70%。多个优良品种得到了广泛认可，受到了种植户们的追捧，种子生产时常供不应求。20世纪90年代，蔬菜所最高年开发纯收入718万元，年均300多万元，1996年，仅‘苏椒5号’一个品种创收就达300万元，取得了很大的经济、社会效益，创造了20世纪蔬菜种植史上的一段传奇。‘春丰’甘蓝品种自20世纪90年代以来占据市场20余年，至今还保持一定的市场份额；近年来，‘博春’等春甘蓝品种遍布全国多个省、市，年均转化收益200万元左右。

蔬菜所为江苏省蔬菜地方品种资源保护做了大量工作，1956年、1961年、1978年蔬菜所先后3次牵头组织全省科研机构、政府机关、种子公司等12家单位，调查、收集、繁殖地方品种，上交国家种质资源库，有效保护了地方蔬菜品种资源，为蔬菜育种提供了丰富的资源材料。

“七五”“八五”期间，蔬菜所被评为全国农业科研开发综合实力百强所，1986—1987年，1988—1990年先后被评为江苏省文明单位。累累硕果记载着蔬菜所的辉煌。新时期，新挑战，勤奋的蔬菜人不懈努力，据不完全统计，“十二五”以来，主持科研项目200余项，累计到账科研经费1.43亿元，其中，国家基金18项。通过省级以上审（鉴）定新品种102个，获得品种权21个，发表文章近520篇，其中SCI论文56篇，出版论著23部，获得国家专利授权68项，主持获得省、市级奖10项。2019年5月，蔬菜所有研究员17人，副研究员33人；专业技术人员中博士学位占比达53%。建有江苏省高效园艺作物遗产改良重点实验室、六合基地等科研平台，建有“江苏省农业科学院西兰花产业研究院”等5个成果转化平台，“NTU-JAAS可持续农业联合研究中心”等国际合作平台。研究实力居全国同行前列。

编写所志，使我们从历史的变迁中认识到创业的艰辛；斗转星移，历经八十载辛勤耕耘，蔬菜先贤们用执着和毅力凝聚成一笔宝贵的财富。他们用毕生的精力为蔬菜事业创造了无与伦比的辉煌，他们的卓越成绩将激励着无数后人。

继往开来，我们在许多老专家健在之时记录下这段历史，不忘初心，砥砺奋进。只可惜，年代久远，可查资料不甚全面清晰，有的甚至无从查找，孤证不立，不可断章取义，加之编者水平有限，疏漏谬误之处，敬请指正、海涵。

所志编写委员会

2019年5月

目　录

第一章　历史沿革

第一节　发展历程

江苏省农业科学院蔬菜研究源自1931年在南京创建的中央农业实验所，1979年正式建立蔬菜所，2003年实行蔬菜所和江苏省江蔬种苗科技有限公司一体化运行，企业化管理，2005年蔬菜所恢复为非营利研究所。发展历程如下。

一、中央农业实验所蔬菜专业（1931—1949年）

中央农业实验所始建于1931年，建立初期归实业部管辖；1938年经济部接管；1940年农林部成立，归农林部管辖，1949年4月23日，南京解放，由中国人民解放军军管会军事接管。

中央农业实验所成立之初，所址暂设在南京城内秣陵路崔八巷202号，1934年春，农场场地征收完毕，在南京市马群以西，孝陵卫以东，约2 570亩，试验用地整理经过3个月方就绪，当年10月，实验室建设初落成，迁入新地办公，即为现江苏省农业科学院现址。1937年11月因抗战奉命西迁至湖南；1938年2月又奉命迁至重庆；抗战胜利后，1946年1月起，奉命迁回南京。

中央农业实验所初期共设植物生产、动物生产、农业经济三个科，科内设系；植物生产科共设农艺系（下设蔬菜专业等）、森林系、土壤肥料系、植物病虫害系等4个系；1938年，经济部接管后，遵照改隶后所定规程，直接设系，分设稻作系、棉作系、麦作杂粮系、园艺系、森林系、蚕桑系、畜牧兽医系、水产系、土壤肥料系、植物病虫害系和农业经济系等11个系。

因人才与地域的关系，1943年，园艺系方始建立，下设蔬菜专业、果树专业、薯类专业。由老一辈蔬菜专家管家骥先生主持蔬菜和薯类研究工作。姜诚贯、吴光远等先生留美回国，主持蔬菜引种及栽培技术研究。

二、华东农业科学研究所园艺系蔬菜组（1950年2月—1959年5月）

1949年5月初，中国人民解放军南京市军管会接管了中央农业实验所，部分之前被疏散的人员和仪器陆续回到南京，10月上旬，移交华东农林部驻宁办事处接管领导，进行各项恢复工作。1950年，成立华东农业科学研究所。

华东农业科学研究所先后隶属于华东区财政经济委员会农林水利部、华东军政委员会农林水利部、华东行政委员会农林水利局、中华人民共和国农业部、中国农业科学院等。

华东农业科学研究所成立初期有食用作物系、特用作物系、园艺系、蚕桑系、畜牧兽医系、森林系、植物病虫害系、土壤系、农业化学系和农具系等10个系。后经过系列调整，1959年时，设有水稻作物系、麦作杂粮系、油料作物系、园艺系、畜牧兽医系、植物保护系、土壤肥料系、经济作物系、农业经济系、原子能利用研究室、作物生理研究室、农业气象研究室等技术部门。直属单位：农业红专大学、水产研究所、林业研究所、家禽研究所、甘薯研究所（1957 年 9 月—1959 年 3 月华东农业科学研究所曾代管南京农业机械化研究所）。

园艺系（主任姜诚贯、副主任吴光远），内设果树、蔬菜和薯类三个组，其中蔬菜组有专业人员 6~10 人。

三、中国农业科学院江苏分院园艺系蔬菜组（1959 年 5 月—1970 年 4 月）

1958 年 8 月起，以华东农业科学研究所为基础，筹建中国农业科学院江苏分院，1959 年 1 月，在全省农业科学工作会议上江苏省省委宣布成立中国农业科学院江苏分院，5 月 11 日，印章正式启用。

中国农业科学院江苏分院在江苏省委和江苏省人民委员会的统一领导下，负责管理江苏省农业科学研究工作。在业务上接受中国农业科学院的领导，协助中国科学院及中国农业科学院管理江苏地区有关农业综合的和专业研究工作。

中国农业科学院江苏分院成立初期设水稻作物系、麦作杂粮系、油料作物系、园艺系、畜牧兽医系、植物保护系、土壤肥料系、经济作物系、农业经济系以及原子能农业利用研究室、作物生理研究室、农业气象研究室等。园艺研究室下设蔬菜组。院直属单位包括：农业红专大学（1960 年 9 月撤销）、水产研究所、林业研究所、家禽研究所、甘薯研究所。

内设机构经历数次调整。1965 年 6 月，经江苏省委批准创办农业科技大学（1970 年 3 月，根据革命委员会精神撤销）。1966 年院属业务单位有粮食、经济作物、土壤肥料、植物保护、畜牧兽医、园艺、农业物理、生理生化等 8 个系。1968—1970 年“文化大革命”期间，绝大多数科技人员被下放，蔬菜组仅有 3 人留院。

四、江苏省农业科学研究所园艺研究室蔬菜组（1970 年 4 月—1977 年 9 月）

1970 年 4 月，江苏省革命委员会生产指挥组将中国农业科学院江苏分院与江苏省水产研究所合并，成立江苏省农业科学研究所。先后隶属于江苏省革命委员会农业局、江苏省革命委员会农水办公室。

江苏省农业科学研究所成立后，科研人员陆续回归，所下设粮食作物组、经济作物组、土壤肥料组、植物保护组、园艺组、水产组、林业组、畜牧兽医组等。1973 年将各研究组改为研究室，1975 年时，设有粮食、经济作物、土壤肥料、植物保护、畜牧兽医、园艺、农业理化、农业遗产、水产等 9 个研究室。园艺研究室下设蔬菜组。

“文化大革命”时期，科研工作无法正常进行。但由于科研工作的延续性、难以分割的特点，特别是“文革”前的科研积累，对 20 世纪 70 年代的科研工作产生了很大的影响。

五、江苏省农业科学院园艺研究所蔬菜研究室（1977 年 9 月—1979 年 10 月）

1977 年 9 月 11 日，中共江苏省委苏委组字〔1977〕159 号文件通知，成立江苏省农业科学研究院，直接隶属于中共江苏省委、江苏省人民政府领导。9 月 27 日，江苏省农业科学院报告中共江苏省委组织部，与全国省级农业科学院名称统一，改名为“江苏省农业科学院”，1977 年 11 月 9 日，“江苏省农业科学院”（全书简称江苏省农科院）印章启用。

1978 年 5 月，江苏省革命委员会发文批复，江苏省农业科学院内设粮食作物研究所、经济作物研究所、园艺研究所、畜牧兽医研究所、植物保护研究所、土壤肥料研究所、农业物理化学研究室、情报资料研究室等科研机构。

园艺研究所内设蔬菜研究室、果树研究室等。蔬菜科研人员 10 人左右。

六、江苏省农业科学院蔬菜研究所（1979 年 11 月—2003 年 4 月）

1979 年 3 月，江苏省农业科学院向江苏省委组织部发文请示拟建江苏省农业科学院蔬菜研究所，拟由姜诚贯任所长，陈广福、杨起英任副所长，蔬菜研究所正式进入筹建阶段。1979 年 11 月，根据江苏省革命委员会发文批复，正式成立蔬菜研究所。办公地点在园艺楼。姜诚贯未到任工作，另有任用。

园艺楼外景照片

2003 年，蔬菜所大楼重新装修后外景

1979—1983 年，所内设育种、栽培、瓜类、品种资源等研究室和食用菌、组织培养、蔬菜植保等课题组。科技干部从 20 余人增加到 40 人左右，在职职工逐渐发展到 60 人左右。

1984—1987 年，所内设育种研究一室、育种研究二室、栽培室、瓜类（西香瓜）研究室、食用菌、植保组、资料室、化验室等部门，在职职工 70 人左右。

1988—1992 年，所内设蔬菜育种一室、蔬菜育种二室、蔬菜栽培室、西香瓜研究室、植保课题组、食用菌课题组等 6 个部门。在职职工 70 人左右。

1993 年，所内设蔬菜育种一室、蔬菜育种二室、设施栽培室、西甜瓜研究室、食用菌研究室、无土栽培研究室、化验室、成果开发办公室等 8 个部门。在职职工 68 人。

1994 年增设所办公室，其他不变，增至 9 个部门。在职职工 69 人。

1995 年，所内设蔬菜育种一室、蔬菜育种二室、蔬菜育种三室、蔬菜育种四室、蔬菜育种五室、蔬菜育种六室、设施栽培研究室、无土栽培与绿色食品室、植保研究室、食用菌组、化验室、会计室、科技开发部、所办公室等 14 个部门。在职职工 72 人。

1996—1997 年，所内设番茄（芦笋、黄瓜）育种室，辣椒育种室，茄子、豆类资源室，西瓜、甜瓜育种室，十字花科育种室，设施栽培研究室，无土栽培研究室，植保研究室，食用菌研究室，化验室，会计室，经营部，所办公室等 13 个部门。在职职工 74 人，后增加至 77 人。

1998 年，所内设蔬菜研究一室、蔬菜研究二室、蔬菜研究三室、蔬菜研究四室、食用菌组、蔬菜农药试验组、蔬菜净加工组、技术服务部、繁种部、办公室、会计室、经营部等 12 个部门。在职职工 76 人。

1999 年，所内设蔬菜研究一室、蔬菜研究二室、蔬菜研究三室、蔬菜研究四室、食用菌、技术服务部、繁种部、所办公室、经营部等 9 个部门。在职职工 71 人。

2000 年，所内设茄果类研究室、叶菜类研究室、豆类蔬菜研究室、西甜瓜研究室、设施栽培研究室、食用菌、所办公室、经营部等 8 个部门。在职职工 63 人。

2001 年，所内设茄果类研究室、叶菜类育种研究室、豆类育种研究室、瓜类作物育种研究室、设施栽培研究室、食用菌开发组、所办公室、经营部等 8 个部门。在职职工 59 人。

2002 年，所内设茄果类育种研究室、叶菜类育种研究室、豆类育种研究室、瓜类作物育种研究室、所办公室、经营部、会计室等 7 个部门。在职职工 54 人。

七、江苏省江蔬种苗科技有限公司（蔬菜研究所）（2003 年 4 月—2005 年 4 月）

江苏省江蔬种苗科技有限公司组建于 2003 年，由江苏省农业科学院控股，是以院内蔬菜研究所、粮食作物研究所等专业所为技术支撑的科技型企业，主要从事蔬菜、西甜瓜、鲜食玉米等新品种、新技术的推广应用。

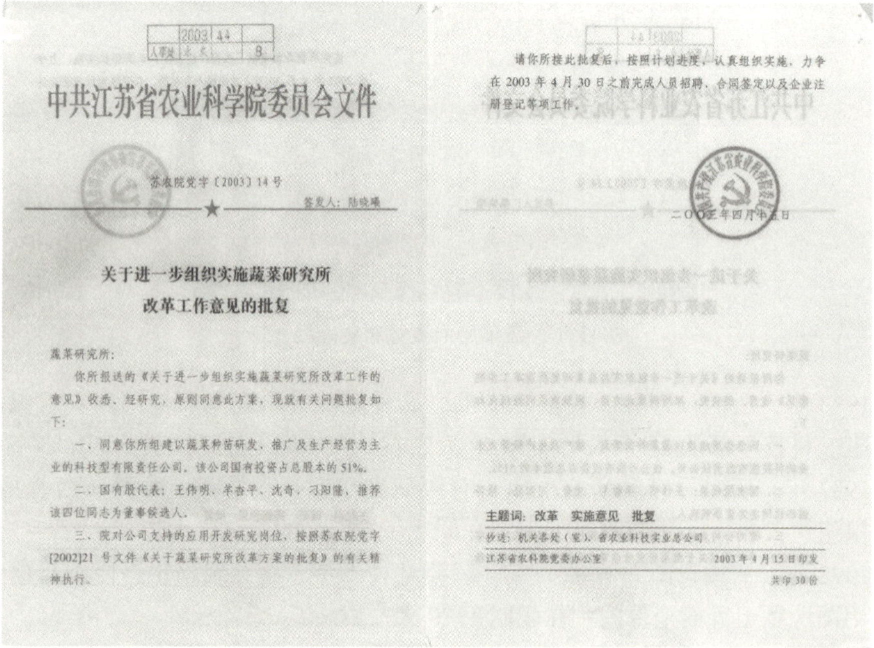

中共江苏省农业科学院委员会文件

苏农院党字〔2003〕14 号

签发人：陆晓曦

关于进一步组织实施蔬菜研究所改革工作意见的批复

蔬菜研究所：

你所报送的《关于进一步组织实施蔬菜研究所改革工作的意见》收悉。经研究，原则同意此方案，现就有关问题批复如下：

一、同意你所组建以蔬菜种苗研发、推广及生产经营为主业的科技型有限责任公司。该公司国有投资占总股本的 51%。

二、国有股代表：王伟明、羊杏平、沈奇、刁阳隆，推荐该四位同志为董事候选人。

三、院对公司支持的应用开发研究岗位，按照苏农院党字[2002]21 号文件《关于蔬菜研究所改革方案的批复》的有关精神执行。

请你所接此批复后，按照计划进度，认真组织实施，力争在 2003 年 4 月 30 日之前完成人员招聘、合同签定以及企业注册登记等项工作。

二〇〇三年四月十五日

主题词：改革　实施意见　批复

抄送：机关各处（室）、省农业科技实业总公司

江苏省农科院党委办公室　2003 年 4 月 15 日印发

共印 30 份

2003 年 4 月 15 日，中共江苏省农业科学院委员会《关于进一步组织实施蔬菜研究所改革工作意见的批复》同意组建以蔬菜种苗研发、推广及生产经营为主的科技型有限责任公司

下设办公室、财务部、经营部、研发部（茄果类育种研究室、叶菜类育种研究室、豆类作物育种研究室、瓜类作物育种研究室、白菜研发岗）。

八、江苏省农业科学院蔬菜研究所（2005 年 4 月至今）

2005 年 4 月，蔬菜研究所重新恢复为非营利事业单位。

江苏省农业科学院文件

苏农院字〔2005〕33 号

关于调整院部分公益性研究项目组的决定

各专业所、处（室）、中心：

为了进一步优化科技资源配置，加强和促进学科建设，巩固、提高我院科技水平和综合竞争实力，更好地服务“三农”、服务经济建设主战场，经过充分调研、专家论证和讨论，决定增设和调整组建“农业投入品质量安全技术研究”等 22 个公益性项目组（见附件）。

公益性项目组的组建和管理按照苏农院字〔2005〕28 号文件的相关条款及院部出台的相关规定执行。对于人数未达基本编制数（不包括非进编人事代理人员）而又必须运行的项目组，其工作人员只享受财政统发工资待遇，直至项目组完整组建到位为止。

调整后项目组的人员组成由建设单位根据决定要求拟定，并报院人事处。新项目组原则上在处理完毕与原公益性项目组、原研发项目组和原企业等相关事宜后开始运行。在研课题原则上随课题主持人进入新组建的项目组实施。

附件：院公益性研究（领域）项目组调整方案

二〇〇五年四月二十一日

附件

院公益性研究（领域）项目组调整方案

关于调整院部分公益性研究项目组的决定

2015 年，蔬菜所迁入现办公大楼

2005—2006 年，内设机构为茄果类蔬菜新品种选育及育种技术研究项目组、甘蓝类蔬菜新品种选育及育种技术研究项目组、瓜类作物新品种选育及育种技术研究项目组、露地蔬菜无公害栽培技术研究项目组、蔬菜设施栽培技术研究项目组、十字花科蔬菜新品种选育及育种技术研究（课题组）、食用菌新品种选育及病虫害防治技术研究（课题组）等 7 个部门。在编职工 33 人，后增加至 36 人。

2007 年，增设豆类作物新品种选育及育种技术研究项目组，内设机构增至 8 个。在编职工 39 人。

2008 年，内设机构不变。在编职工 44 人。

2009 年，成立茄果类蔬菜育种研究室，下设辣椒茄子新品种选育及育种技术研究项目组和番茄新品种选育及育种技术研究项目组，增设蔬菜科技服务项目组。在编职工 53 人。

2010 年，内设机构不变。在职职工 59 人。

2011 年，内设 13 个项目组，分别是辣椒研究项目组、番茄研究项目组、茄子研究项目组、十字花科蔬菜项目组、甘蓝研究项目组、花菜研究项目组、萝卜研究项目组、瓜类作物新品种选育及育种技术研究项目组、露地蔬菜无公害栽培技术研究项目组、蔬菜设施栽培技术研究项目组、食用菌新品种选育及育种技术研究项目组、豆类作物新品种选育及育种技术研究项目组、蔬菜科技服务项目组。在编职工 61 人。

2012 年，成立茄果类蔬菜研究室，内设辣椒研究项目组、番茄研究项目组、茄子研究项目组，成立豆类作物研究室（原豆类作物新品种选育及育种技术研究项目组），内设食用豆研究项目组、菜用豆研究项目组，其他项目组不变。在编职工 62 人。

2013 年，成立瓜类作物研究室（原瓜类作物新品种选育及育种技术研究项目组），下设西瓜研究项目组、甜瓜研究项目组，其他项目组不变。在编职工 66 人。

2014 年，内设机构不变。在编职工 64 人。

2015 年，根据江苏省农业科学院内设机构调整方案，成立五个研究室：茄果类蔬菜研究室，下设辣椒研究方向、番茄研究方向、茄子研究方向；瓜类作物研究室，下设西瓜研究方向、甜瓜研究方向、瓜类蔬菜研究方向；叶菜类蔬菜研究室，下设甘蓝种质创新研究方向、甘蓝生物技术研究方向、小白菜研究方向；豆类作物与食用菌研究室，下设食用豆研究方向、菜用豆研究方向、食用菌研究方向；蔬菜栽培研究室，下设蔬菜设施栽培研究方向、蔬菜无公害栽培研究方向；科技服务部。在编职工 64 人。

2016 年，内设机构不变。在编职工 68 人。

2017 年，成立食用菌研究室（原豆类作物与食用菌研究室，豆类学科整体划入院经济作物研究所）；筹备成立特色蔬菜研究室，其他研究室不变。在编职工 64 人。

2018 年至 2019 年 5 月，全院设蔬菜研究所等 18 个专业研究所和研究中心。蔬菜所设 6 个研究室、科技服务部以及综合办公室。茄果类蔬菜研究室，下设辣椒研究方向、番茄研究方向、茄子研究方向；瓜类作物研究室，下设西瓜研究方向、甜瓜研究方向、瓜类蔬菜研究方向；叶菜类蔬菜研究室，下设甘蓝种质创新研究方向、甘蓝生物技术研究方向、小白菜研究方向；食用菌研究室；蔬菜栽培研究室，下设蔬菜设施栽培研究方向、蔬菜无公害栽培研究方向；特色蔬菜研究室（筹）；蔬菜科技服务部；所综合办公室。在编职工 67 人。

第二节 历任所领导

1979 年 11 月，江苏省农业科学院蔬菜研究所正式成立。

历任所领导任职时间

所长	党支部书记	副所长
陈广福 1979 年 11 月—1984 年 1 月 （副所长主持工作）	易盛高 1980 年 4 月—1991 年 3 月	杨起英 1979 年 11 月—1982 年 2 月 徐鹤林 1981 年 10 月—1984 年 1 月 易盛高 1981 年 10 月—1984 年 1 月 赵华崙 1981 年 10 月—1984 年 1 月
徐鹤林 1984 年 1 月—1991 年 3 月		易盛高 1984 年 1 月—1991 年 3 月 赵华崙 1984 年 1 月—1991 年 3 月 杨起英 1984 年 1 月—1991 年 3 月
赵华崙 1991 年 3 月—1995 年 11 月	刘兆文 1991 年 3 月—1995 年 11 月	刘兆文 1991 年 3 月—1995 年 11 月 杨起英 1991 年 3 月—1993 年 6 月 汪兴汉 1991 年 3 月—1995 年 11 月 袁希汉 1994 年 3 月—1995 年 11 月

（续表）

所长	党支部书记	副所长
汪兴汉 1995 年 11 月—1997 年 12 月	李春芳 1995 年 11 月—2003 年 3 月	袁希汉 1995 年 11 月—1997 年 12 月 余文贵 1995 年 11 月—1997 年 12 月 李春芳 1995 年 11 月—1997 年 12 月
袁希汉 1998 年 1 月—2003 年 3 月		余文贵 1998 年 1 月—1998 年 10 月 李春芳 1998 年 1 月—2003 年 3 月 羊杏平 1998 年 1 月—2003 年 3 月 王伟明 1999 年 4 月—2001 年 6 月
王伟明 2003 年 4 月—2005 年 5 月 （江蔬种苗董事长， 主持蔬菜所工作）	沈　奇 2003 年 4 月—2005 年 5 月	羊杏平（总经理、副所长） 2003 年 4 月—2005 年 5 月 刁阳隆（副总经理、副所长） 2003 年 4 月—2005 年 5 月 沈 奇 2003 年 4 月—2005 年 5 月
羊杏平 2005 年 5 月—2014 年 5 月	王治林 2005 年 5 月—2008 年 5 月 唐于银 2008 年 6 月—2012 年 6 月 刁阳隆 2012 年 6 月—2013 年 6 月 李　胜 2013 年 6 月—2014 年 5 月	王治林 2005 年 5 月—2008 年 5 月 唐于银 2008 年 6 月—2012 年 6 月 陈　新 2010 年 9 月—2014 年 5 月 李　胜 2013 年 6 月—2014 年 5 月 赵统敏 2013 年 6 月—2014 年 5 月
王伟明 2014 年 5 月至今	羊杏平 2014 年 5 月—2015 年 5 月 辛红霞 2015 年 5 月—2017 年 2 月 何绍平 2017 年 2 月—2017 年 12 月 赵统敏 2017 年 12 月—2018 年 12 月 何循宏 2018 年 12 月至今	陈　新 2014 年 5 月—2017 年 2 月 赵统敏 2014 年 5 月—2018 年 12 月 （2015 年 8 月起正处级） 刘金兵 2015 年 9 月至今 陈龙正 2017 年 12 月至今

第三节　几个历史节点人员名单

以院所更名变迁为线，以查阅到的同期人员名册为据，每个历史时期列出一份人员名单。

一、中央农业实验所园艺系

根据院 1949 年职工名册，职员分别在所本部（南京）以及成都、四川北碚农事试验场、广西柳州、福建崇安茶叶试验场等南京之外的附属机构。

本部：

技正：林　刚　贾伟良　吴光远　姜诚贯　李联标

技士：邓　励　祁绍玮　李宜珹　陆之琳　张纪增

技佐：张必泰　邓乃朋　杨显明　左大勋　钟稚田　万良柴　付而琛　邬祥光

四川北碚农事试验场：

技正：杨鸿祖（兼任场长）

技佐：叶孝怡　徐绍舜　王学思　罗良杓

练习生：罗文光

成都：

技佐：李阳森

练习生：刘宇泰　徐剑飞

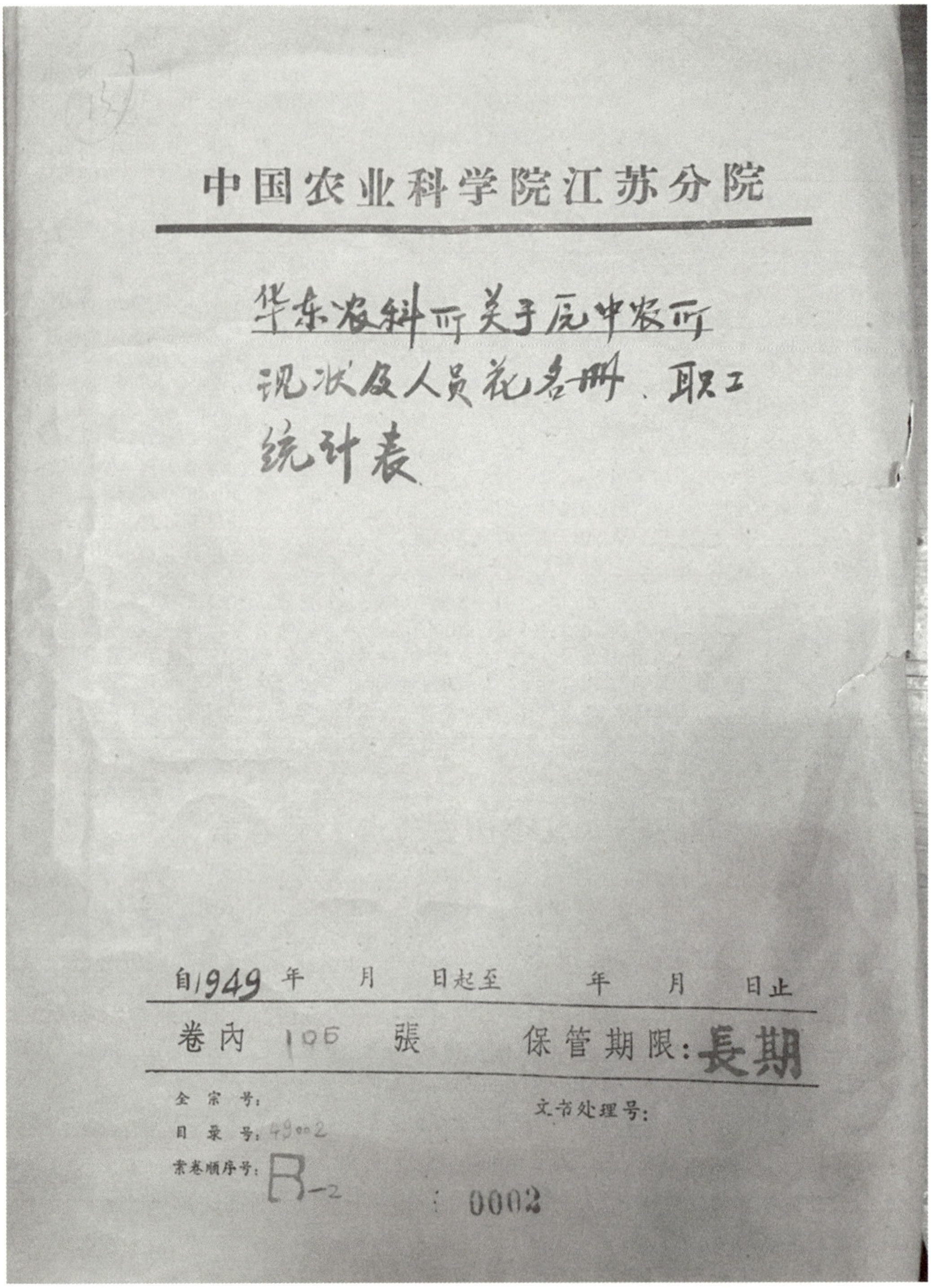
中国农业科学院江苏分院

华东农科所关于原中农所现状及人员花名册、职工统计表

自1949年　月　日起至　年　月　日止

卷內 106 張　保管期限：長期

全宗号：

目录号：49002

宗卷顺序号：B-2

文书处理号：

0002

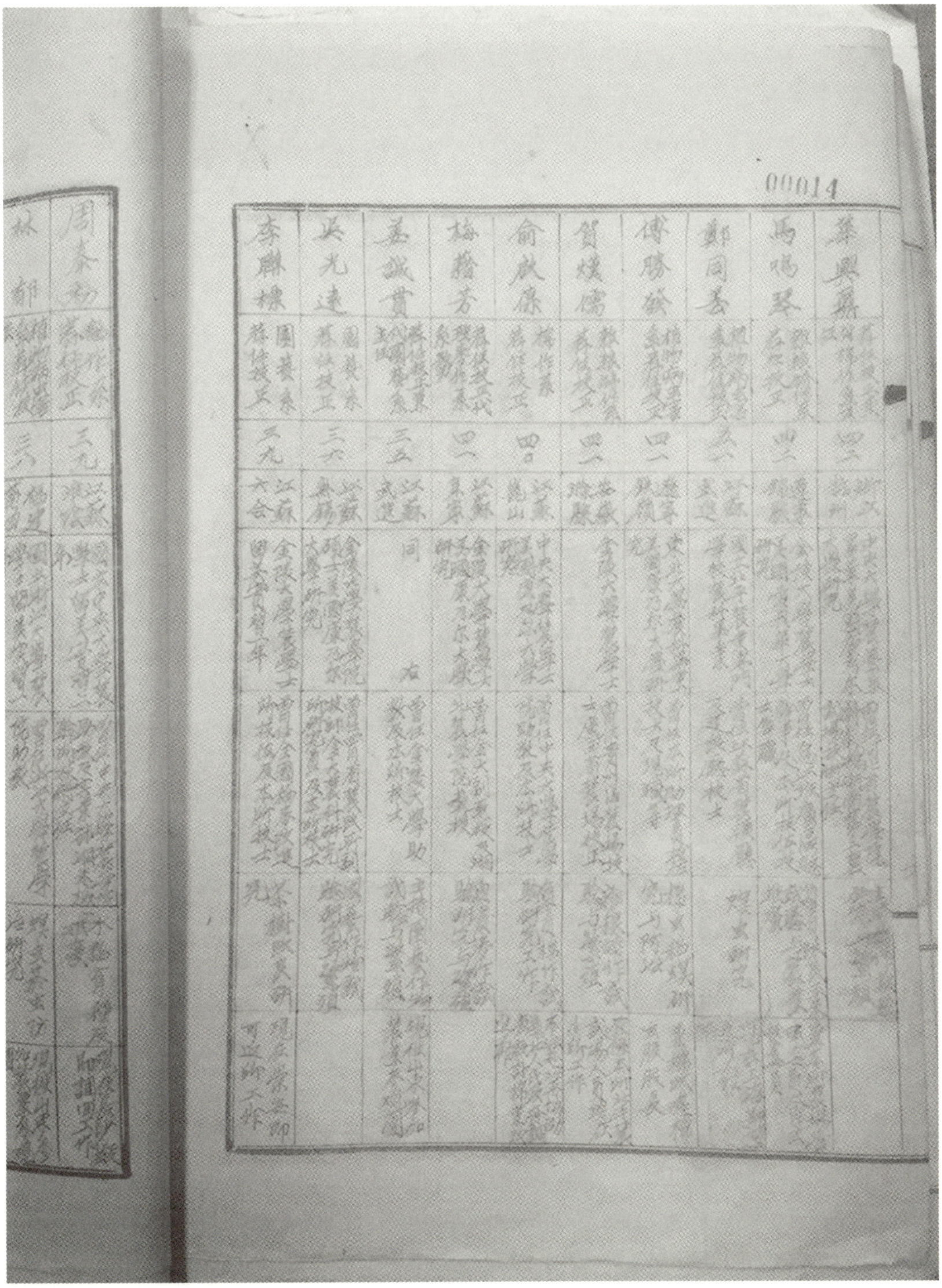
00014

李鵬標	吳光遠	姜誠貫	梅藉芳	俞啟葆	賀煥儒	傅勝發	鄭同善	馬鳴琴	華興鼐
園藝系 兼任技正	園藝系 兼任技正	[illegible]	[illegible]	棉作系 兼任技正	[illegible]	[illegible]	[illegible]	[illegible]	[illegible]
三九	三六	三五	四一	四〇	四一	四一	三八	四[illegible]	四二
江蘇六合	江蘇無錫	江蘇武進	江蘇泰興	江蘇崑山	安徽滁縣	[illegible]	江蘇武進	[illegible]	浙江杭州

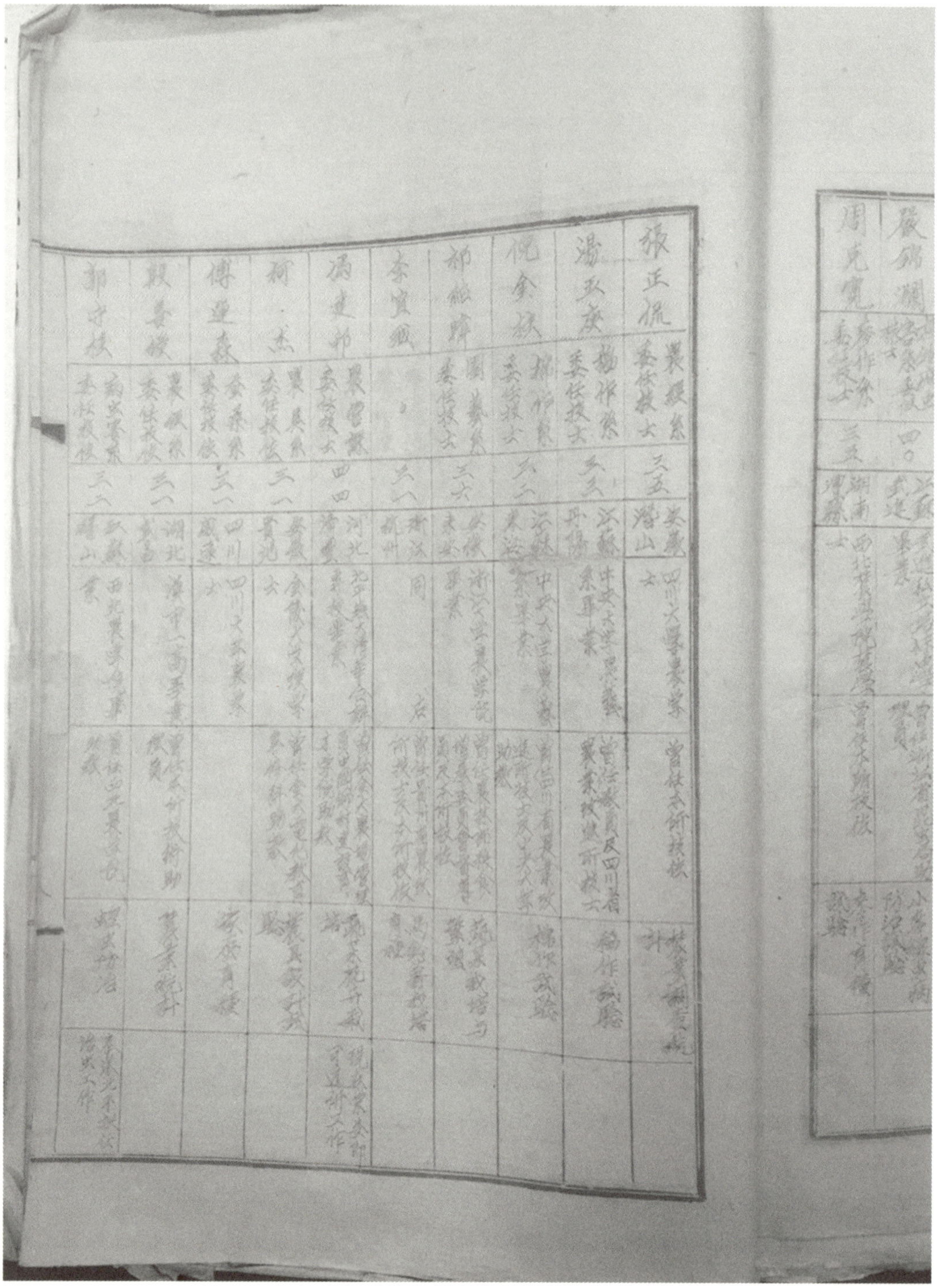

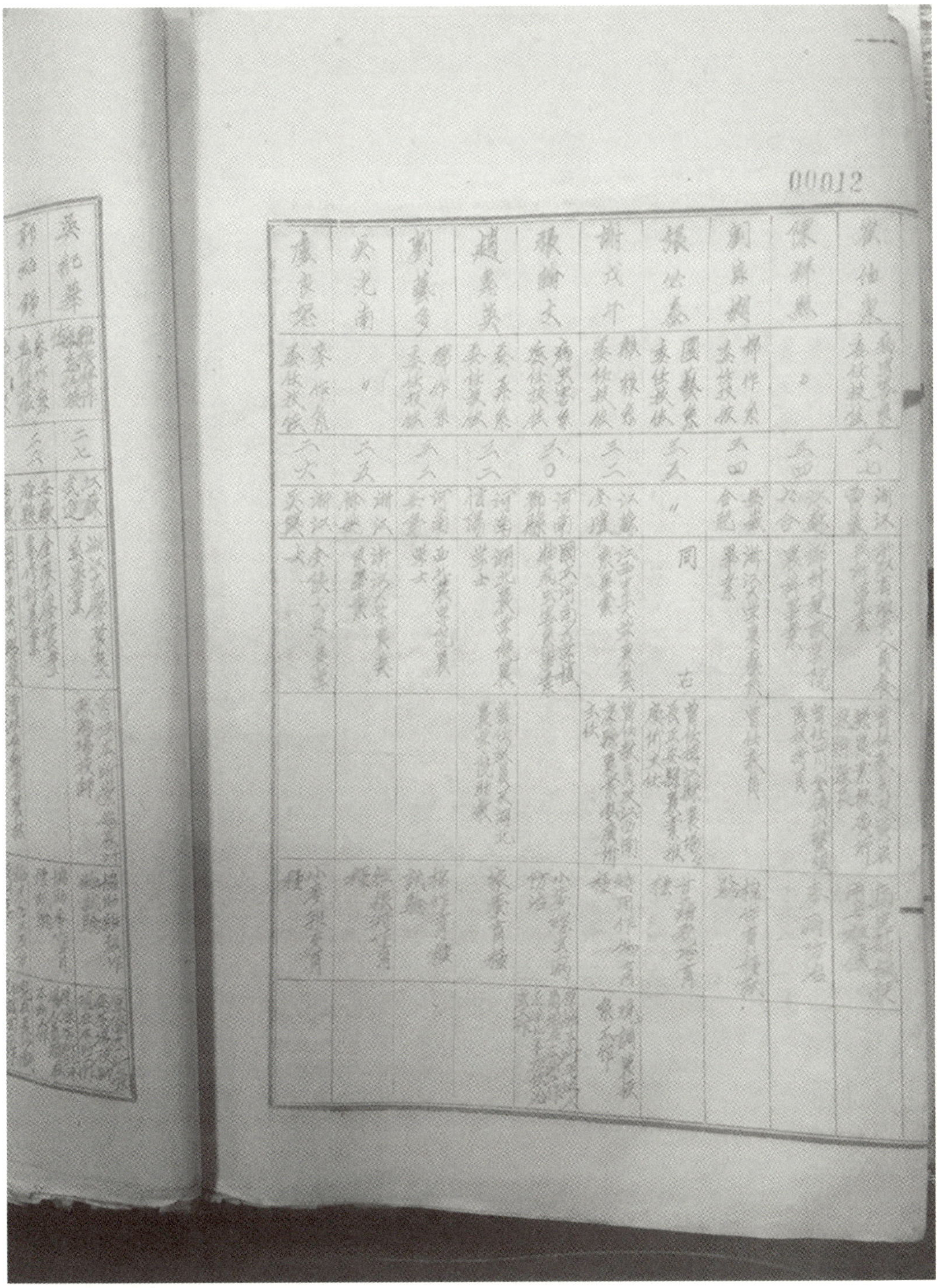
00012

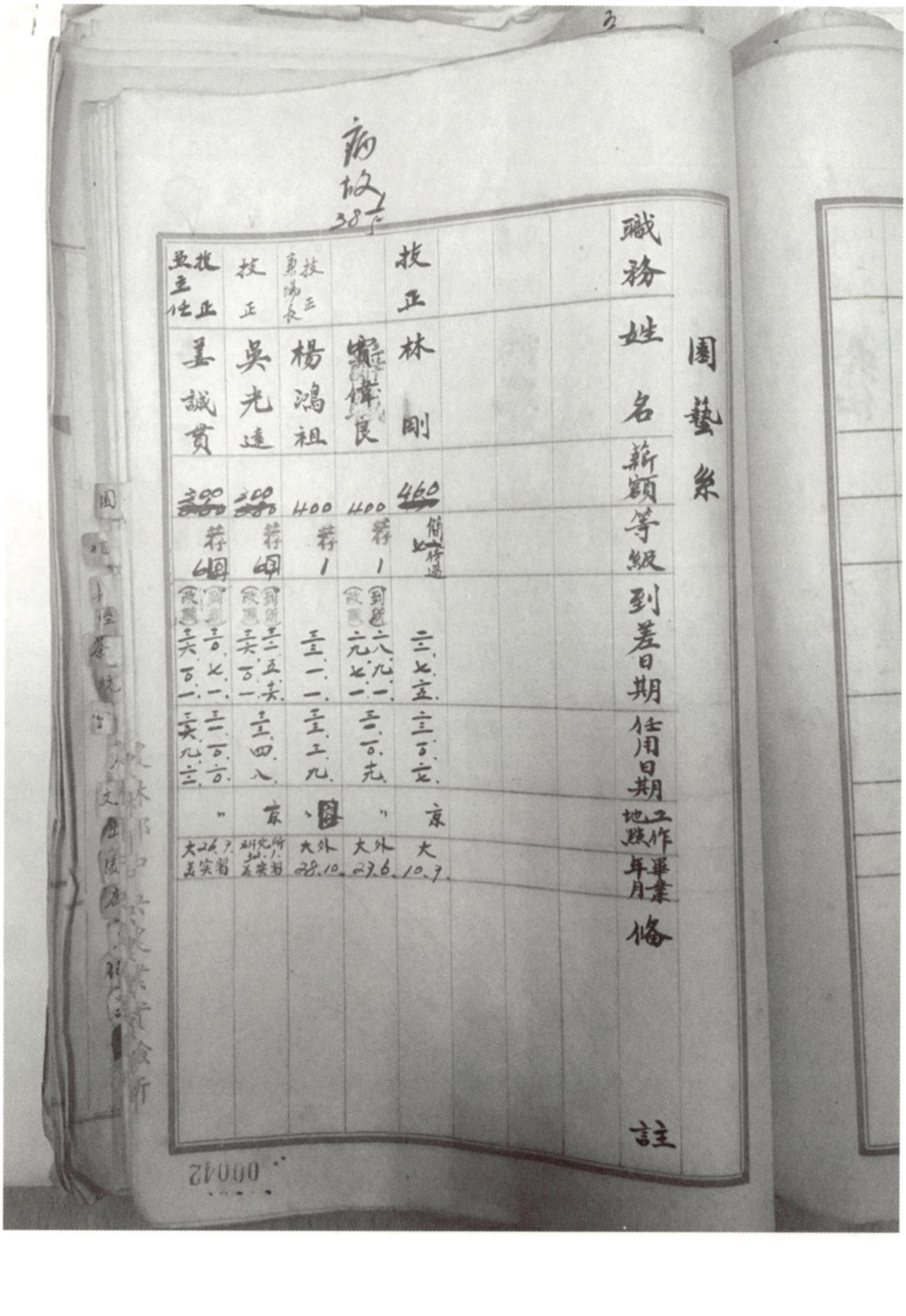

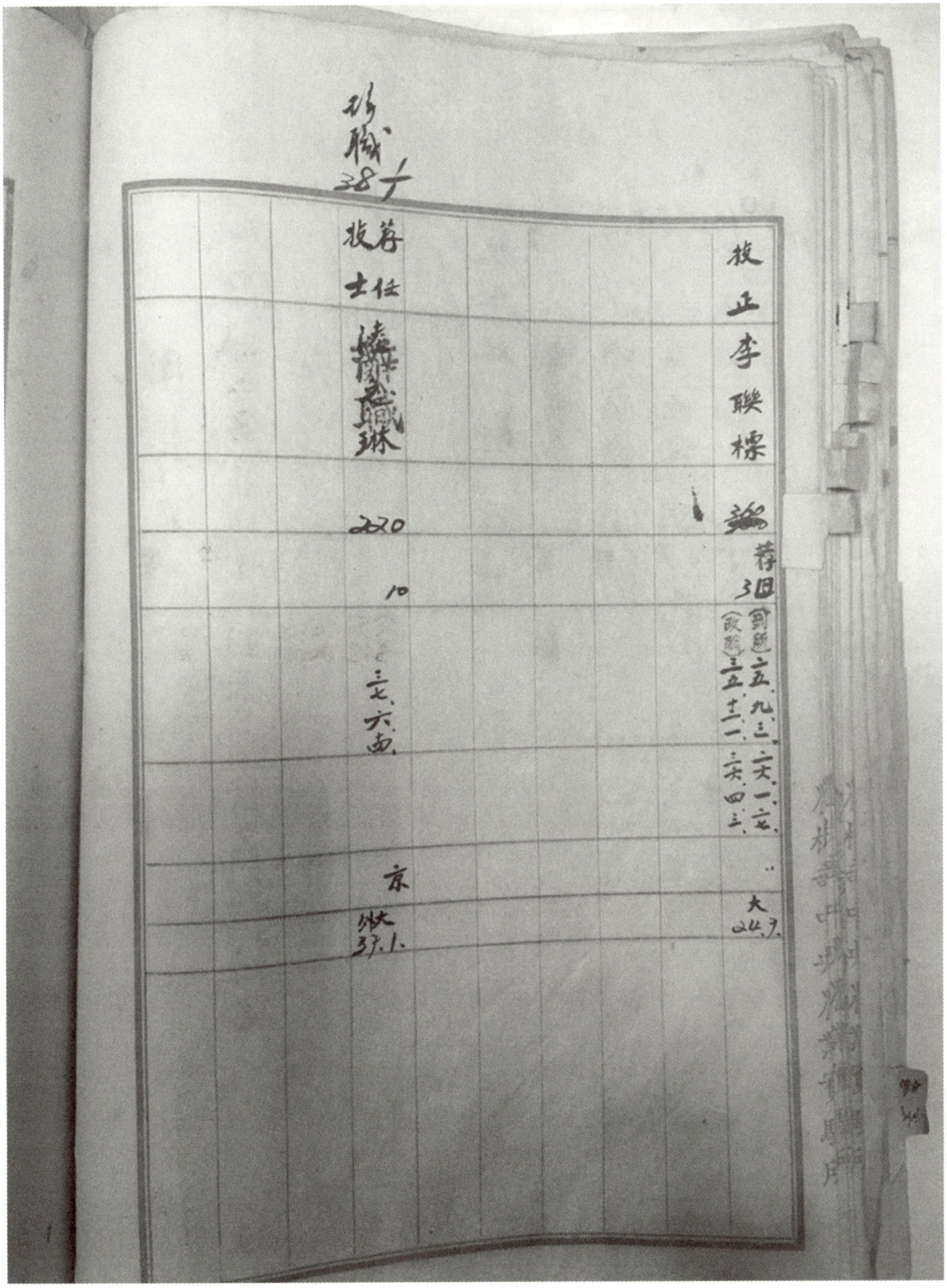

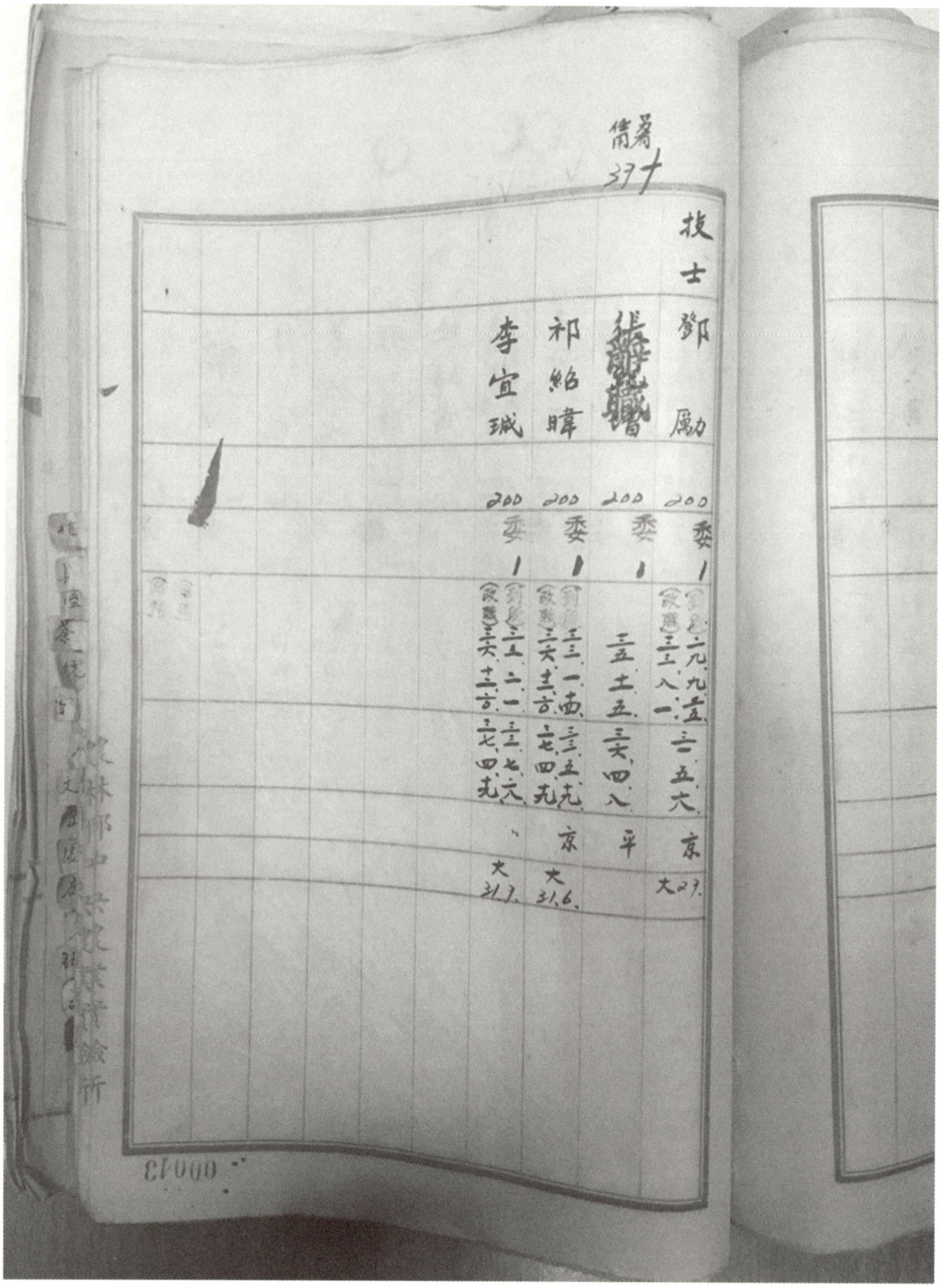
技士
鄧勵
祁紹暐
李宜瑊
200 委 1
200 委 1
200 委 1
200 委 1

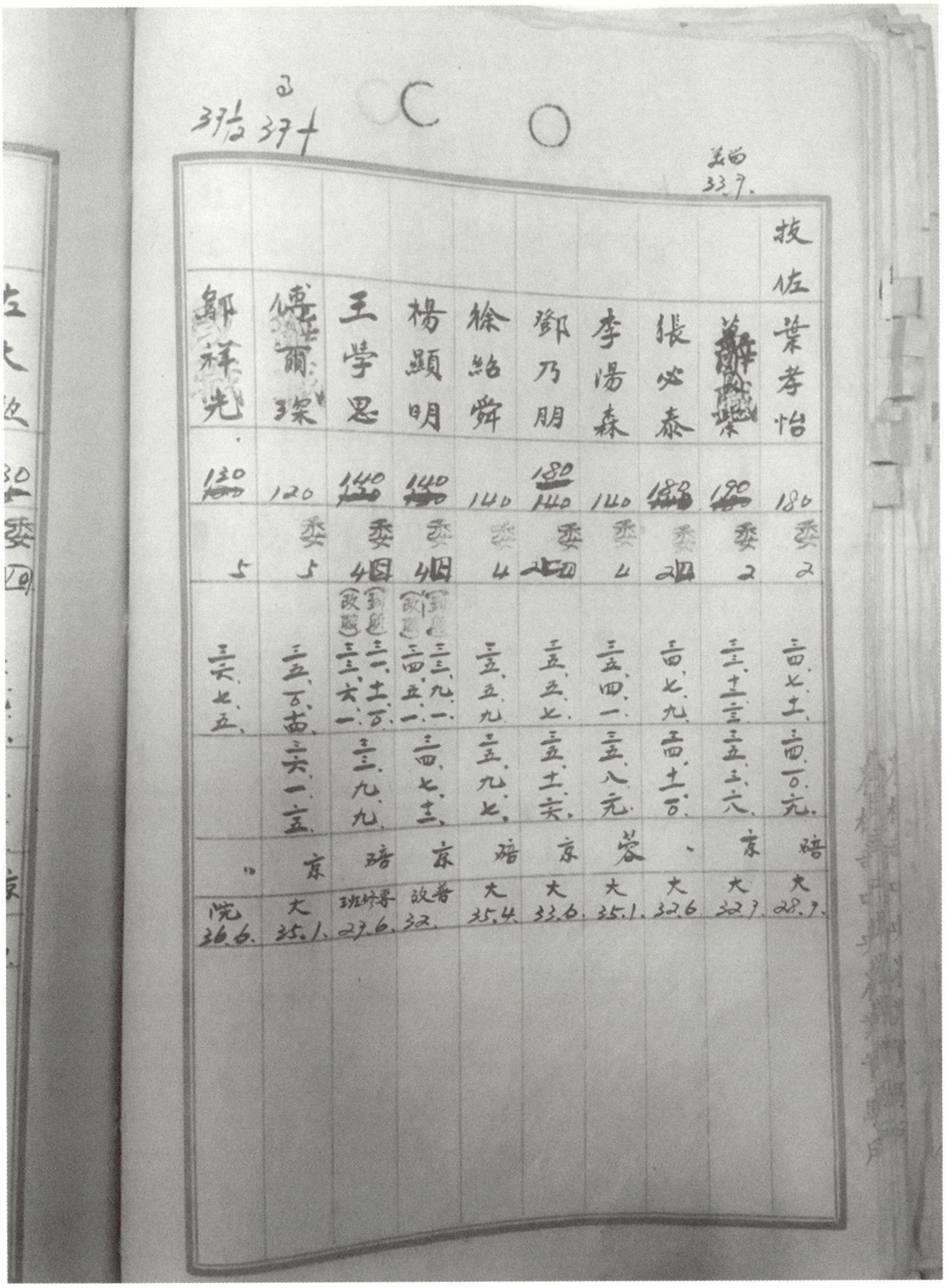
姓名	末栏
教佐 葉孝怡	大 28.9.
[illegible]	大 32.7.
張必泰	大 32.6
李湯森	大 35.1.
鄧乃朋	大 33.6.
徐紹舜	大 35.4.
楊顯明	政普 32.
王學思	班修學 33.6.
傅爾琛	大 35.1.
鄒祥光	院 36.6.

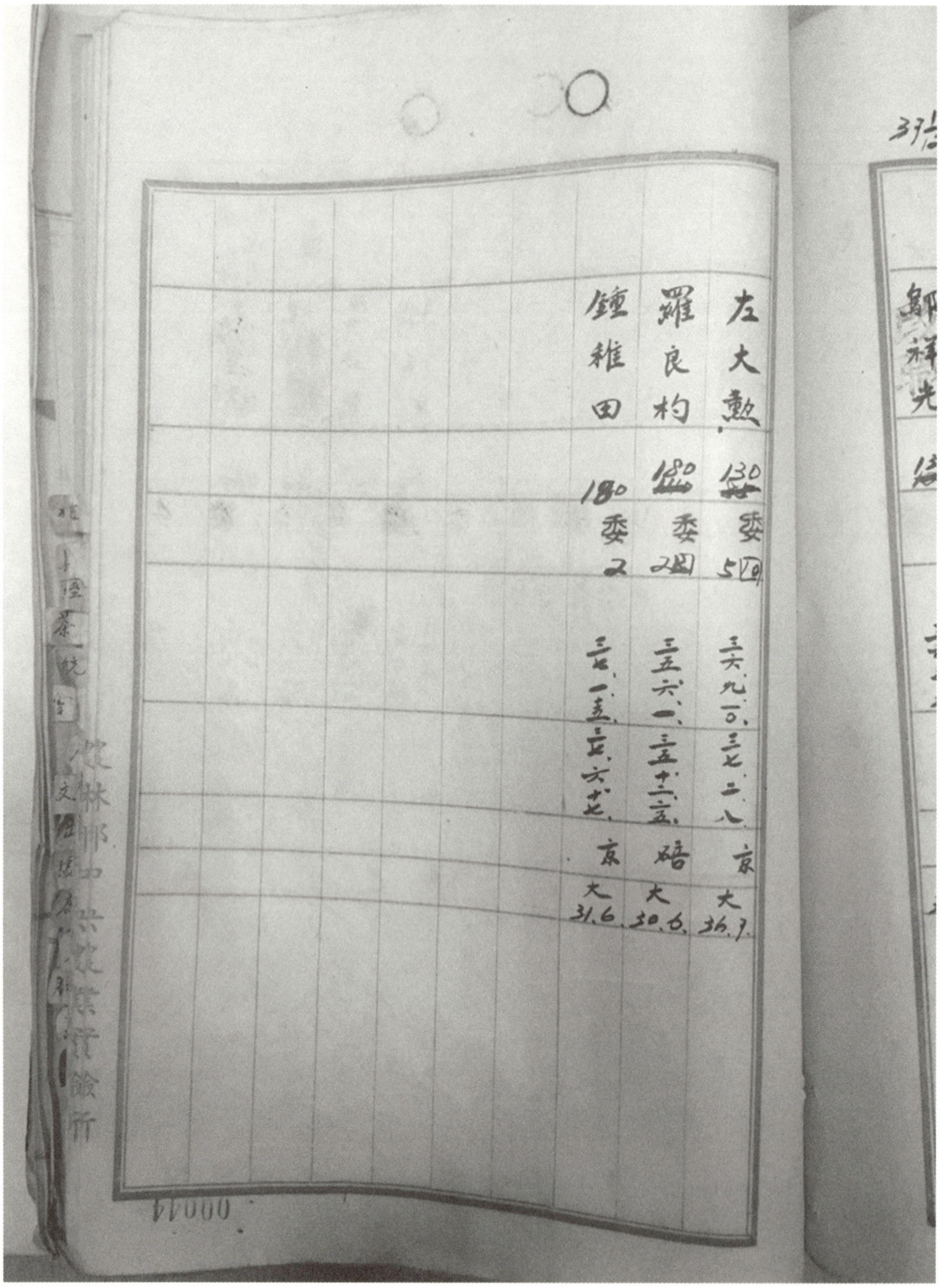
左大勲
羅良杓
鍾維田

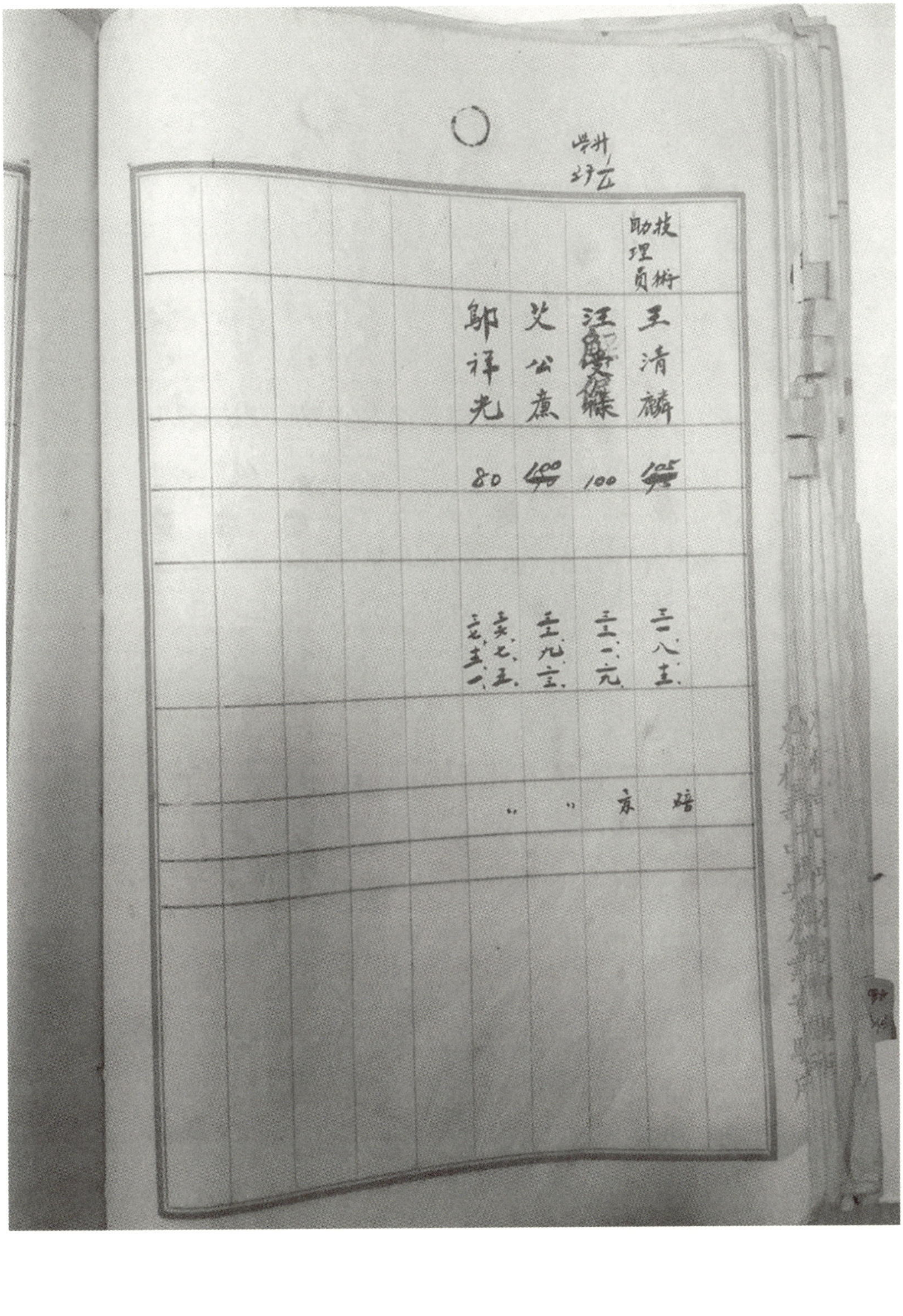

技術助理員 王清麟	江□□	艾公廉	鄔祥光
95	100	95	80
三一、八、十	三二、一、元	三二、九、二	三六、七、五
培	京	〃	〃

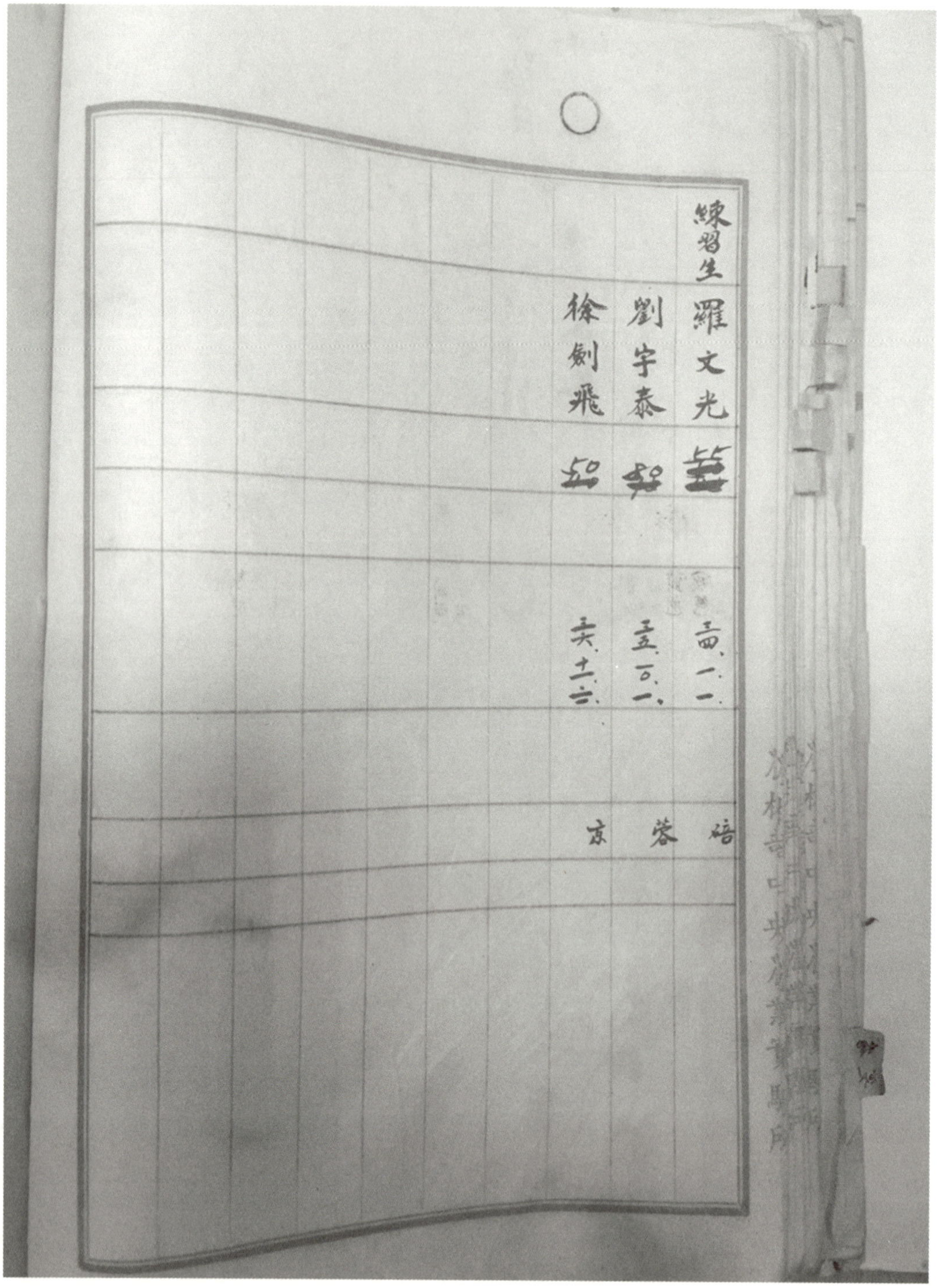

練習生

羅文光　劉宇泰　徐劍飛

二四、一、一　二五、十、一　二六、十、二

碚　蓉　京

二、华东农业科学研究所园艺系

根据1959年职工文化程度和理论水平登记表，以及部分退休职工提供信息，园艺系职工24人，其中主要从事蔬菜研究工作的10人。

系主任：姜诚贯

系秘书：童洪芝

研究员：曾　勉

副研究员：姜诚贯　吴光远

助理研究员：历以仕　赵惠英　杨家驷　史幼珠　吴玉梅　王　化

研究实习员：陈广福　黄真诒　徐润芳　尹冀平　胡世荃　段辛楣　汪应濂　游联勤　徐鹤林　丁犁平　林榕生　江明春　肖宗恺

职员：李淑华

参照下图（1959年职工名册）整理。

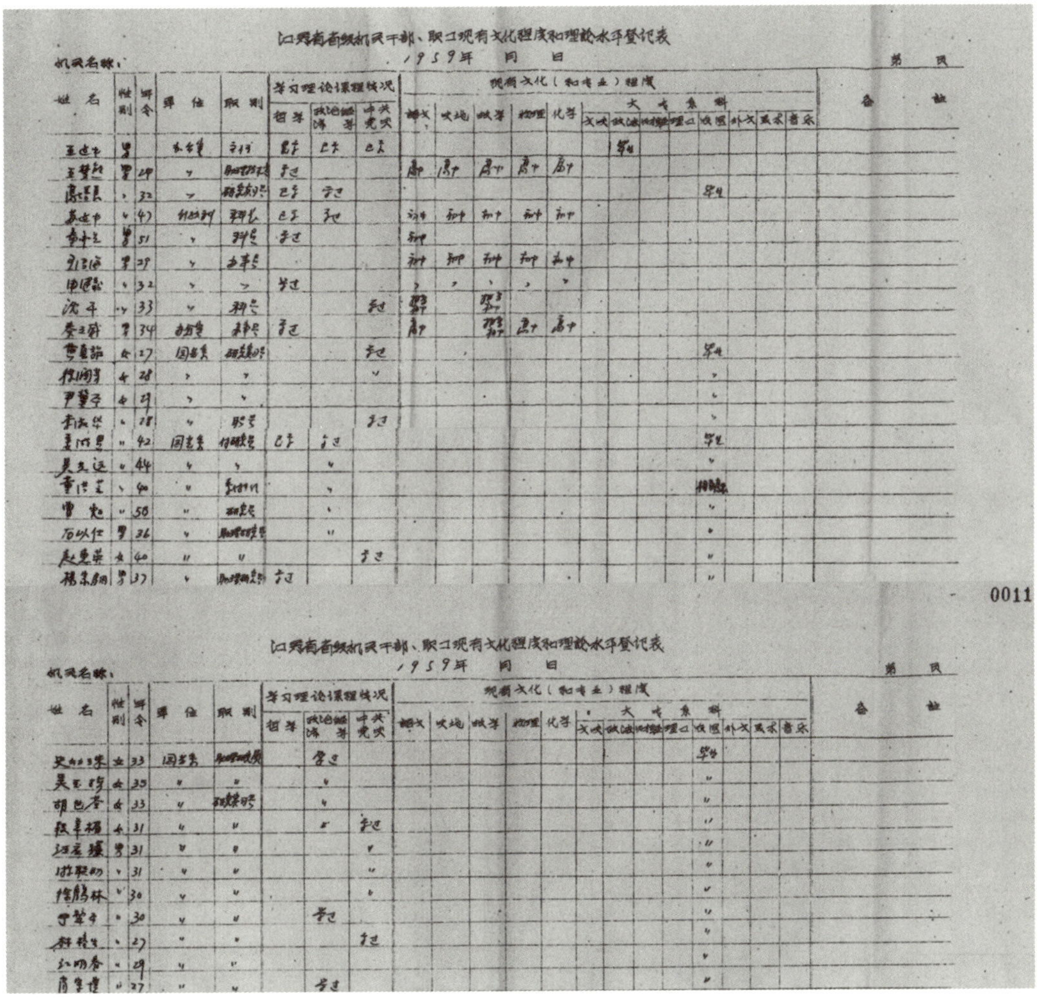

江苏省省级机关干部、职工现有文化程度和理论水平登记表

1959年　月　日

0011

江苏省省级机关干部、职工现有文化程度和理论水平登记表

1959年　月　日

1959年职工名册

三、中国农业科学院江苏分院园艺系蔬菜组

根据 1960 年 4 月和 12 月人员登记表，园艺系职工已经明确标识出所从事的专业有果树和蔬菜。以下仅列出副主任及蔬菜专业职工 16 人。

副主任：黄从仁

副研究员：吴光远

助理研究员：赵惠英　吴玉梅

研究实习员：尹冀平　林榕生　肖宗恺　黄真诒　徐润芳　李淑华　徐鹤林　丁犁平

实习生：龚水媛　邱富明　陶桂娥　徐美云

033

园艺系单位　人员登记表

职务	专业	姓名	性别	级别（工资）	参加工作年月	文化程度	政治情况：共产党员	共青团员	民主党派	社会职业	其它	备註
副主任		黄从仁	男	行15级（118.80）	1943.11	初中	党员					
研究员	果树栽培	曾勉	男	研2级（276.00）	1949.5	大学						
付研究员	蔬菜栽培	吴光远	男	研4级（198.00）	1949.5	大学			九三学社			
助理研究员	果树栽培	庸以仕	男	研7级（121.00）	1949.5	大学						
助理研究员	果树育种	杨家骃	男	研8级（101.24）	1949.5	大学						
助理研究员	果树栽培	史如球	男	研9级（85.80）	1949.6	大学	党员					
研究实习员	蔬菜栽培	尹冀平	女	研12级（59.40）	1954.8	〃						
研究实习员	蔬菜栽培	林榕生	男	研12级（59.40）	1954.9	大学						
研究实习员		肖宗愷	男	研12级（59.40）	1956.8	大学		团员				
研究实习员	蔬菜栽培	黄真诒	女	研12级（59.40）	1956.8	大学						
研究实习员	蔬菜栽培	徐润芳	女	研12级（59.40）	1956.8	大学						
研究实习员	蔬菜育种	李淑华	女	研12级（59.40）	1955.10	大学	党员					
研究实习员	蔬菜栽培	徐鹤龄	男	研11级（66.00）	1956.2	大学						
研究实习员	蔬菜栽培	丁犁平	男	研11级（66.00）	1952.8	大学						
研究实习员	果树育种	段幸福	女	研11级（66.00）	1952.8	大学						
研究实习员	果树栽培	游建功	男	研10级（74.80）	1953.8	大学						
研究实习员	果树栽培	胡安荃	女	研9级（85.85）	1950.3	大学						
研究实习员	果树育种	沈庆康	男	研9级（85.85）	1951.9	大学						
实习生	蔬菜育种	龚水媛	女	（25.00）	1959.8	高中						

071

园艺系单位　人员登记表

职务	专业	姓名	性别	级别（工资）	参加工作年月	文化程度	政治情况：共产党员	共青团员	民主党派	社会职业	其它	备註
实习生	果树育种	周骏伟	男	（25.00）	1959.8	高中						
实习生	蔬菜栽培	邱富明	男	（25.00）	1959.8	高中		团员				
实习生	果树栽培	缪湘玉	女	（25.00）	1959.8	高中		团员				
实习生	果树栽培	杨祥保	男	（25.00）	1959.8	高中	党员					
实习生	蔬菜栽培	陶桂娥	女	（25.00）	1959.8	高中		团员				
技术员	桑蚕栽培	陈中慧	女	技11级（70.00）	1951.8	大学		团员				

1960 年 4 月职工名册

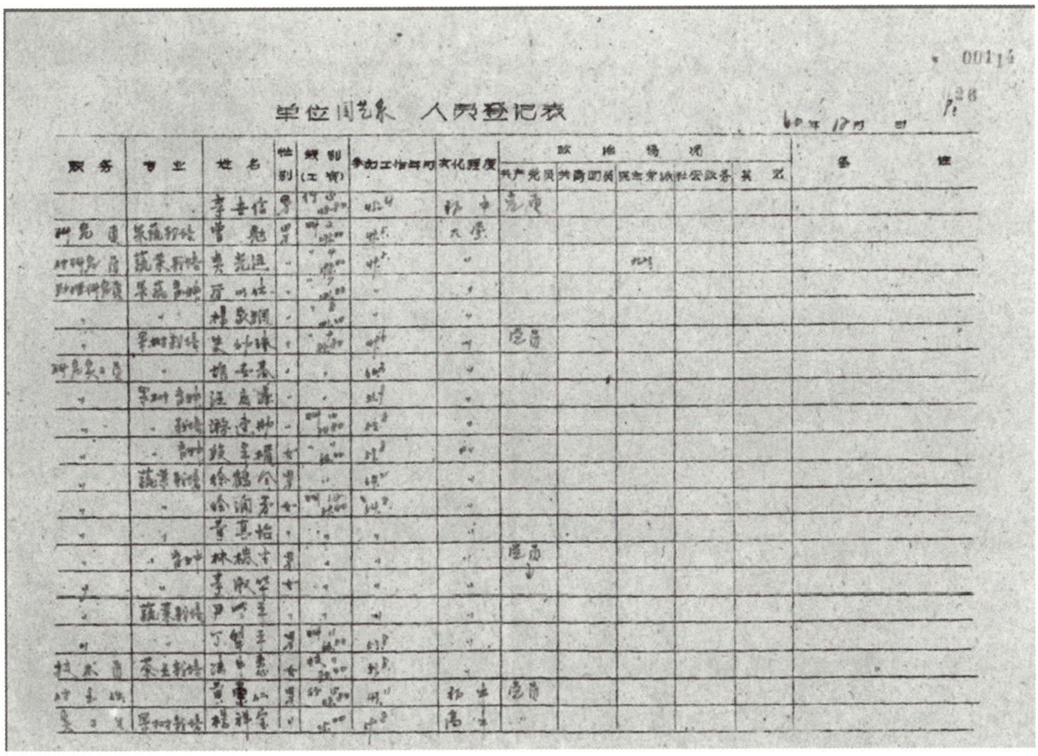

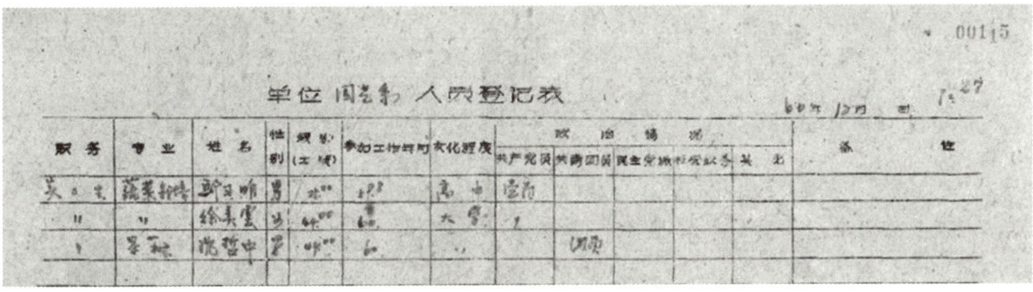

单位 园艺系 人员登记表

职务	专业	姓名	性别	级别（工资）	参加工作年月	文化程度	政治情况：共产党员	共青团员	民主党派	社会职务	其它	备注

1960年12月职工名册

四、江苏省农业科学研究所园艺研究室

根据1975年12月院干部名册，园艺系在册科技干部20人。

主　任：李福田

副主任：杨起英　汪祖华　吴光远

助研员：史幼珠　徐鹤林　叶静渊　丁犁平　胡世荃

研实员：陈振武　林友霖　段辛楣　李惠芬　汤秀莲　黄真诒

技术员：何淑华　陈秀兰　童　华　沈善铜

办事员：李盛娥

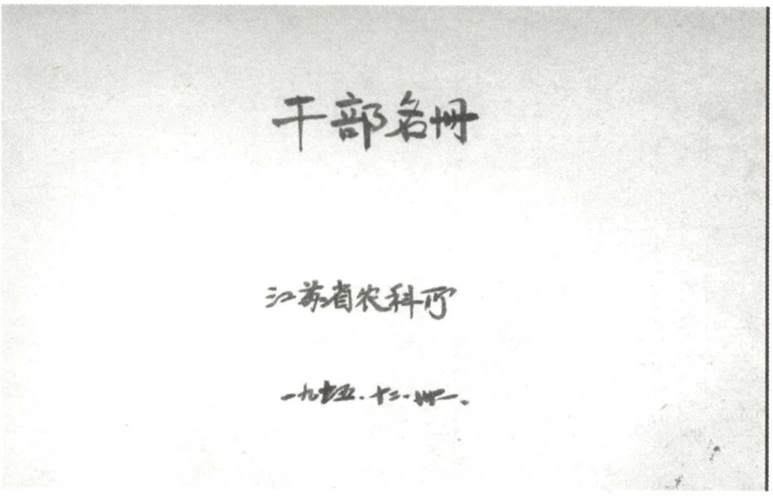

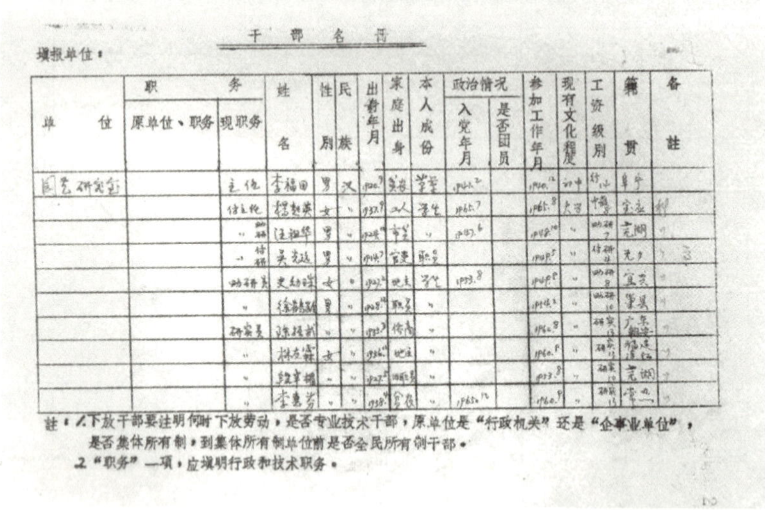

干 部 名 册

填报单位：

单位	职务：原单位、职务	职务：现职务	姓名	性别	民族	出身年月	家庭出身	本人成份	政治情况：入党年月	政治情况：是否团员	参加工作年月	现有文化程度	工资级别	籍贯	备註
园艺研究室		主任	李福田	男	汉	[illegible]	[illegible]	[illegible]	[illegible]		[illegible]	初中	[illegible]	阜宁	
		付主任	[illegible]	女	〃	[illegible]	工人	学生	[illegible]		[illegible]	大学	[illegible]	[illegible]	[illegible]
		〃 助研	汪祖华	男	〃	[illegible]	[illegible]	〃	[illegible]		[illegible]	〃	助研 7	芜湖	〃
		〃 付研	吴光远	男	〃	[illegible]	官吏	职员			[illegible]	〃	付研 [illegible]	[illegible]	〃
		助研员	史幼珠	女	〃	[illegible]	地主	学生	[illegible]		[illegible]	〃	助研 8	宜兴	〃
		〃	[illegible]	男	〃	[illegible]	职员	〃			[illegible]	〃	助研 10	[illegible]	〃
		研实员	[illegible]	〃	〃	[illegible]	[illegible]	〃			[illegible]	〃	研实 13	广东 [illegible]	〃
		〃	[illegible]	女	〃	[illegible]	地主	〃			[illegible]	〃	研实 13	[illegible]	〃
		〃	[illegible]	〃	〃	[illegible]	[illegible]	〃			[illegible]	〃	研实 10	芜湖	〃
		〃	李惠芳	〃	〃	[illegible]	贫农	〃	[illegible]		[illegible]	〃	研实 13	[illegible]	〃

註：1.下放干部要注明何时下放劳动，是否专业技术干部，原单位是“行政机关”还是“企事业单位”，是否集体所有制，到集体所有制单位前是否全民所有制干部。

2.“职务”一项，应填明行政和技术职务。

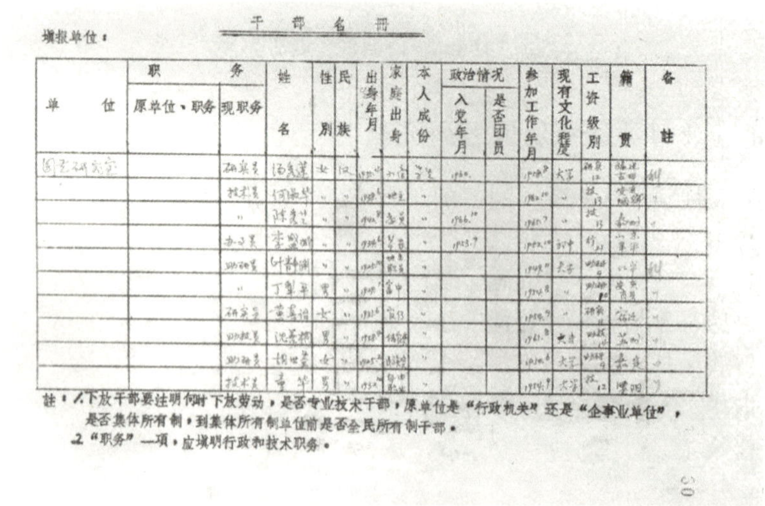

干 部 名 册

填报单位：

单位	职务：原单位、职务	职务：现职务	姓名	性别	民族	出身年月	家庭出身	本人成份	政治情况：入党年月	政治情况：是否团员	参加工作年月	现有文化程度	工资级别	籍贯	备註
园艺研究室		研实员	[illegible]	女	汉	[illegible]	[illegible]	学生	[illegible]		[illegible]	大学	研实 12	[illegible]	[illegible]
		技术员	[illegible]	〃	〃	[illegible]	地主	〃			[illegible]	〃	技 13	[illegible]	〃
		〃	陈[illegible]	〃	〃	[illegible]	[illegible]	〃	[illegible]		[illegible]	〃	技 13	[illegible]	〃
		办事员	李[illegible]	〃	〃	[illegible]	[illegible]	〃	[illegible]		[illegible]	初中	行 [illegible]	山东 [illegible]	
		助研员	[illegible]	〃	〃	[illegible]	[illegible]	〃			[illegible]	大学	助研 9	[illegible]	[illegible]
		〃	丁[illegible]	男	〃	[illegible]	富中	〃			[illegible]	〃	助研 10	[illegible]	〃
		研实员	[illegible]	女	〃	[illegible]	[illegible]	〃			[illegible]	〃	研实 [illegible]	[illegible]	〃
		助技员	沈[illegible]	男	〃	[illegible]	[illegible]	〃			[illegible]	大专	助技 [illegible]	苏州	〃
		助研员	[illegible]	女	〃	[illegible]	[illegible]	〃			[illegible]	大学	助研 9	[illegible]	〃
		技术员	[illegible]	男	〃	[illegible]	[illegible]	〃			[illegible]	大学	技 12	[illegible]	〃

註：1.下放干部要注明何时下放劳动，是否专业技术干部，原单位是“行政机关”还是“企事业单位”，是否集体所有制，到集体所有制单位前是否全民所有制干部。

2.“职务”一项，应填明行政和技术职务。

1975 年干部名册

五、蔬菜研究所初期

1979 年 11 月，江苏省农业科学院蔬菜研究所正式成立，1980 年 2 月在册科技干部 24 人。名单如下。

姜诚贯　丁犁平　徐鹤林　黄真诒　徐润芳　李惠芬　陈振武　赵华崙　唐绍贞（唐绍珍）
陈广福　王玉琳　林璧娟　赵桂芬　沈善铜　郭　辉　殷　明　杨起英　汪兴汉　丁万霞
龙明生　袁希汉　刘裕玲　陈桂芳　陈静华

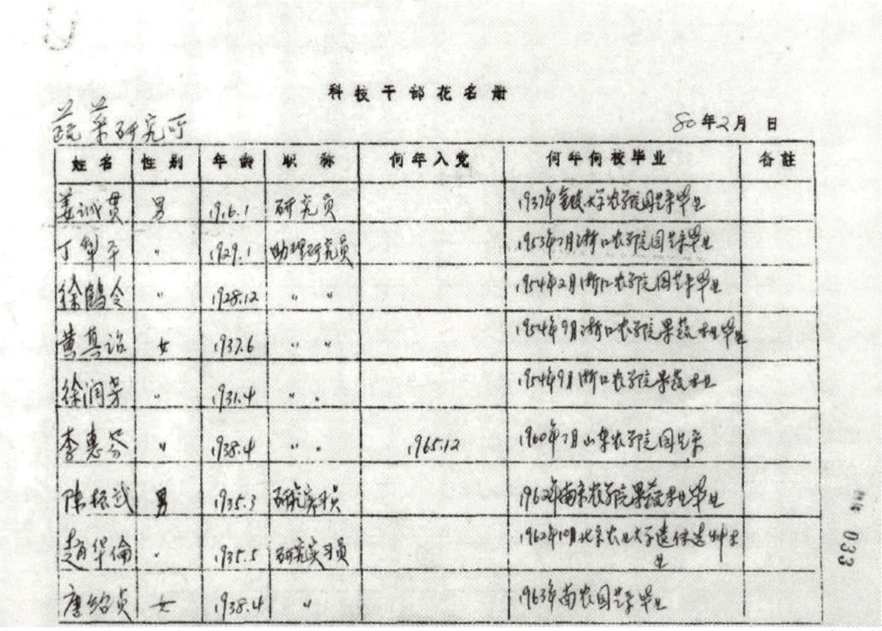

科技干部花名册

蔬菜研究所　　　　80年2月　日

姓名	性别	年龄	职称	何年入党	何年何校毕业	备註
姜诚贯	男	1916.1	研究员		1937年金陵大学农学院园艺系毕业	
丁犁平	〃	1929.1	助理研究员		1953年7月浙江农学院园艺系毕业	
徐鹤林	〃	1928.12	〃 〃		1954年2月浙江农学院园艺系毕业	
黄真诒	女	1937.6	〃 〃		1959年9月浙江农学院果蔬专业毕业	
徐润芳	〃	1931.4	〃 〃		1954年9月浙江农学院果蔬专业	
李惠芬	〃	1938.4	〃 〃	1965.12	1960年7月山东农学院园艺系	
陈振武	男	1935.3	研究实习员		1962年南京农学院果蔬专业毕业	
赵华崙	〃	1935.5	研究实习员		1962年10月北京农业大学遗传选种专业毕业	
唐绍贞	女	1938.4	〃		1963年南农园艺系毕业	

1980 年 2 月科技干部花名册 1

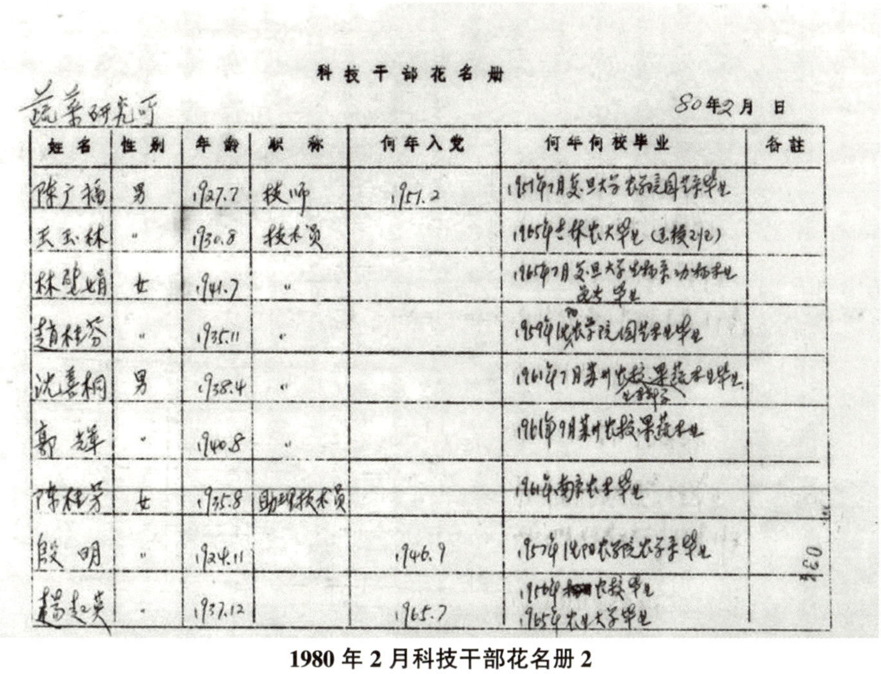

科技干部花名册

蔬菜研究所　　　　80年2月　日

姓名	性别	年龄	职称	何年入党	何年何校毕业	备註
陈广福	男	1927.7	技师	1951.2	1951年7月复旦大学农学院园艺系毕业	
王玉琳	〃	1930.8	技术员		1965年吉林农大毕业（函授2/2）	
林璧娟	女	1941.7	〃		1965年7月复旦大学生物系动物专业毕业	
赵桂芬	〃	1935.11	〃		1959年沈阳农学院园艺系毕业	
沈善铜	男	1938.4	〃		1961年7月苏州农校果蔬专业毕业	
郭辉	〃	1940.8	〃		1961年9月苏州农校果蔬专业	
陈桂芳	女	1935.8	助理技术员		1961年南京农专毕业	
殷明	〃	1924.11		1946.9	1957年沈阳农学院农学系毕业	
杨起英	〃	1937.12		1965.7	1956年农校毕业 1965年农业大学毕业	

1980 年 2 月科技干部花名册 2

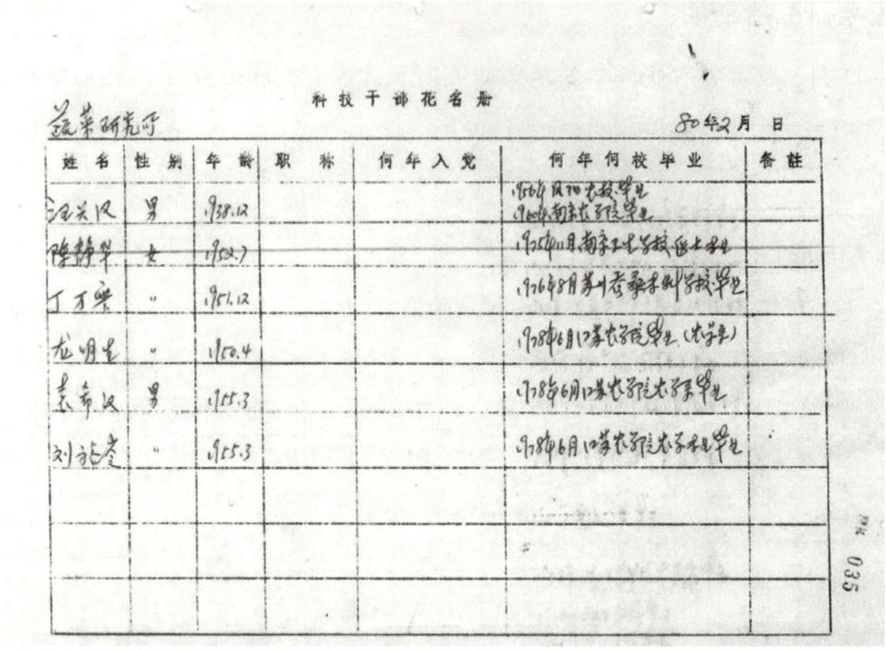

科技干部花名册

蔬菜研究所　　80年2月　日

姓名	性别	年龄	职称	何年入党	何年何校毕业	备註
汪兴汉	男	1938.12			1956年[illegible]农校毕业 1960年南京农学院毕业	
陈静华	女	1952.7			1975年11月南京[illegible]学校[illegible]毕业	
丁万霞	〃	1951.12			1976年8月苏州[illegible]学校毕业	
龙明星	〃	1950.4			1978年6月江苏农学院毕业（农学系）	
袁希汉	男	1955.3			1978年6月江苏农学院农学系毕业	
刘[illegible]	〃	1955.3			1978年6月江苏农学院农学[illegible]毕业	

035

1980 年 2 月科技干部花名册 3

六、蔬菜研究所（2005 年）

2005 年 6 月蔬菜研究所恢复为非营利研究所，在册职工 39 人。名单如下（当年签到表顺序）。

羊杏平	王治林	吴力人	王述彬	刘金兵	潘宝贵	赵统敏
庄　勇	严继勇	丁万霞	李建斌	陈　新	易金鑫	袁希汉
苏小俊	徐锦华	江　蛟	沙国栋	刘广勤	冯伟民	徐　刚
于　利	孙艳军	宋金俤	钱芝龙	李秀才	吴　瑾	陈功华
李秀兰	韩庆余	张起跃	张智民	李　荣	高长洲	高　兵
张昌伟	李德翠	华秀红	戈　伟			

第四节　离退休人员名单

截至 2019 年 5 月蔬菜所退休职工 61 人。名单如下（按姓氏笔画排序）：

丁万霞	丁凤珍	丁犁平	王元桂	王玉琳	王桂芝	卢鉴植
冯晓棠	朱启泰	任宗才	华家容	刘　珍	刘兆文	孙宝权
孙洁波	严元怀	李秀才	李秀兰	李建华	李胜娥	李敬荣
杨正和	杨秀珍	杨起英	吴永红	汪兴汉	沙国栋	沈善铜
宋金俤	张玉庆	张国丽	陆玉翠	陈广福	陈长英	陈功华
陈振武	陈桂芳	陈静华	林楚叔	郁孟娟	易盛高	金　杨
周明月	赵华畲	赵桂芬	胡起来	饶隽民	姚　萍	袁希汉

顾正梅　　顾和平　　徐润芳　　徐鹤林　　殷　明　　郭　辉　　郭昌明

唐于银　　黄元龙　　黄真诒　　章志强　　魏　红

注：李少祥，1943 年 7 月出生，1985—1999 年在蔬菜所工作，高级工，1999 年 10 月赴福建厦门出差，受强台风袭击因公殉职。

2019 年 1 月，蔬菜所党支部组织退休职工活动留影

第五节　内设机构与党群组织

2019 年 5 月，蔬菜所内设 6 个研究室 1 个科技服务部和 1 个所综合办公室。党支部共有支委 7 名，所工会共有委员 5 名，所团支部共有委员 3 名。

一、所内设机构

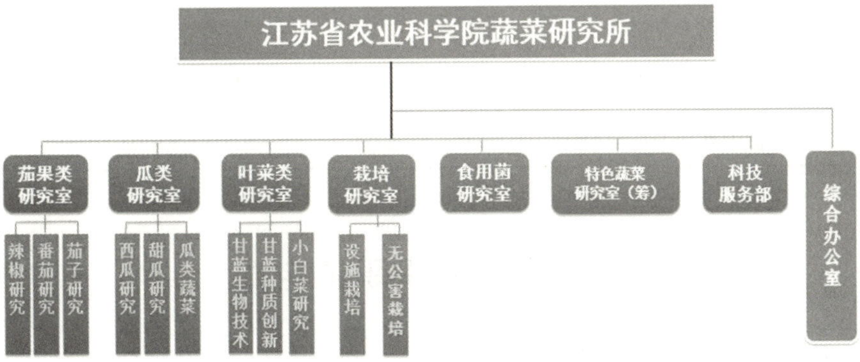

江苏省农业科学院蔬菜研究所机构

二、党支部

蔬菜所党支部

职　务	人　员
党支部书记	何循宏
党支部副书记	王伟明
纪检委员	刘金兵
统战委员	陈龙正
组织委员	万云龙
群团委员	刘　军
宣传委员	张　曼

三、群团组织

1. 工会

蔬菜所工会

职　务	人　员
工会主席	华秀红
副主席兼文体委员	卢昱宇
民主管理委员	宋　波
组织宣传委员、女工委员	戈　伟
福利委员	刘　广

2. 团支部

蔬菜所团支部

职　务	人　员
团支部书记	徐　建
组织委员	唐　君
宣传委员	刘　军

第六节　在职职工名单

2019 年 5 月，蔬菜所在职职工 76 人。

1. 所领导（4 人）

蔬菜所所领导（2019 年 5 月）

姓　名	职　称	职　务
王伟明	研究员	所　长
何循宏	研究员	书　记
刘金兵	研究员	副所长
陈龙正	研究员	副所长

蔬菜所所领导（2019 年 5 月）

左起：刘金兵、王伟明、何循宏、陈龙正

2. 茄果类蔬菜研究室（18 人）

茄果类蔬菜研究室人员

姓　名	职　称	主要研究作物	备　注
王述彬	研究员	辣椒	主　任
赵统敏	研究员	番茄	副主任/方向负责人
庄　勇	研究员	茄子	副主任/方向负责人
刘金兵	研究员	辣椒	方向负责人（兼）
潘宝贵	研究员	辣椒	
刁卫平	副研究员	辣椒	
戈　伟	副研究员	辣椒	
郭广君	副研究员	辣椒	
高长洲	助理研究员	辣椒	

（续表）

姓　名	职　称	主要研究作物	备　注
周晓慧	副研究员	茄子	
杨　艳	副研究员	茄子	
刘　军	助理研究员	茄子	
刘松瑜	助理研究员	茄子	
王银磊	副研究员	番茄	
赵丽萍	副研究员	番茄	
宋刘霞	助理研究员	番茄	
张起跃	技师		科研辅助工
黄端跃	技师		科研辅助工

茄果类蔬菜研究室人员合影

3. 瓜类作物研究室（15 人）

瓜类作物研究室人员

姓　名	职　称	主要研究作物	备　注
羊杏平	研究员	西甜瓜	主任（兼）
徐锦华	副研究员	西瓜	副主任/方向负责人
刘　广	副研究员	西瓜	
张　曼	副研究员	西瓜	
任润生	副研究员	西瓜	
姚协丰	副研究员	甜瓜	方向负责人
娄丽娜	副研究员	甜瓜	
徐　建	助理研究员	甜瓜	

（续表）

姓　名	职　称	主要研究作物	备　注
赵　庆	助理研究员		博士后
苏小俊	研究员	瓜类蔬菜	方向负责人
刘晓宏	助理研究员	瓜类蔬菜	
侯　茜	助理研究员		西瓜甜瓜方向，编外
朱凌丽	助理研究员		甜瓜方向，编外
刘　哲	助理研究员		瓜类蔬菜方向，编外
李　荣	高级工		科研辅助工

瓜类作物研究室人员合影

4. 叶菜类蔬菜研究室（13 人）

叶菜类蔬菜研究室人员

姓　名	职　称	主要研究作物	备　注
李建斌	研究员	甘蓝	主任
严继勇	研究员	甘蓝	研究室首席专家/方向负责人
于　利	副研究员	甘蓝	方向负责人
王神云	副研究员	甘蓝	
余方伟	副研究员	甘蓝	
唐　君	副研究员	甘蓝	
张　伟	助理研究员	甘蓝	博士后
宋立晓	副研究员	甘蓝	
曾爱松	副研究员	甘蓝	
许园园	副研究员	甘蓝	
徐　海	副研究员	小白菜	方向负责人
宋　波	副研究员	小白菜	
王　红	助理研究员		甘蓝生物技术方向，编外

叶菜类蔬菜研究室人员合影

5. 食用菌研究室（7 人）

食用菌研究室人员

姓　名	职　称	备　注
马　林	副研究员	主任
蒋　宁	副研究员	副主任
曲绍轩	副研究员	
李辉平	副研究员	
侯立娟	副研究员	
林金盛	助理研究员	
骆　昕	研实	编外

食用菌研究室人员合影

6. 特色蔬菜研究室（筹）（2 人）

特色蔬菜研究室（筹）人员

姓　名	职　称	主要研究作物	备　注
陈龙正	研究员	苦瓜	负责人（兼）
刘　静	助理研究员	苦瓜	

7. 蔬菜栽培研究室（10 人）

蔬菜栽培研究室人员

姓　名	职　称	主要研究方向	备　注
徐　刚	研究员	蔬菜设施栽培	主任/方向负责人
冯伟民	研究员	蔬菜无公害栽培	副主任/方向负责人
高文瑞	副研究员	蔬菜设施栽培	
樊小雪	副研究员	蔬菜设施栽培	
孙艳军	副研究员	蔬菜设施栽培	
韩　冰	助理研究员	蔬菜设施栽培	
卢昱宇	助理研究员	蔬菜无公害栽培	
陈　罡	助理研究员	蔬菜无公害栽培	
李德翠	助理研究员		设施栽培方向，编外
韩庆余	技师		科研辅助工

蔬菜栽培研究室人员合影

8. 科技服务部（4 人）

科技服务部人员

姓　名	职　称	备　注
郑子松	研究员	主任
魏国平	副研究员	
张晓青	副研究员	
韩　琪	助理研究员	

科技服务部人员合影

9. 蔬菜所综合办公室（5 人）

蔬菜所综合办公室人员

姓　名	职　称	备　注
万云龙	副研究员	主任
华秀红	副研究员	副主任
管安琴	助理研究员	
张　俊	助理研究员	
严婷婷	研实	编外

蔬菜所综合办公室人员合影

10. 其他

钱芝龙，副研

第七节　交流或调离科技人员名单

一、离职（按离所时间排序）

部分职工离所时间参考人事档案中离职证明或个人年度考核登记表、年度薪资调整表以及职工旁证整理。

离职科技干部在所信息

姓　名	在所工作时间	备　注
林璧娟	1980—1982 年	职工名册
刘裕岭	1979 年 4 月—1983 年 11 月	职工名册+经询本人
高俭德	1982 年 7 月—1986 年 3 月	职工名册+经询本人
王干民	1982—1985 年	职工名册+职工回忆
黄德兴	1986—1988 年	职工名册+职工回忆
濮冶民	1983—1989 年	职工名册+职工回忆
袁彩尧	1983 年 12 月—1994 年	1987 年 6 月申请出国赴泰国
王为民	1982 年 2 月—1997 年 1 月	1985 年 1 月申请出国赴日本
龙明生	1979 年 5 月—1997 年 1 月	1988 年 5 月申请出国赴泰国
邢定一	1985 年 8 月—1997 年 1 月	1988 年 8 月申请出国赴加拿大
王爱民	1988 年 7 月—1997 年 1 月	1993 年 10 月申请出国赴美国
陆春贵	1984 年 7 月—1997 年 1 月	英国
彭明生	1991 年 8 月—1997 年 1 月	
王克娟	1987 年 9 月—2000 年 11 月	
吉加兵	1989 年 12 月—2000 年 12 月	出国赴美国
钱桂琴	1990 年 1 月—2001 年	
杨荣昌	1988 年 7 月—2001 年	1992 年 7 月申请出国赴泰国
金健康	1989 年 7 月—2001 年	1993 年 4—12 月智利外交部顾问
王翠萍	1981 年 12 月—2001 年	
易金鑫	1992 年 8 月—2009 年	
王　辉	2011 年 8 月—2013 年 7 月	
杨玛丽	2008 年 8 月—2015 年 10 月	
李苹芳	2011 年 8 月—2017 年 9 月	
周　蓉	2016 年 4 月—2018 年 10 月	

二、院内调动（按离所时间排序）

部分职工通过院内调动，在不同部门（单位）任职工作，根据档案资料查阅整理。

院内调动科技干部信息

姓　名	在所工作时间	备　注
唐绍珍	1980 年 8 月—1982 年	牧医所
张世珩	1980 年 4 月—1984 年 3 月	情报所

（续表）

姓　名	在所工作时间	备　注
熊慧卿	1982 年—1984 年 3 月	牧医所
李惠芬	1979 年—1984 年 12 月	园艺所
左建国	1986 年 3 月—1992 年 5 月	院财务处
佘文贵	1982 年 2 月—1998 年 10 月	江苏省农业科学院前副院长
王　丰	1992 年 3 月—2000 年 3 月	免疫所
陈　敏	1998 年 9 月—2001 年 9 月	免疫所 党支部书记
冯懋林	1993 年 3 月—2001 年 7 月	综合服务中心 前副总经理
刘志凌	1998 年 8 月—2002 年 4 月	成果转化处 副处长
刁阳隆	1988 年 8 月—2005 年 8 月	院办公室 主任
沈　奇	1987 年 7 月—2005 年 5 月	资源所 党支部书记
冯玲秀	1997 年 1 月—2000 年 3 月 2001 年 6 月—2005 年 7 月	果树所 副所长
高　军	1997 年 8 月—2005 年 6 月	江蔬种苗 总经理
吴力人	1995 年 8 月—2006 年 3 月	基地处 副处长
王治林	2005 年 5 月—2008 年 5 月	植保所 前党支部书记
江　蛟	1996 年 8 月—2008 年 7 月	成果转化处 副处长
刘广勤	2005 年 5 月—2009 年 5 月	园艺所
李　胜	2013 年 6 月—2014 年 5 月	装备所 党支部书记
樊平声	2008 年 12 月—2016 年 7 月	资环所
何绍平	2017 年 2 月—2017 年 12 月	畜牧所 党支部书记
辛红霞	2015 年 5 月—2017 年 2 月	院妇联 主席； 院工会　专职副主席
陈　新	2002 年 6 月—2017 年 2 月	经作所 所长
崔晓艳	2010 年 8 月—2017 年 6 月	经作所
陈华涛	2009 年 8 月—2017 年 6 月	经作所
袁星星	2009 年 8 月—2017 年 6 月	经作所
张红梅	2007 年 8 月—2017 年 6 月	经作所
陈景斌	2013 年 9 月—2017 年 6 月	经作所
刘晓庆	2013 年 12 月—2017 年 6 月	经作所
羊杏平	1983 年 8 月至今	2015 年 5 月科技服务处 前处长； 2018 年 12 月信息所党支部书记

第二章　科学研究

第一节　1931 年 12 月—1979 年 10 月

江苏省位于北亚热带与暖温带交界处，东临大海，长江淮河横贯其间，太湖、洪泽湖、高宝湖等湖泊星罗棋布，气候温和，雨量充沛，四季分明。大中小城镇密集，居民生活较为富裕，对蔬菜供应要求一向较高。蔬菜品种丰富，栽培水平较高，茬口形式复杂，蔬菜科技需求突出。江苏省农业科学院蔬菜研究所是我国较早从事蔬菜科学研究的单位之一。蔬菜所成立以来一直坚持以应用研究为主，围绕生产开展主要蔬菜新品种的选育及优质高产栽培技术研发和应用研究。

中央农业实验所时期，主要开展蔬菜产品产量、营养价值、生产费用、劳力经济等研究。

华东农业科学研究所时期，以解决城市郊区蔬菜生产技术问题为重点，通过调查研究找出当前最迫切的问题，提出解决问题的方法；加强品种改良促进增产，总结推广多种生产技术，其系列研究工作为蔬菜学科的长远发展奠定了基础。

20 世纪 60—70 年代，中国农业科学院江苏分院及江苏省农业科学研究所时期，主要开展蔬菜引种、示范及鉴定其引种品种在江苏的适应性等研究工作。1959—1963 年，为适应江苏省不同生态地区蔬菜的发展需要，江苏分院先后在南京及连云港市建立蔬菜试验站，分别研究各地区的蔬菜生产有关问题。

1966 年 6 月以后，因“文化大革命”，科研工作陷入停顿，1970 年 4 月江苏省农业科学研究所成立后，下放到“五七干校”等地的科技人员陆续回所，科研工作逐渐恢复。

一、品种选育

引进国外番茄、豆类、茄子、辣椒、苋菜等蔬菜品种，在重庆北碚、成都和南京等地进行栽培、观察和种子生产；繁殖选育各种蔬菜种子，供应全国各地；1943 年以来，针对本地萝卜等开展品种选育提纯工作。

解放初期，开展露地早熟栽培技术研究和示范应用；同时从国内外引进的品种及资源中筛选出品质优良、丰产、早熟及具有其他特殊经济价值性状的番茄、甘蓝、球茎甘蓝、花椰菜、菠菜及西瓜等优良品种，并推广应用。1953 年起，集中主要力量与有关农业院校合作，协助上海、南京两市开展基点调查，掌握蔬菜生产基本情况，总结群众生产经验，收集地方品种，同时开展育苗、栽培、选种和杂种第一代优势利用等方面的研究。

1956 年，华东农业科学研究所时期，吴光远组织园艺系与南京农学院、苏州农学院等单位对全省蔬菜品种进行了详细调查，收集种子并保存，经分类整理记录品种分布，特征特性，重要种类编制品种分类检索表，发表了《江苏的蔬菜优良品种》一文，对推动全国蔬菜地方品种收集整理工作起到了促进作用。1958 年，华东农业科学研究所在南京、无锡、苏州、常州、镇江、南通、扬州、徐州等八个城市郊区及常熟、宜兴、如皋、泗阳等蔬菜产区开展地方品种调查。收集保存蔬菜作物原始材料 47 种和品种原始材料 1 000余份。研究了萝卜、大白菜、白菜、甘蓝、辣椒、茄子、番茄、黄瓜、四季豆、莴苣、洋葱等 11 种蔬菜作物的特征特性，编制了蔬菜分类检索表。

1961 年，吴光远组织江苏分院蔬菜组到全省各城乡产区调查 48 种 411 个蔬菜品种。不仅发掘出江苏省特有优良蔬菜品种，如南京矮脚黄青菜、黄金坠早黄瓜、黑壳早辣椒、苏州牛角茄、叶儿三南瓜、扬州乳黄瓜、常州短白梗青菜等，同时也为以后蔬菜杂交优势利用提供了优良亲本材料。遗憾的是，这些收集保存的种质资源由于“文革”造成机构、人员变化，保存不善，大部分品种丧失发芽能力。

20 世纪 60—70 年代，从山东、北京、天津、上海等地引进多个品种，筛选出在江苏适应性好的品种，在生产上发挥较大作用。

1. 番茄

抗日战争结束后，联合国救济署曾提供大量蔬菜种子给我国，蔬菜研究所从百余份番茄种子中筛选出 Earliana 和 Bounty 两个早熟和极早熟品种，定名棕红及矮红金，在 20 世纪 50 年代，成为国内优良推广品种。1957 年开始，在地方品种调查收集观察鉴定的基础上，开展番茄杂种优势研究。选育出几个早熟、丰产组合，如‘早×364’‘早×524’（苏红一号）等番茄品种。20 世纪 60 年代初，在南京郊区基地作示范推广，由于其早熟性和丰产性明显优于当地常规品种，深受生产者欢迎。继而在市郊各区基地举办番茄杂种制种技术培训班，培训公社、大队科技站技术骨干，提供亲本，以科技站为制种基地，优良一代杂交种子迅速在南京郊区普及使用。上海、杭州各公社来南京参观学习，促进了两市农科单位番茄杂种优势利用研究，选育出‘浦江 1 号’‘浙江 1 号’，形成华东区番茄杂优利用全国领先地位。

2. 茄子

1959 年开展茄子杂种优势利用研究。选用不同产量水平的茄子品种相互杂交，筛选出几个早熟性较好的杂交组合于 1964 年在南京郊区试种。在红花公社、紫金山公社建立蔬菜样板，经试种，‘紫园茄×黄岩白茄’杂种优势明显，早熟，但果实形状与色泽不受市场欢迎，难以推广。根据江苏省茄子消费习惯的紫色、光亮、长形等特点，配制‘苏州牛角×徐州长茄’‘紫园茄×徐州长茄’‘园×电’等几个组合，在红花公社多点试种，推广面积逐步扩大。20 世纪 70 年代，‘苏州牛角×徐州长茄’（苏长茄）已成为南京及其他喜爱紫长茄地区的主栽品种，占南京等市茄子栽培面积的 80%。1975 年全国茄果类育种会议在南京召开以后，逐步在全国各地推广。

3. 辣椒

20 世纪 60 年代中后期，中国农业科学院江苏分院蔬菜科技人员在南京郊区蹲点搞样板，推广番茄茄子杂种时，发现当地辣椒田块出现甜椒与辣椒的自然杂种能结合双亲优点表现明显的杂种优势，随即指导红花公社小教场二队农民技术员安排南京早椒与上海‘茄门甜椒’隔行种植，产生自然杂交种筛选杂种，在苗期筛选杂种苗栽种。由于辣椒自然杂交率较低，因而生产上较多的使用二代种，虽有相当的杂种优势，但一致性差于一代种。科技人员利用南京‘黑壳早椒’作为母本，上海‘茄门甜椒’作为父本，育成‘早丰一号’，并进行杂交制种（详见丁犁平编著《辣椒杂种优势利用》）。由于‘早丰一号’性能综合两个亲本的优点，表现出早期产量、总产量高，果型肉厚明显改善、辣味适中，深受消费者欢迎。

1975 年，全国南方茄果类育种会议在南京召开时，南京郊区已经普遍种植‘早丰一号’辣椒，之后，推广面积逐年扩大，成为我国最早、推广面积最大的辣椒一代杂种。20 世纪 70 年代中期以后，蔬菜所设立辣椒育种课题，沿用 20 世纪 60 年代辣椒杂交制种模式，完善育种技术，先后又选育了‘苏椒 1 号’‘苏椒 2 号’‘苏椒 3 号’新品种。其中‘苏椒 2 号’获江苏省科技

早丰一号

进步二等奖。

4. 西瓜

在国外引进并筛选出瓜类优良品种的基础上，蔬菜科技人员系统选育出‘华东 24 号’‘华东 26 号’大面积推广，‘华东 24 号’一度占江苏省西瓜总栽培面积的 80%。20 世纪 50 年代中期，以‘华东 24 号’为材料，利用秋水仙碱处理西瓜幼苗，使植株发生变异为四倍体，再以普通二倍体 24 号作为父本，杂交培育出我国最早的三倍体无籽西瓜‘新秋 3 号’。虽然后来因人员变动等未能大量生产，但创造了我国自己培育无籽西瓜的先例，其诱变方法等技术也为我国无籽西瓜育种工作提供借鉴。

5. 甘蓝

1960 年开始，中国农业科学院江苏分院时期，园艺系蔬菜专业就已开展甘蓝杂优利用研究。为探讨甘蓝一代杂种优势表现，选用早、中晚熟不同球形等甘蓝品种早圆头、稳包大平头、鸡心、黄苗、黑叶头、晨光平头、上海平头、印度平头等 8 个品种相互配组，得 12 个正反交组合，于 1961—1962 年进行田间鉴定，初步认为：在越冬耐寒性方面，为中间型，并趋向母本；在越冬抽薹性方面为中间型，趋向母本；在早熟性方面无明显变化规律；在球形大小方面无明显变化规律；综合耐寒性、抽薹情况、早熟型、叶球大小及产量来看，甘蓝一代杂种表现出明显的优势。在上述组合中表现最好的为‘黑叶头×黄苗’，产量较亲本增加 16.4%~63%；较最丰品种鸡心增产 17%。1965 年以后，由于“文革”等原因，此宝贵材料已丧失发芽能力。

6. 大白菜

20 世纪 60—70 年代，先后于山东、河北、北京引进一些优良品种。20 世纪 70 年代，大白菜三大病害危害严重，特别是霜霉病发生严重，有些地区达到有种无收地步。1973 年起，蔬菜科技人员从国外广泛引种筛选大白菜抗霜霉病的品种或品系，并鉴定出‘小青口’‘石持一号’‘连丰’‘郑黑’等几个抗性较为突出的品种，于 1975 年开始开展雄性不育两用系及自交系的选育工作，选出其中最优者经省及全国区试适应性试验，其中‘青石’‘青丰’两个品种表现突出，高抗霜霉病，且对病毒病也有一定抗性，分别通过了江苏省品种委员会审定，在生产上推广。

7. 洋葱

20 世纪 50 年代初，吴光远从美国引进洋葱雄性不育系保持系和恢复系配制洋葱一代杂种，研究了不育率的出现规律及不育性的转育方法，用三系配套的方法开展杂种优势利用，在培育品系或品种间杂种第一代时不需去雄，而使生产的杂种种子有实际应用价值，是我国这方面研究与创新的先驱。

8. 马铃薯

早在20世纪30—40年代即开展薯类研究，20世纪50年代初，从国外大量引种，筛选出‘七百万’品种，在江苏省内外推广，深受欢迎；研究药剂处理，打破休眠期或抑制发芽，以利两季栽培，在防止退化上起到一定作用。由于受到江苏省气候条件限制，秋季栽培往往产量低，自20世纪70年代，北方品种引种之后，单产明显高于江苏省两季栽培的江苏省品种，从东北引进的‘克新2号’‘克新4号’，成为江苏省主栽品种。后来，自甘肃农业科学院引进的‘龙薯3号’在江苏省表现早熟、丰产、稳产的特性，生产上也有一定面积。

9. 四季豆

江苏省原来地方品种有白籽架豆和黑籽架豆、地园、地扁等品种。自中国农业科学院从国外引进地豆类型品种在国内推广，外来品种取代了江苏省原有地方品种的地位。

10. 食用菌

1958年，为出口罐藏白蘑菇，学习上海农业科学院经验栽培蘑菇，在南京郊区建立菇房，开展培养料配方、栽培管理、菌种生产等研究。1965年发展规模20万平方尺（1平方尺约为0.11平方米）。

11. 其他

20世纪50年代初，华东农业科学研究所时期，自国外引进大叶菠菜、早白薛兰、大平头、中圆头、早圆头甘蓝、老魁胡萝卜等品种，在生产上受到各地欢迎。

二、蔬菜区划研究

蔬菜实行区划生产是充分利用自然资源和技术条件，科学地组织与指导蔬菜生产的基础与依据。早在1956年就首先提出我国马铃薯的生产区划。

20世纪60年代初，结合江苏省品种资源调查，对省内不同地区蔬菜栽培制度、茬口布局以及蔬菜周年供应的关系进行调查和探讨，总结提出以速生叶菜为主的多次作；以早熟果菜为主的三主作以及以晚熟蔬菜为主的三主作或二主作等栽培制度，为区划生产提供了依据。1963年，江苏省正式开展蔬菜区划工作，完成了全省和南京市10个郊区的蔬菜区划，编写出版《江苏省城市区蔬菜区划报告》和《南京市郊区蔬菜区划报告》，对指导全省蔬菜生产起到了积极作用。完成南京郊区蔬菜规划后，又组织徐州、连云港、淮阴、镇江、扬州、南通、苏州、常州等市编写蔬菜区划。1965年由江苏省农业区划委员会编印《江苏省农业区划报告集》第27、第28集。

三、栽培研究

解放初期，开展露地早熟栽培技术研究，应用2，4-D防止番茄落花，促进早熟，以提高总产量。在南京、上海、杭州等地示范后，得到普遍应用。后又在育苗技术、栽培技术、提高单产技术等方面取得系列成就。

1. 提高蔬菜单产技术

20世纪50年代，蔬菜研究所就重视总结推广各地丰产经验。1958年，在全国工农业生产“大跃进”形势的推动下，进一步深入产区，在南京及徐州市郊区人民公社建立工作基点，大搞丰产试验田，系统地调查群众经验，内外结合总结提升，发表了莴笋栽培技术和蔬菜露地保护栽培技术等经验文章，并深入一线产区，进行推广应用。

20世纪60年代初，通过对蔓性菜豆的群体结构的不同消光系数的变化与光合作用的影响，单株与群体间产量构成因素，如单株与群体之间花序数、结荚率、结荚数及平均单荚重的变化分析，认为菜豆经济上合理密植度为每亩3 000~4 000穴（每穴3株），搭架高度以2.5米为宜，人字架比喜鹊窝（老式）增产20%。20世纪60年代，先后开展了南瓜栽培密度及不同类型品种与施肥水平及整枝的方式研究，探索了提高茄子高温期产量，增加伏缺期供应量研究的技术路线和措施。

2. 育苗技术

20世纪70年代开始，在苏南地区逐步兴起了工厂化育苗热，蔬菜研究所与江苏省农林厅因势利导，组织江苏省全省工厂化育苗协作组，定期总结交流，向全省推广。具体做法是：以果蔬类栽培比较集中的大队为单位集中育苗，根据种植计划确定育苗数量，再按秧苗生长期长短分批分期播种育苗。这种方法是受日本水稻育秧的启发改良演变而成。用这种方法培育的茄果类、瓜类、豆类秧苗，具有秧苗苗龄短，根系健壮，生命力旺盛，既早熟又丰产等效应。

3. 覆盖栽培技术

1959年，日本友人赠送几十平方米聚氯乙烯薄膜，次年我们开始作小棚覆盖试用，在韭菜、扬花萝卜等低温作物覆盖栽培，表现出明显的早熟，丰产效应。1963年开始蔬菜小棚覆盖栽培研究。1964年在南京紫金山、红花、玄武湖、徐州奎山等地示范，所种番茄、黄瓜、辣椒等上市期较露地菜早30~50天，单产增产30%~50%，亩产万斤千元，很有优势，很快在南京及其他各市郊区推开。

在小棚广泛推广应用之后，为了进一步提高搭架作物的早熟产量，必须提早播种、定植。小棚中栽培，在早春已不能满足番茄、黄瓜等蔬菜生长的需要。1976年，总结苜蓿园基点大棚栽培经验。1978年，在所内系统开展各项对比试验，总结不同棚形结构的保温性能及主要适合大棚栽培的作物。同时，在江苏省内组织各主要城市成立协作组，结合全省科技协作会议的活动，定期总结交流或现场考察，将该项技术在全省迅速推开。

第二节　1979年11月—2003年4月

1978年，江苏省政府发198号文件，在加强各级政府对蔬菜产销体制，稳定郊区蔬菜面积和必要的物资供应同时，要求在江苏省农业科学院设立蔬菜研究所，在各市建立市蔬菜所。1979年11月，成立蔬菜研究所（从园艺研究所中划出），主要从事蔬菜新品种选育及高产栽培、病虫害防治研究，从此开启了蔬菜科研事业的新篇章。经过一代代蔬菜人艰苦卓绝的奋斗，蔬菜研究所取得了灿烂辉煌的业绩，品种足迹遍布大江南北，综合影响撒满神州大地。"七五""八五"期间，先后荣获全国农业科研单位综合科研能力优秀单位、全国农业科研开发综合实力百强研究所等称号。

一、承担课题

据不完全统计，共承担各类课题400余项，其中部级以上项目（课题）76项。

主持国家级及部级课题

序号	课题名称	课题类别	起（年）	止（年）	主持人
1	青椒、番茄产地简易贮藏技术研究	国家攻关	1983	1985	陈广福
2	辣椒抗病品种选育	国家攻关	1983	1985	丁犁平
3	瓢儿菜、雪里蕻品种选育和杂交优势利用	农牧渔业部	1983	1985	饶隽民

（续表）

序号	课题名称	课题类别	起（年）	止（年）	主持人
4	茄子早熟优质亩产万斤施肥指标及施肥技术研究	农牧渔业部	1983	1985	汪兴汉
5	番茄抗病毒育种及杂优利用研究	国家攻关	1984	1985	徐鹤林
6	晚抽薹大白菜（日喀则一号）开发技术研究	农牧渔业部	1984	1988	陈广福
7	耐热大白菜联合试验	国际协作	1985	1990	徐鹤林
8	蔬菜种质资源繁种入库和主要性状鉴定	国家攻关	1986	1990	丁犁平
9	番茄优质多抗新品种选育及育种技术研究	国家攻关	1986	1990	徐鹤林
10	甜（辣）椒优质多抗丰产新品种选育及育种技术	国家攻关	1986	1990	丁犁平
11	采前因素对蔬菜耐贮及品质影响的研究（商业部）	国家攻关	1986	1990	陈广福
12	大棚栽培及其配套技术	农牧渔业部	1986	1990	沈善铜
13	太湖主要蔬菜高产优质高效益及综合利用栽培技术的研究	农牧渔业部	1986	1990	沈善铜
14	中国番茄病毒病的病源鉴定	国际协作	1989	1990	徐鹤林
15	新型棚膜试验	农业部	1990	1992	沈善铜
16	中国南部番茄病毒病的病源鉴定	国际协作	1990	1994	徐鹤林
17	新型棚膜性能试验及生产示范	国家推广总站	1990	1991	沈善铜
18	根际环境对蔬菜产量影响的生理机制研究	国家自然基金	1991	1993	汪兴汉
19	蔬菜种质资源收集繁种和整理编目	国家攻关	1991	1995	丁犁平 杨起英
20	辣椒茄子种质资源鉴定评价	国家攻关	1991	1995	丁犁平 章志强
21	番茄新品种选育技术研究	国家攻关	1991	1995	徐鹤林
22	甜（辣）椒新品种选育及育种技术研究	国家攻关	1991	1995	赵华崙
23	甘蓝新品种选育技术	国家攻关	1991	1995	徐鹤林
24	中国大陆南部番茄病毒病检测	国际合作	1991	1994	徐鹤林
25	番茄优质高产无土栽培技术研究	农业部	1991	1995	汪兴汉
26	黄淮地区日光温室菜椒高产稳产高效栽培技术研究	农业部	1991	1995	沈善铜
27	丰收素在蔬菜作物上的应用研究	农业部	1992	1995	沈善铜
28	日本聚氯乙烯棚膜试验	农业部	1993	1994	沈善铜
29	番茄育种材料与方法研究	国家攻关专题	1996	1998	余文贵
30	甘蓝耐先期抽薹、耐高温育种材料的选育	国家攻关专题	1996	1998	丁万霞
31	番茄抗病材料选育研究	国家攻关子专题	1996	1998	余文贵

（续表）

序号	课题名称	课题类别	起（年）	止（年）	主持人
32	徐淮地区设施栽培蔬菜稳产高效综合技术研究	国家攻关子专题	1996	1998	沙国栋
33	不结球白菜育种材料的筛选和创新	国家攻关子专题	1996	1998	袁希汉
34	甘蓝抗病育种材料选育	国家攻关（协作）	1996	1998	丁万霞
35	甘蓝育种方法和育种技术的研究	国家攻关（协作）	1996	1998	丁万霞
36	番茄耐低温材料选育	国家攻关（协作）	1996	1998	余文贵
37	蔬菜优良种质评价与利用研究	国家攻关（协作）	1996	2000	袁希汉
38	青椒新品种选育及配套栽培技术研究	农业部重点专题	1996	1998	孙洁波
39	青椒新品种选育及配套栽培技术研究	农业部重点子课题	1996	1998	孙洁波
40	南方塑料大棚内保温材料与覆盖方式	农业部	1997	2000	沈善铜
41	主要蔬菜新品种选育	亚蔬中心	1997	2001	袁希汉
42	设施园艺高产高效栽培基地建设	国家科技攻关子课题	1998	2000	沙国栋
43	辣椒雄性不育系杂优利用应用研究	国际合作	1998	2002	王述彬
44	番茄育种材料与方法研究	国家攻关专题	1999	2000	余文贵
45	甘蓝耐先期抽薹、耐高温育种材料的选育	国家攻关子专题	1999	2000	丁万霞
46	番茄抗病材料选育研究	国家攻关子专题	1999	2000	余文贵
47	徐淮地区设施栽培蔬菜稳产高效综合技术研究	国家攻关子专题	1999	2000	羊杏平
48	不结球白菜育种材料的筛选和创新	国家攻关协作	1999	2000	袁希汉
49	甘蓝抗病育种材料选育	国家攻关协作	1999	2000	丁万霞
50	甘蓝育种方法和育种技术的研究	国家攻关协作	1999	2000	丁万霞
51	番茄耐低温材料选育	国家攻关协作	1999	2000	余文贵
52	耐热叶菜品种的引进与推广	948 引进	1999	2002	严继勇
53	青（辣）椒全国区域试验	新品种区域试验	1999	2002	孙洁波
54	茄子新品种 DUS 测试技术及标准	农业部 DUS 测试	2000	2003	易金鑫
55	连栋塑料温室蔬菜有机栽培的关键技术与应用	国际合作	2000	2002	沙国栋
56	结球甘蓝新品种选育及育种技术研究	863 子课题	2001	2003	丁万霞
57	雪菜新品种选育及育种技术研究	863 子课题	2001	2003	袁希汉
58	番茄新品种选育及育种技术研究	863 子课题	2001	2003	余文贵
59	辣椒新品种选育及育种技术研究	863 子课题	2001	2003	王述彬
60	小白菜优质种质资源的创新及利用	国家科技攻关子课题	2001	2003	袁希汉
61	蔬菜设施栽培综合技术示范	国家其他部委	2001	2003	徐　刚

（续表）

序号	课题名称	课题类别	起（年）	止（年）	主持人
62	优质专用型蔬菜杂交育种技术研究与新品种选育	863 子课题	2002	2005	王述彬
63	南方重要设施果菜（番茄）专用新品种选育与新材料创新	863 子课题	2002	2005	余文贵
64	南方重要设施果菜（辣椒）专用新品种选育与新材料创新	863 子课题	2002	2005	王述彬
65	辣椒生物技术育种研究	863 子课题	2002	2004	王述彬
66	番茄生物技术育种研究	863 子课题	2002	2004	赵统敏
67	耐热叶菜品种的引进与推广	农业部	2002	2005	严继勇
68	复合抗性设施果菜新品种选育（番茄）	863 子课题	2002	2005	余文贵
69	优质专用型蔬菜（番茄）杂交育种技术研究与新品种选育	863 子课题	2002	2005	余文贵
70	名特优瓜菜设施栽培技术	国家其他部委	2002	2004	徐　刚
71	番茄分子育种技术研究与新品种选育	863 子课题	2003	2005	余文贵
72	甘蓝分子育种技术研究与新品种选育	863 子课题	2003	2005	丁万霞
73	黄瓜分子育种技术研究与新品种选育	863 子课题	2003	2005	余文贵
74	江蔬 1—6 号辣甜椒系列杂交新品种及标准化栽培技术	科技部	2003	2007	王述彬
75	绿豆 DUS 标准研制	农业部	2003	2005	陈　新
76	全国青椒第四轮区试	农业部	2003	2005	王述彬

二、品种资源调查工作

江苏省蔬菜种质资源十分丰富，早在 20 世纪 50—60 年代，先后两次组织力量对省内主要县市及上海、杭州等市郊主要蔬菜种质资源进行调查收集和保存利用。在 20 世纪 70 年代初又正式立项，分别承担江苏省科委和“七五”“八五”国家攻关课题。1978 年，根据全国蔬菜科研协作会精神，由江苏省蔬菜办公室、江苏省农林厅及江苏省农业科学院联合发文，组织省、市蔬菜科研生产与种子等有关部门，再一次进行全省蔬菜品种资源补充调查、征集与鉴定。对各类蔬菜和西甜瓜等种质资源进行全面调查、整理编目、繁种入库、鉴定和利用，截至 1982 年底，共征集了 71 种，1 401份材料。对其开展田间种植、主要特性观察以及主要种类材料的产品品质和营养成分分析。1984 年，编印成《江苏省蔬菜品种资源目录》，内容包括 72 种1 053个品种（按其园艺性状分为 13 大类）的主要来源和主要特征特性及栽培技术要点。

此后又承担国家攻关课题“蔬菜品种资源繁种入库”任务，组织全省 12 个省、市级蔬菜相关单位，分片包干，再次调查收集并繁殖各地蔬菜品种，至 1989 年，按质按量上交国家种质资源库1 001份。此项工作在全国统一申报下，获得农业部科技进步奖和国家科技进步二等奖。

“七五”期间，蔬菜所和有关单位合作，对全国 28 个省（市、自治区）的 990 份辣椒种质资源，进行干物质含量、维生素 C 含量和辣椒素含量分析，同时开展了苗期对 TMV、CMV 及炭疽病的抗性鉴定，研究辣（甜）椒的主要品质性状对抗病性的影响，为辣椒种质资源的利用，抗病及品质育种提供依据。

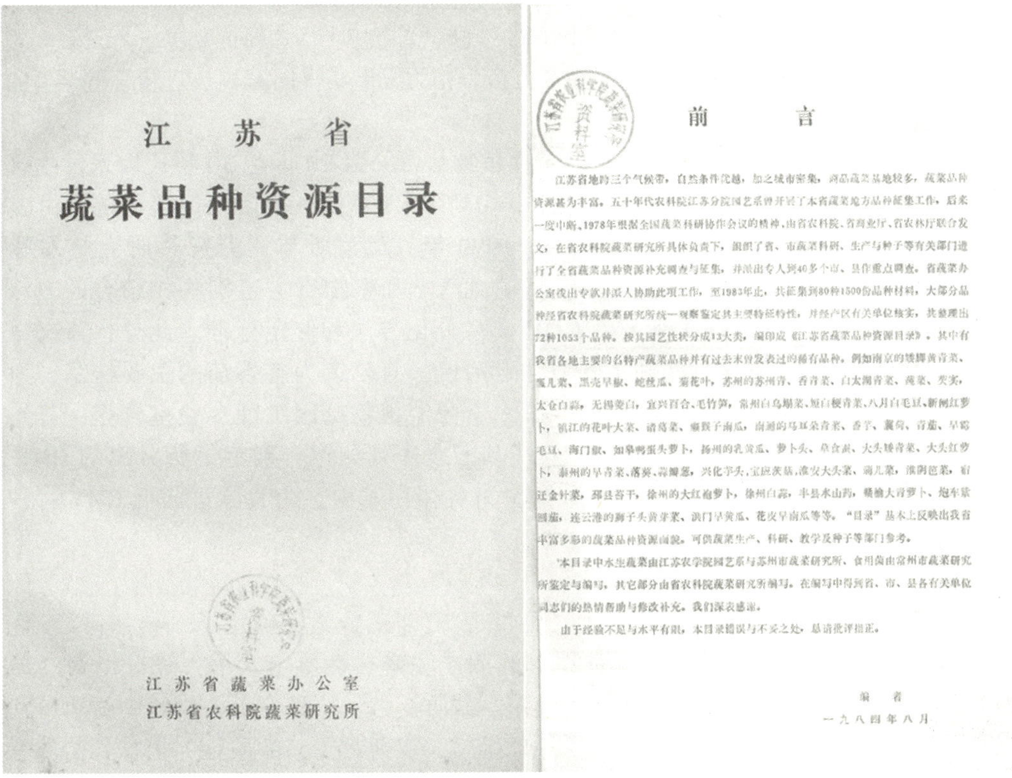
江苏省

蔬菜品种资源目录

江苏省蔬菜办公室
江苏省农科院蔬菜研究所

前　言

江苏省地跨三个气候带，自然条件优越，加之城市密集，商品蔬菜基地较多，蔬菜品种资源甚为丰富。五十年代农科院江苏分院园艺系曾开展了本省蔬菜地方品种征集工作，后来一度中断。1978年根据全国蔬菜科研协作会议的精神，由省农科院、省商业厅、省农林厅联合发文，在省农科院蔬菜研究所具体负责下，组织了省、市蔬菜科研、生产与种子等有关部门进行了全省蔬菜品种资源补充调查与征集，并派出专人到40多个市、县作重点调查。省蔬菜办公室拨出专款并派人协助此项工作，至1983年止，共征集到80种1500份品种材料，大部分品种经省农科院蔬菜研究所统一观察鉴定其主要特征特性，并经产区有关单位核实，共整理出72种1053个品种，按其园艺性状分成13大类，编印成《江苏省蔬菜品种资源目录》。其中有我省各地主要的名特产蔬菜品种并有过去未曾发表过的稀有品种。例如南京的矮脚黄青菜、瓢儿菜、黑壳早椒、蛇丝瓜、菊花叶，苏州的苏州青、香青菜、白太湖青菜、莼菜、芡实，太仓白蒜，无锡茭白，宜兴百合、毛竹笋，常州白乌塌菜、短白梗青菜、八月白毛豆、新闸红萝卜，镇江的花叶大菜、诸葛菜、癞葡子南瓜，南通的马耳朵青菜、香芋、藏菊、青蒜、早熟毛豆、海门椒、如皋鸭蛋头萝卜，扬州的乳黄瓜、萝卜头、草食蚕、大头矮青菜、大头红萝卜，泰州的早青菜、落葵、蒜瓣葱，兴化芋头、宝应茨菇、淮安大头菜、瓢儿菜，淮阴芭菜，宿迁金针菜，邳县苔干，徐州的大红袍萝卜，徐州白蒜，丰县水山药，赣榆大青萝卜、炮车紫圆茄，连云港的狮子头黄芽菜、洪门早黄瓜、花皮早南瓜等等。"目录"基本上反映出我省丰富多彩的蔬菜品种资源面貌。可供蔬菜生产、科研、教学及种子等部门参考。

本目录中水生蔬菜由江苏农学院园艺系与苏州市蔬菜研究所、食用菌由常州市蔬菜研究所鉴定与编写，其它部分由省农科院蔬菜研究所编写。在编写中得到省、市、县各有关单位同志们的热情帮助与修改补充。我们深表感谢。

由于经验不足与水平有限，本目录错误与不妥之处，恳请批评指正。

编　者

一九八四年八月

江苏省蔬菜品种资源目录

三、品种选育工作

在品种选育过程中，蔬菜所注重种质资源的收集利用、育种质量提升、利用生物技术提升育种成效，研究提出高效制种技术，在优质抗病育种、三系配套等方面成效显著。

1. 番茄

1979 年，全国番茄抗病育种协作组成立以来，蔬菜所番茄团队即作为主要单位参加了协作攻关；1983 年，番茄抗病育种被列为国家科技攻关计划，蔬菜所从“六五”至“八五”一直是国家科技攻关子课题承担单位，“九五”期间是国家科技攻关专题的主持单位；2001 年以来，蔬菜抗病育种纳入国家“863”计划（“十五”），番茄团队参与了研究工作。

20 世纪 70 年代以来，番茄病毒病成为番茄产业发展的限制性因素，江苏省农业科学院是蔬菜所牵头完成了全国番茄病毒种类鉴定及分布研究。明确了我国 30 个省市为害严重的是番茄花叶病毒（ToMV）和黄瓜花叶病毒（CMV），其中 ToMV 病株率为 15.2%~90.6%，CMV 为 11.6%~91.2%，从地理位置上看，愈往北方 TMV 比例愈高，愈往南 CMV 愈严重。从同一地方不同季节看，病毒种群间亦有明显变化，冬春温度较低则以 TMV 所占比例较大，而夏秋高温季节，则 CMV 比例上升成为优势种群。同时，牵头完成了全国各省番茄 ToMV 株系的鉴定研究。明确我国已经分化出 4 个 ToMV 株系，即 0 株系、1 株系、2 株系和 1.2 株系，其中 0 株系分布最广，是 19 个省市的优势株系，占当地分离物的 50% 以上。随着具有 Tm1 或 $Tm2^{nv}$ 基因品种推广，0 株系和 1 株系比例减小，而 2 株系和 1.2 株系比例增大。

在抗 ToMV 育种方面，首次明确了 Manapal $Tm2^{nv}$ 抗性，并完成了转育创新。1975 年，将

Manapal $Tm2^{nv}$作为亲本选配组合，确定了一代杂种的抗病性。1976年，开始进行$Tm2^{nv}$抗病基因的转育工作。1980年，首先成功的将该基因转育到早熟番茄亲本‘矮黄’和‘黄粉’中，育成的抗病一代杂种有‘苏抗4号’‘苏抗5号’‘苏抗6号’和‘苏抗7号’‘苏抗8号’‘苏抗9号’，在生产上大规模推广应用，累计推广面积超过500万亩。相关成果获得国家科技进步三等奖、省科技进步二等奖等奖项4项。

在抗CMV研究方面，针对CMV这一世界性植物病毒，且20世纪80年代以来发生日趋猖獗，但没有找到合适的抗源。人们在野生番茄中找到了CMV抗性基因，但这种抗性由多基因控制，因此将其转移到栽培番茄中并非易事。1990年，蔬菜所与亚洲蔬菜研究与发展中心（AVRDC）合作开展了CMV株系分化工作。利用血清学和生物寄主鉴别法相结合的方法，根据中国番茄抗病育种的需要，首次制定了CMV株系分化方法和鉴定标准。此外，首次完成了中国各地区番茄CMV株系分化，明确了各省、自治区、直辖市为害番茄的主要株系，为番茄抗CMV育种奠定了基础。此外，蔬菜所与北京大学国家植物基因工程实验室合作，首先克隆了中国的CMV外壳蛋白基因，经过对CMV-CP基因全序列测定，确定了所分离的CMV病毒属于CMV-D亚组，这是中国首次成功克隆CMV外壳蛋白基因，为我国番茄抗CMV育种开辟了一条新途径。

2. 茄子

在大量征集国内外优异种质资源基础上，经过近20年的探索，确定了‘早熟高产×优质抗逆/抗病’的杂种优势利用技术路线。从种质资源测产和耐热性鉴定入手，筛选得到‘苏州牛角’。该品种早熟高产，但后期高温果实色泽较差，品质变劣。从日本引入材料中筛选得到‘新长崎长茄’，该品种果实色泽黑紫光亮，肉质柔软细嫩，皮薄籽少，品质佳，植株长势旺盛，耐高温。按照优势互补原则，配制杂交组合‘苏州牛角×新长崎长茄’，连续三年小区品比平均亩产4 870千克，对比‘苏州牛角’增加20.4%，果实长条形，色泽黑紫光亮，肉质与父本相似，品质佳，耐热性强。经过1984—1985年两轮区试和1986年生产试验，于1987年通过江苏省农作物品种审定委员会审定，定名为‘苏崎茄’。

20世纪80年代末，‘苏崎茄’在南京、镇江、常州、无锡、泰州、徐州等市推广，表现优异，迅速推广到全省。90年代，‘苏崎茄’的推广面积增加迅速，在江苏、安徽、江西、湖南、山东、四川等省大面积栽培，并取得较好经济效益。

3. 辣椒

20世纪80年代初，蔬菜所从南京早椒资源材料中筛选出早熟性好抗病性强的‘5-1’，从上海甜椒中筛选出品质优的‘5-2’，通过杂交育种，培育出耐低温弱光，连续坐果性好，膨果速度快，优质微辣型极早熟长灯笼椒品种‘苏椒5号’，于1993年通过江苏省农作物品种委员会审定，在全国20多个省（市）大面积推广应用，成为我国辣椒育种史上的一代标志品种。

1979年，蔬菜所引进国外甜椒胞质雄性系材料，经向不同类型的甜椒、辣椒品种上转育，经多年努力，转育成三系配套（不育系、保持系、恢复系）的‘21A×LS3’，在制种过程中无需去雄，结合人工辅助授粉，大大节省制种用工，降低杂交种子生产成本，杂交种子纯度达到100%。该项工作，在当时处于国内先进水平。

20世纪90年代初期，开始以抗病高产耐低温设施专用为育种目标，采用高效聚合育种技术，育成优质抗病高产，适合保护地栽培的辣椒品种‘江蔬3号’‘江蔬4号’，2000年通过江苏省审定，‘江蔬2号’辣椒2002年通过江苏省审定，‘江蔬1号’辣椒、‘江蔬5号’甜椒（甜椒CMS三系配套品种）和‘江蔬6号’辣椒2002年通过国家审定；在科技部农转资金项目的支持下，研发了与江蔬1-6号辣（甜）椒品种配套的高效栽培技术，并在江苏、山东、安徽等省辣椒主产区开展示范推广。

苏椒 5 号

4. 甘蓝

1976 年起，蔬菜组再度开展甘蓝杂种优势利用研究，对‘晨光平头’‘鸡心’‘黑叶头’‘四月慢’等品种进行自交不亲和系选育，研究其自交不亲和性在各个世代的动态变化，并与各选育及引进的自交不亲和系相互人工或自然杂交，通过田间鉴定，育成早熟丰产秋甘蓝品种‘苏晨 1 号’，越冬春甘蓝品种‘春丰’。两品种经过江苏省及全国区试、审定，在长江流域及长江以南大面积推广。继而推出越冬春甘蓝圆球形品种‘春雷’、厚扁形品种‘春眠’，形成系列甘蓝品种，在全国甘蓝育种及生产上均产生较大影响力。

5. 大白菜

为增加夏季伏缺期间供应，白菜育种课题组，1982 年开始，从亚洲蔬菜研究发展中心引进耐热类型品种，对稳定高温季节优质叶菜品种供应起了重要保障作用。1985 年开始，正式与亚蔬中心合作，引进耐热大白菜种质，经过杂交配组和田间鉴定选育出两个最优良的杂交组合，定名为‘伏宝’‘夏丰’，研究其高产制种技术，进而大面积推广应用。1990 年，“夏大白菜—夏丰、伏宝的选育与应用”通过了农业部科技成果鉴定。在此基础上，以耐热亲本与早熟丰产抗病品系杂交配制一系列耐热组合，形成了耐热大白菜品种选育工作的特色。

1993 年‘夏丰’大白菜通过江苏省品种审定，1995 年承担并主持全国耐热白菜研究学术研讨会。1996 年‘双冠’大白菜通过四川省品种审定。主持完成成果“耐热大白菜‘夏丰’‘双冠’新品种选育、研究和应用”获得 1998 年度江苏省科技进步二等奖。2002 年度‘双冠’大白菜通过国家审定。

6. 小白菜

为增加夏季伏缺期间叶菜供应，从 1996 年开始，白菜育种课题组创新育种思路，利用大白菜和小白菜（普通白菜）亚种间杂种优势，以特异的耐热大白菜种质‘PL-1’作母本，分别以南京市地方名优品种‘矮脚黄’和苏州市地方名优品种‘苏州青’作父本，创制小白菜新品种‘热抗白’和‘热抗青’，分别于 1999 年和 2000 年通过江苏省品种审定。

7. 西瓜

在推广‘华东 24’‘华东 26 号’同时，蔬菜所正式开展西瓜品种选育工作。广泛引进国内外西瓜品种及一代杂种，观察比较，在分析各品种优良性状的基础上，配制了十几个杂交组合。经过一代杂交的田间鉴定，认为‘蜜宝×兴城红’的一代杂种在熟性、抗性、果型、果皮颜色，品质（含糖量）及口感上均为上乘，符合当时的育种目标。自 1975 年起即在该组合的后代中作株系选择，1978 年秋到厦门南繁加代，加速选育，1980 年定名‘苏蜜 1 号’。1981 年起，参加全国区试及江苏省内多点试验，证明其具有早熟、优质、皮薄、不裂果等特性，并逐年大面积推广。1985—1989年，每年栽培面积占全省西瓜栽培面积的70%。在推广‘苏蜜1号’的同时，开展了中晚熟品种及西瓜杂种优势的研究。

育成优质、早熟西瓜 F_1‘苏杂2号’，1990年在全国南方早熟西瓜品种评比中获得一等奖；育成优质、中熟耐贮西瓜新组合‘苏蜜2号’，1992年通过江苏省品种审定委员会审定，上述两品种曾风靡全省。1986年受中国西瓜、甜瓜协会委托，蔬菜所组建全国西瓜抗枯萎病育种协作组并率先开展西瓜抗病育种研究。先后育成优质、早熟高抗枯萎病西瓜新品种‘抗病苏蜜’，1998年通过江苏省品种审定，成为当时华东地区大棚专用品种之一；中晚熟优质耐贮大果型高抗枯萎病西瓜品种‘抗病苏红宝’，1996年通过江苏省品种审定；中熟优质耐贮大果型，高抗枯萎病西瓜品种‘佳宝’，2001年通过江苏省品种审定，成为全国中晚熟西瓜主产区重要品种之一。

1985年拍摄

2012年拍摄

‘苏蜜1号’果实

‘抗病苏蜜’果实

‘抗病苏蜜’田间

8. 甜瓜

1985年，承担农业部引种‘伊丽莎白’甜瓜课题，采用大棚加地膜、立架栽培措施获得试验成功，填补了我国南方不能生产厚皮甜瓜的空白；以‘伊丽莎白’高代自交系‘M89-4’为母本，采用亚种间杂交法，选育出优质、耐湿抗病甜瓜新品种‘蜜翠’，为厚皮甜瓜育种开辟了新途径；与远生态型厚皮甜瓜品种杂交，筛选出‘维多利亚’，其熟性、产量及品质与‘伊丽莎白’相当。该品种是国内育成的第一代东移厚皮甜瓜专用品种，并在省内外推广应用。开展薄皮甜瓜杂优利用研究，育成优质极早熟黄金瓜类型薄皮甜瓜 F_1‘黄金蜜翠’，1999年通过江苏省品种审定，至今仍在生产上应用。

9. 黄瓜

20世纪80年代中期，从美国引进抗病性较好、瓜形较长、无棱少刺的雌性系为母本与早熟密刺型为父本配制成一代杂种，对霜霉病、白粉病与枯萎病等表现出多抗性，早熟型强，适合大棚及日光温室栽培，经区试及省审定，定名为‘早抗’。1994年通过江苏省品种审定；1993年育成春秋露地专用黄瓜品种‘露丰’，大面积推广。

10. 花菜

1985 年，高档菜课题组从大量引进的白花菜材料中筛选出极早熟品种‘夏雪’‘One up’及‘明月’等进行自交分离，并作自交不亲和性选择，然后重新配租，选育出在夏季高温下栽培耐热性强，定植后 45 天左右即能采收，伏缺期间供应的一代杂种‘六月雪’。采用同样的方法，从国外引进的绿花菜一代杂种 40 余份中，观察比较选出数份，做自交分离、重组，培育出‘青峰’等一代杂种推广。

11. 豆类

20 世纪 70 年代，蔬菜研究所从国外大量菜豆引种中筛选出一些有用材料。80 年代，选育出‘78-209’及‘81-6’两个品种，经江苏省区试表现明显优于供给者。1989 年通过江苏省审定，在生产上大面积推广。引进成都一点红豇豆，选育出早熟豇豆品种‘早豇一号’，具有早熟、丰产、较抗病毒病等特点，成为江苏省主栽品种。

12. 食用菌

1984 年，食用菌课题组开始对罐藏白蘑菇进行新菌株选育，还对平菇、金针菇、香菇、草菇等进行广泛引种筛选。1987 年，课题组引进收集蘑菇品种 30 多份，经过筛选鉴定，系统选择，中试、生产试验等，经过省级鉴定，选出了 2 号、3 号、17 号三个新菌株，在省内较大面积推广。课题组从常山猴头菇中筛选出菇型大，产量高的新变异菌株，定名为‘猴丰 1 号’，在省内有较多栽培。

13. 其他

20 世纪 80 年代初，蔬菜所主持高档蔬菜引种与利用课题，在大量品种引种试验、江苏省适应性栽培及留种技术研究的基础上，推广了‘M. S. U-9 号’‘M. S. U-5 号’及‘M. S. U-21 号’西洋芹菜、赤花娟荚、成驹卅日食荚豌豆、五寸四季胡萝卜及生菜等高档蔬菜，对丰富宾馆菜谱种类及居民菜篮子花色品种起了一定作用。

四、栽培研究

蔬菜所早在 20 世纪 50 年代初即开展蔬菜方块土，营养钵育苗及 2,4-D 保花保果技术研究，至 50 年代末期，又开展了喜温蔬菜低温育苗、提早定植及简易覆盖防霜保苗技术，以及主要蔬菜施肥、密植、植株调整等露地丰产栽培技术研究。1960 年正式引进试验小棚覆盖栽培技术，并在南京市和江苏省内其他各大城市郊区推广。20 世纪 70 年代，开展大棚覆盖栽培技术和快速育苗、喷灌技术研究；20 世纪 80 年代，开展地膜覆盖栽培技术研究。在大棚综合利用技术和地膜覆盖早熟增产原理和技术以及不同有色地膜研制和应用等方面都取得了重要成果并获得科技进步奖等奖项 8 项。

塑料大棚覆盖技术研究，结合江苏省以及长江中下游地区的气候特点，研究提出了棚形结构，大棚小气候效应，主要覆盖材料的性能和覆盖形式，大棚周年利用的季节茬口安排以及主要蔬菜大棚栽培温光肥水指标和早熟优质高产栽培技术，大棚育苗、制种、反季节栽培综合利用技术等。

1. 塑料大棚栽培技术

采用小棚覆盖、大棚覆盖、地膜覆盖、遮阳网、无纺布等浮面覆盖技术，改变了蔬菜栽培的生态环境，提前、延后了栽培和上市时间，改善供应状况，增加单产，改进品质，提高效益，是蔬菜生产中一大改革，是谓“白色革命”。

1980年，进一步试验大棚单项作物的早熟、丰产性，还着重研究大棚周年应用技术，研究一年中大棚育苗、早熟栽培、茄果类杂交制种、食用菌栽培以及秋延后栽培等技术，从而更大发挥大棚的利用率，取得更高的经济效益。20世纪80年代中期，蔬菜研究所参加了农业部推广总站的覆盖栽培推广工作，除继续开展棚型结构研究，规范适合江淮地区大棚造型外，还着重研究各种新型的棚膜，如流滴膜（无滴膜）、耐老化膜以及多功能膜的保温、早熟、丰产等使用效果，并在江苏省及周边地区推广应用，进一步促进了大棚的发展。

2. 地膜覆盖技术

蔬菜所从1979年起，开展地膜试验，结合江苏省特点，研究春秋两季主要茄果瓜豆蔬菜和叶菜等蔬菜地膜覆盖栽培技术，不仅研究其早熟增产的机理，还提出了一膜多用等技术，为我国长江中下游以及以南地区推广这一技术提供依据。同时还和化工部门合作，在国内首先研制并生产七种有色地膜和新型地膜，研究其不同的性能和应用技术。

遮阳网和无纺布等覆盖栽培技术，主要研究其不同覆盖材料的性能，应用效果和应用技术，着重探讨不同覆盖材料和覆盖栽培在周年生产上的应用。

1980年，江苏省农业科学院正式就地膜覆盖技术进行立题，由蔬菜所主持，在院内建试验田，以0.015毫米聚乙烯薄膜覆盖番茄、茄子、甜椒、四季豆、豇豆等作物，测定土温变化和植株生长开花结果及对各种蔬菜作物早期和总产量的影响。实验证明，地膜覆盖能够增加地面温度，保持土壤水分，提高抗旱能力，改善土壤物理和化学性，有利于植株根系发育，具有早熟丰产效应。此外，蔬菜所还在江苏省内组织协作组定期考察总结交流，2~3年即在全省推开，在春季各作物中普遍应用。至20世纪80年代中期已成为春季各种茄果瓜豆作物生产商必不可少的栽培措施，该项工作还参加了农业部组织的全国性协作，获得了农业部及国家级奖励。

3. 施肥指标和施肥技术

“六五”期间承担农业部重点课题“亩产万斤茄子需肥规律和施肥技术研究”，提出了氮磷钾（NPK）的施肥指标和技术。1984—1985年，蔬菜所对茄子优质高产施肥指标和施肥技术进行了研究，经过田间试验和植株养分分析，分析了茄子不同发育阶段体内不同部位的NPK含量变化及NPK肥不同施用量对茄子植株生长发育及产量的影响，明确了茄子亩产万斤的NPK施用量及适宜的施用时期。

4. 无土栽培技术

20世纪80年代初，开始无土栽培技术研究，先后承担农业部、省科委研究项目6项，国家自然科学基金项目1项，分别对主要蔬菜无土栽培技术、根基环境和缺素症等进行研究。研制出简易和不同档次的无土栽培配套设施装置、主要蔬菜优质高产无土栽培技术。20世纪80年代中期，无土栽培技术主要研究了番茄等作物适宜营养液配方，某些营养液缺乏时的症状及营养液栽培装置，品种与相应的管理措施等。同时，与南京市玻璃纤维设计院协作研制出无土栽培专用岩棉和无土栽培专用肥料，及其在蔬菜栽培和育苗上的应用技术。农用岩棉研制和岩棉栽培技术，经鉴定达国外同类材料的水平，填补了国内空白，获2项科技进步奖。配套技术在省内外30多个示范点推广。

5. 西瓜甜瓜栽培技术

1974年起，针对西瓜连作障碍，开展了嫁接换根技术的研究，经不同嫁接方法及砧木种类的嫁接比较，发现以葫芦为砧木插接的成活率高，且品质等方面均属最优。1976年起，在南京等郊区推广，深受瓜农欢迎。

1985年起，在农业部科技司主持下与日本森田欣一合作，在江苏全省开展西瓜耐湿防病综合栽培技术研究。采用地膜、小棚双膜覆盖嫁接换根、早期摘心、严格四蔓式整枝、增施果实膨大肥等措施，能提早上市，提高果实的商品性，该项技术为后来大棚西瓜嫁接栽培在江苏省特别是南京推广应用打下基础。

1985年起，开展厚皮甜瓜的引种育种及栽培技术研究。从美国、日本等引进数十个厚皮甜瓜，比较筛选出日本的“伊丽莎白”品种适合在南方多雨地区大棚栽培，为南京增加了一种高档果品，深受市场欢迎。

五、蔬菜区划研究

1963年，江苏省开展第一次蔬菜区划工作，随着时代发展，蔬菜生产发生了较大变化，蔬菜基地建设与生产技术等方面有明显进展，但蔬菜供求矛盾突出，产生了许多新问题。因此，自1979年下半年开始，在江苏省农业区划委员会的直接领导下，开展全省第二次蔬菜区划工作。由江苏省农业科学院蔬菜所主持并具体承担，邀请江苏省蔬菜办公室、省农林厅、南京农学院园艺系、江苏农学院园艺系有关专家参加讨论。《江苏省蔬菜区划》于1983年定稿。此外，还组织全省主要大中城市有关部门，先后完成12个市郊和1个县的蔬菜生产区划工作。

《江苏省蔬菜生产区划》在全面调查全省蔬菜产销基本情况，生产特点和存在问题的基础上，充分分析各地区农业自然资源和社会经济技术等因素，根据不同地区的气候条件，集合地理地貌特征以及蔬菜生产的特点，将全省蔬菜区划划分为徐淮两主作菜区、里下河水生菜区、沿海菜区、沿江三主作菜区、宁镇丘陵菜区、太湖多作次与水生菜区，并研究提出各菜区今后蔬菜生产发展的方向和途径，对充分发挥不同地区生产优势，扬长避短，分区指导，统筹安排，起到了积极作用。

结合全省蔬菜品种资源和蔬菜区划调查，蔬菜所又对全省23个传统蔬菜生产基地及品种进行了全面调查和分析。在此基础上提出了发展传统蔬菜生产基地的建议，从而为规划和组织全省二线、三线蔬菜基地和特产蔬菜生产提供依据。建议被江苏省政府领导和有关部门采纳。

第三节 2003年4月—2005年5月

2003年，江苏省农业科学院全面推进科技改革。将经营性资产从研究所剥离。4月15日，中共江苏省农业科学院委员会决定王伟明同志作为蔬菜所改革工作召集人主持蔬菜所工作，并在《关于进一步组织实施蔬菜研究所改革工作意见的批复》中明确原则上同意《关于进一步组织实施蔬菜研究所改革工作的意见》，同意组建以蔬菜种苗研发、推广及生产经营为主的科技型有限责任公司。4月17日召开江蔬种苗科技有限公司（暂定名）第一次股东大会，原则上通过公司章程、选举董事组成董事会、选举公司监事等。4月18日召开董事会，选举王伟明为董事长，董事会聘任羊杏平为总经理、刁阳隆为副总经理、冯玲秀为财务负责人，通过了公司岗位设置、员工待遇及绩效考核办法等。9月30日正式成立江苏省江蔬种苗科技有限公司，按照院属企业进行管理。公司注册资金500万元，其中国有股为277万元，占55.4%；职工出资认购自然股为223万元，占44.6%。股东大会选举产生公司董事会和监事。公司董事会由王伟明、羊杏平、刁阳隆、沈奇、丁万霞、王述彬、严继勇等七名董事组成，选举王伟明为董事长。王伟明、羊杏平、刁阳隆、沈奇四人为国有产权代表。刘金兵、易金鑫二人为监事。经董事长提名，董事会聘任羊杏平为公司总经理，经总经理提名，董事会聘任刁阳隆为公司副总经理。公司实行总经理负责制。内设办公室、财务部、研发部、经营部四个部门。研发部下设茄果类育种研究室、叶菜类育种研究室、豆类作物育种研究室、瓜类作物育种研究室等四个研究室以及白菜研发岗。实行研究室与作物两级管理，岗位聘到研究室，经济核算到具体作物。

蔬菜所设施栽培人员被安排进院苏园公司，并成立蔬菜设施栽培研究中心。2003年11月在园艺所设立公益性蔬菜设施栽培技术研究项目组，苏园公司蔬菜设施栽培研究中心整体进入园艺所，2004年1月1日蔬菜设施栽培技术研究项目组正式组建并运行，2005年7月，蔬菜设施栽培技术研究项目组调回蔬菜所。

2003—2004年，新上课题30项，到账经费295万元，通过省级及以上新品种审鉴定11个，获得植物新品种权2个。在所有开发作物种类中，以辣椒、甘蓝、豆类等作物为主导，产值在百万元以上。

2005年1月，组建公益型蔬菜研究所的初步方案确定，5月20日起进入过渡阶段，6月份调整工作基本完成。

第四节　2005年6月至今

2005年，江苏省农业科学院实施改革，重新组建了一批非营利性研究机构，蔬菜研究所剥离原有科技开发实体的经营职能，构建成非营利性研究机构，根据作物类型陆续成立了研究室和项目组，2015年起，以研究室为基本管理单元。

近年来，科研实验条件逐步完善。六合动物科学基地2006年启动，基地建设秉承现代循环农业理念，推进农业科技创新，促进现代农业发展，实现农业增效、农民增收，为乡村振兴服务。基地建成以来，多次接待了省、市级领导以及省科技厅、省农委主要领导的调研指导，接待同行专家、种子企业家、种植大户更是不计其数。蔬菜所在六合基地用地总面积202亩，其中连栋温室大棚12亩、设施栽培大棚120亩，露地70亩，每年承担国家863项目、国家科技支撑计划、国家产业技术体系、国家品种区试及江苏省各类科技计划50余项，同时也是蔬菜所的户外实验室及新品种新成果展示并走向市场的窗口和门户在支持科技创新和成果转化中起了重要作用。

2008年9月27日，江苏省高效园艺作物遗传改良重点实验室正式启动，依托江苏省农业科学院蔬菜所和园艺所（现果树所、休闲所），建有完善的生理生化实验室、品质分析实验室、组织培养实验室、细胞遗传学实验室和分子生物学实验室5个功能实验室和配套设施，共2 000平方米。实验室研究方向：园艺作物优异种质资源的挖掘与创新研究、园艺作物育种技术研究与新品种创制、园艺作物优质安全高效栽培技术与良种繁育技术体系研究。

重点围绕新品种选育和新技术研究开展工作。在国家产业技术体系中，负责西瓜砧木育种、食用菌虫害、食用豆（2017调入经作所）岗位工作及大宗蔬菜淮安综合试验站工作，在新品种选育、论文发表、科技奖项、助推蔬菜产业发展方面做出了积极贡献。

一、科研项目

据不完全统计，截至2018年底，共承担各类课题400余项，其中部级以上科研项目（课题）118项。

主持的国家级及部级课题

序号	课题名称	课题类别	起（年）	止（年）	主持人
1	小白菜优质种质资源的创新与利用	国家科技攻关子课题	2004	2006	袁希汉
2	江苏常熟国家农业科技园区农业专家项目	科技部其他计划	2004	2006	沙国栋

（续表）

序号	课题名称	课题类别	起（年）	止（年）	主持人
3	几丁质酶基因在叶菜中转化及其高效表达的研究	国际合作	2004	2007	严继勇
4	白菜高效育种技术及优质、多抗专用新品种选育	农业部	2005	2006	袁希汉
5	全国青椒第五轮区试	农业部	2006	2009	王述彬
6	优质多抗专用小白菜育种技术研究及新品种选育	国家科技支撑计划子课题	2006	2010	袁希汉
7	小白菜基因资源挖掘与种质创新利用研究	国家科技支撑计划子课题	2006	2010	袁希汉
8	土壤密实度对地壤生物性能影响研究	科技部子课题	2006	2007	刘广勤
9	优质多抗蔬菜和果树分子育种技术与品种创制	国家 863 子课题	2006	2010	王述彬
10	优质多抗专用辣椒育种技术研究及新品种选育	科技部	2006	2010	王述彬
11	优质多抗番茄分子育种技术与品种创制	国家 863 子课题	2006	2010	赵统敏
12	优质多抗蔬菜和果树分子育种技术与品种创制——甘蓝	国家 863 子课题	2007	2010	李建斌
13	优质多抗蔬菜和果树分子育种技术与品种创制——辣椒	国家 863 子课题	2007	2010	王述彬
14	优质多抗专用新品种苏椒 11 号、苏椒 13 号及配套种植技术示范	国家农业科技成果转化	2007	2009	王述彬
15	苏南叶菜产业发展的关键技术及配套体系	国家科技支撑计划子课题	2007	2008	沙国栋
16	蛹虫草栽培技术研究与规模化基地示范	科技部	2007	2008	宋金俤
17	新型蔬菜有机栽培基质研制和配套栽培关键技术研究	国家科技支撑计划子课题	2007	2010	徐 刚
18	优质多抗专用西甜瓜育种技术研究及新品种选育	国家科技支撑计划子课题	2007	2010	羊杏平
19	优质多抗专用蔬菜育种技术研究及新品种选育	国家科技支撑计划子课题	2007	2010	严继勇 李建斌
20	优质多抗番茄育种技术研究及新品种选育	国家科技支撑计划子课题	2007	2010	余文贵
21	食用豆类资源初级核心样本和新品种配套栽培技术研究与集成	国家行业专项子课题	2008	2010	陈 新
22	国家食用豆产业技术体系南方小豆蚕豆育种岗位	国家产业技术体系	2008	2010	陈 新
23	国家西甜瓜产业技术体系西瓜甜瓜抗病育种岗位	国家产业技术体系	2008	2010	羊杏平
24	国家食用菌产业技术体系病虫害岗位	国家产业技术体系	2008	2010	宋金俤

（续表）

序号	课题名称	课题类别	起（年）	止（年）	主持人
25	国家大宗蔬菜产业技术体系淮安综合试验站	国家产业技术体系	2008	2010	王述彬
26	甜、辣椒雄性不育育种技术研究与新品种选育	国家科技支撑计划	2008	2010	王述彬
27	南方多湿地区蔬菜优质多抗分子聚合育种——辣椒	国家 863 子课题	2008	2010	王述彬
28	南方多湿地区蔬菜优质多抗分子聚合育种——番茄	国家 863 子课题	2008	2010	赵统敏
29	南方多湿地区蔬菜优质多抗分子聚合育种——小白菜	国家 863 子课题	2008	2010	袁希汉
30	南方多湿地区蔬菜优质多抗分子聚合育种——丝瓜	国家 863 子课题	2008	2010	苏小俊
31	主要蔬菜作物种子产业化关键技术研究	科技部	2008	2010	潘宝贵
32	优质、多抗设施番茄育种技术	国家行业计划子课题	2008	2010	余文贵
33	多抗优质专用番茄新品种苏粉 8 号、苏粉 9 号及配套种植技术示范	国家农业科技成果转化	2008	2010	余文贵
34	大白菜和不结球白菜雄性不育育种技术研究与新品种选育	国家支撑计划子课题	2008	2010	袁希汉
35	全国青椒第六轮区试	农业部	2009	2013	王述彬
36	甘蓝雄性不育育种技术研究与新品种选育	科技部	2009	2010	严继勇 李建斌
37	转基因抗病虫大豆新品种选育	农业部转基因专项	2009	2010	陈 新
38	绿豆、小豆等种质资源共享试点	科技部平台项目	2009	2009	陈　新
39	抗番茄黄化曲叶病种质资源及高效育种技术体系的引进与创新	国家 948 计划	2010	2010	余文贵
40	植物种质资源共享平台建设	科技部	2010	2010	陈 新
41	食用豆类新品种与创新技术的引进利用研究	国家 948 计划	2010	2010	陈 新
42	耐盐生物柴油类植物新品种及相关育种技术引进	国际合作	2010	2012	陈　新
43	苏北新型日光温室与蔬菜高效栽培技术研究示范	“十二五”农村领域国家科技计划	2011	2013	徐　刚
44	国家西甜瓜产业技术体系砧木育种岗位	国家产业技术体系	2011	2015	羊杏平
45	国家食用豆产业技术体系南方病虫害防控岗位	国家产业技术体系	2011	2015	陈　新
46	国家食用菌产业技术体系病虫害岗位	国家产业技术体系	2011	2015	宋金俤

（续表）

序号	课题名称	课题类别	起（年）	止（年）	主持人
47	国家大宗蔬菜产业技术体系淮安综合试验站	国家产业技术体系	2011	2015	王述彬
48	长江中下游蔬菜黄化曲叶病毒病综合防控技术研究与示范	公益性行业专项子课题	2011	2014	余文贵
49	转基因抗大豆花叶病毒病高蛋白新品种培育	农业部转基因专项子课题	2011	2011	陈　新
50	辣椒新品种‘苏椒 15 号’‘苏椒 16 号’及配套栽培技术示范	国家科技部农转资金	2011	2013	王述彬
51	大豆花叶病毒新蛋白 P3-PiPo 的大豆互作因子鉴定及功能研究	国家自然科学基金	2012	2015	崔晓艳
52	栽培茄与喀西茄双二倍体的合成及其分子细胞遗传学研究	国家自然科学基金	2012	2015	周晓慧
53	十字花科蔬菜杂种优势利用与新品种选育——小白菜	国家支撑计划子课题	2012	2016	袁希汉 徐海
54	十字花科蔬菜杂种优势利用与新品种选育——甘蓝	国家支撑计划子课题	2012	2016	严继勇
55	十字花科蔬菜杂种优势利用与新品种选育——萝卜	国家支撑计划子课题	2012	2016	苏小俊
56	瓜类蔬菜杂种优势利用与新品种选育——西瓜	国家支撑计划子课题	2012	2016	徐锦华
57	蔬菜抗病虫多基因分子标记辅助聚合育种技术研究与优异种质创制	国家 863 子课题	2012	2015	余文贵
58	茄果类蔬菜杂交优势利用与新品种创新	国家支撑子课题	2012	2016	赵统敏
59	茄果类蔬菜杂交优势利用与新品种选育	国家支撑子课题	2012	2016	王述彬
60	辣椒分子辅助聚合育种技术研究与优异种质创制	国家 863 子课题	2012	2015	刁卫平
61	西瓜分子辅助聚合育种技术研究与优异种质创制	国家 863 子课题	2012	2015	羊杏平
62	甘蓝分子辅助聚合育种技术研究与优异种质创新	国家 863 子课题	2012	2015	王神云
63	番茄分子辅助聚合育种技术研究与优异种质创新	国家 863 子课题	2012	2015	杨玛丽
64	茄子分子辅助聚合育种技术研究与优异种质创新	国家 863 子课题	2012	2015	刘　军
65	基于种间杂交的茄子抗南方根结虫病种质创新	人社部留学基金	2013	2015	庄　勇
66	小白菜种质资源发掘与创新利用	国家支撑子课题	2013	2017	徐　海 袁希汉
67	辣椒品种区试	国家区试	2013	2015	王述彬
68	西甜瓜种质对蔓枯病原体等抗性基因分子标记研究	中国博士后基金	2013	2014	任润生

（续表）

序号	课题名称	课题类别	起（年）	止（年）	主持人
69	绿豆特异新种质——花开张突变体的遗传分析及关键基因克隆	国家自然科学基金面上项目	2013	2015	陈　新
70	蔬菜多抗基因聚合育种试验建设	国家其他部委	2014	2014	王银磊
71	基于蛋白组学的甜瓜响应蔓枯病菌侵染关键基因的挖掘与功能分析	国家自然科学基金	2014	2016	李苹芳
72	夏季叶菜抗热避雨有机栽培技术示范推广	国家其他部委	2014	2016	冯伟民
73	长三角地区设施蔬菜高产高效关键技术研究与示范	农业部公益性行业专项	2014	2018	陈龙正
74	西瓜品种苏西瓜新品种‘苏蜜7号’‘苏蜜8号’中试与示范	国家农转资金	2014	2016	羊杏平
75	‘苏青2号’和‘苏青3号’青花菜新品种高效栽培技术集成与产业化示范	国家农业科技成果转化	2014	2016	宋立晓
76	甘蓝新品种‘春喜’‘冬圣838’产业化开发应用	国家农业科技成果转化	2014	2016	曾爱松
77	一个新的位于大豆第18号染色体的耐盐主效QTLqstrG1	国家自然科学基金	2015	2017	陈华涛
78	番茄6号染色体上3个抗根结线虫基因Mi-HT、Mi-1和Mi-9的功能比较及应用研究	国家自然科学基金	2015	2017	王银磊
79	辣椒抗黄瓜花叶病毒病基因精细定位	国家自然科学基金	2015	2017	郭广君
80	基于关联和连锁分析的茄子耐冷基因发掘	国家自然科学基金	2015	2017	刘　军
81	设施蔬菜新品种与标准化安全生产技术集成示范	国家重大农技推广试点	2015	2017	王伟明
82	主要食用豆类作物优异资源及育种技术的引进与利用	国家948计划	2015	2017	陈　新
83	蔬菜新品种（系）及关键产业链关键技术集成展示	国家重大农技推广试点	2015	2017	刘金兵
84	优质高产抗病设施专用十字花科蔬菜新品种	国家其他部委	2015	2016	苏小俊
85	高产能源作物麻疯树新品种及栽培技术引进	国际合作	2015	2015	刘晓庆
86	特色功能性蔬菜新品种引进与评价	国际合作	2015	2015	张红梅
87	绿豆抗豆象QTL的研究技术的引进	国际合作	2015	2015	袁星星
88	Potyvirus病毒细胞间运动的研究	国际合作	2015	2015	崔晓艳
89	丝瓜抗黄瓜花叶病毒（CMV）基因的精细定位	国家自然科学基金	2016	2018	娄丽娜
90	不同LED光照下不结球白菜硝酸盐代谢机理研究	国家自然科学基金	2016	2018	樊小雪

（续表）

序号	课题名称	课题类别	起（年）	止（年）	主持人
91	绿豆抗豆象基因 VrBR5 的图位克隆及功能鉴定	国家自然科学基金	2016	2018	陈景斌
92	甘蓝杂种优势利用技术与强优势杂交种创制	国家其他部委	2016	2020	李建斌
93	番茄杂种优势利用技术与强优势杂交种创制	国家其他部委	2016	2020	王银磊
94	辣椒杂种优势利用技术与强优势杂交种创制	国家其他部委	2016	2020	潘宝贵
95	苏南设施蔬菜产业链关键技术集成推广	农业部其他计划	2016	2018	刘金兵
96	国家食用豆产业技术体系南方病虫害防控岗位	现代农业产业技术体系	2016	2020	陈　新
97	国家西甜瓜产业技术体系砧木育种岗位	现代农业产业技术体系	2016	2020	羊杏平
98	国家食用菌产业技术体系病虫害岗位	现代农业产业技术体系	2016	2020	马　林
99	国家大宗蔬菜产业技术体系淮安综合试验站	现代农业产业技术体系	2016	2020	王述彬
100	中泰食用豆研究发展中心	农业部其他计划	2016	2016	袁星星
101	茄子 Saet 源胞质雄性不育恢复基因的精细定位与图位克隆	国家自然科学基金面上项目	2017	2020	庄　勇
102	番茄响应高温干旱胁迫的生理生化和环状 RNAs 调控机制解析	国家自然科学基金	2017	2020	周　蓉
103	CaWRKY8、CaWRKY14 和 CaWRKY32 转录因子调控辣椒抗疫病的分子机理研究	国家自然科学基金	2017	2019	刁卫平
104	弱光影响西瓜果实膨大的机理（设施栽培研究方向）	国家自然科学基金	2017	2019	高文瑞
105	野生西瓜种质 PI189225 抗蔓枯病基因的精细定位及候选基因分析	国家自然科学基金	2017	2019	任润生
106	甘蓝抗寒相关基因 SWEET16-2 与 SWEET17 的克隆与功能鉴定	国家其他部委	2017	2019	张　伟
107	优质多抗设施茄果类蔬菜新品种培育	国家重大专项	2017	2020	王述彬
108	不结球白菜优质多抗适应性强新品种培育	国家重大专项	2017	2020	徐　海
109	花椰菜、青花菜优质多抗适应性强新品种培育	国家重大专项	2017	2020	严继勇
110	设施果菜生产 LED 关键技术研究与应用示范	国家重大专项	2017	2020	樊小雪
111	辣椒种质创新与利用	国家重大专项	2017	2020	刁卫平
112	芸薹根肿菌分泌型 E3 泛素连接酶 PbRING1 的生物学功能研究	国家自然科学基金	2018	2020	余方伟

（续表）

序号	课题名称	课题类别	起（年）	止（年）	主持人
113	调控茄子耐低温性的 WRKY 基因鉴定和功能分析	国家自然科学基金	2018	2020	杨　艳
114	黄淮海蔬菜主产区面源污染综合防治技术示范	国家重大专项	2018	2020	徐　刚
115	设施早熟西瓜抗逆优质材料创制与新品种选育	国家重大专项	2018	2020	徐锦华

二、育种研究

育种研究一直是蔬菜所的重点工作。多年来，主要围绕茄果类蔬菜、瓜类作物、叶菜类蔬菜、食用菌等开展育种研究，同时围绕育种，开展部分应用基础研究，成绩显著。

1. 辣椒

主要围绕我国辣椒产业发展需要，开展辣椒重要农艺性状应用基础研究与优良新品种选育工作。2005 年以来，累计承担国家“863”计划、国家科技支撑计划、国家重点研发计划、国家自然科学基金、国家农业科技成果转化项目、江苏省科技支撑、江苏省农业科技自主创新资金等项目 40 余项，发表论文 50 余篇，其中 SCI 收录 8 篇，科技著作 5 部，获得品种权 3 项，授权专利 3 项，制定江苏省地方标准 3 项，获得江苏省科技进步二等奖 1 项。

品种选育工作：

利用多种育种方法和技术，开展抗病抗逆优质高产优良基因聚合，创新辣椒育种材料，培育抗病、优质、丰产，适合于不同栽培方式的辣椒品种。育成‘江蔬 1-7 号’，相关成果获江苏省科技进步二等奖。2006 年至今，育成辣椒品种 21 个，其中薄皮长灯笼椒品种‘苏椒 11 号’‘苏椒 17 号’‘苏椒 1614’等，牛角椒品种‘苏椒 14’‘苏椒 15 号’‘苏椒 16 号’‘苏椒 21 号’‘苏椒 27 号’‘苏牛 2 号’等，羊角椒品种‘苏椒 12 号’‘苏椒 19 号’‘苏椒 20 号’等，甜椒品种‘苏椒 13 号’‘苏椒 103 号’‘苏椒 24 号’等，特色辣椒品种‘苏彩椒 1 号’‘苏紫 4 号’等。新品种及配套栽培技术已在生产上得到大面积推广应用，覆盖江苏、山东、安徽、上海等 10 多个省、直辖市。

应用基础研究：

在种间杂交、单倍体培养、雄性不育、耐低温弱光、抗 CMV、抗疫病等方面开展应用基础研究，为辣椒新品种选育提供技术支撑。现拥有辣椒种质资源和育种材料 2 000多份，开展种间杂交并利用 EST-SSR 引物鉴定种间杂种的真实性，发掘利用抗 CMV、抗疫病、耐冷等重要性状基因。研究了花药培养胚状体发生体系，胚发生率最高达到 32%。从表型特征、细胞结构、生理生化机理、分子机制等方面阐述了辣椒细胞质雄性不育发生机理，先后开发出与不育基因或恢复基因连锁的 AFLP、RAPD、SSR、SRAP、SCAR 等分子标记，用于辣椒雄性不育三系配套品种选育。研究了辣椒抗黄瓜花叶病毒（CMV）、抗疫病基因的定位、克隆和功能验证，在 2 号染色体定位得到 1 个抗 CMV 的主效 QTL，命名为 qCmr2. 1，与标记 Indel-2-134 遗传连锁距离为 0. 3cM；筛选获得 1 个疫病抗性相关差异表达基因 Ca21394-gDNA，开发出辣椒抗疫病基因 SNP 分子标记 SNP-21394，均用于辣椒育种材料的分子标记辅助选择。研究了辣椒萌芽期、苗期、成株期耐冷鉴定评价方法，建立了辣椒耐冷鉴定技术体系，用于辣椒育种材料的鉴定与筛选。

已经形成以多类型优质、抗病、抗逆等重要农艺性状为主攻目标的应用基础探索及新品种选育的研究特色，以适应我国辣椒产业发展需求。

2. 番茄

主要围绕番茄种质创新与新品种选育开展相关应用基础研究、应用研究和成果转化工作。2005年以来，主持国家自然科学基金项目2项、国家科技支撑计划1项、国家农业科技成果转化1项、国家“948”计划1项、国家行业专项1项、国家重点研发计划1项、省自然科学基金项目5项、省科技支撑计划2项、省农业科技自主创新资金项目8项、省高新技术1项、省资源开发局项目5项、省333项目4项、省科技厅重点研发计划1项、省农业三新工程项目1项、院基本科研业务专项2项、院农业科技成果转化1项；参加国家863项目、国家科技支撑、国家行业专项、国家重点研发计划、省科技支撑计划、省农业科技自主创新资金等项目10余项。制定江苏省地方标准20项。育成国家鉴定品种4个，江苏省鉴定品种10个，省农委成果鉴定11个，获得品种登记号10个，推广转化13个。获得品种权授权8件，获得国家发明专利授权7件，实用新型专利授权2件。发表学术论文70余篇，其中SCI收录8篇，专著4部。获山东省科学技术奖二等奖1项、江苏省科学技术奖三等奖1项、中农中华农业科技奖三等奖1项、江苏省农业科学院科学技术奖一等奖1项、江苏省农业科学院科技成果转化奖一等奖1项。

品种选育工作：

设施专用番茄品种选育研究。利用杂交、回交等手段选育出了‘苏粉8号’‘苏粉9号’‘金陵红玉’等设施专用新品种，通过国家或省级鉴定，完成了品种转化。2007年以来针对外来烟粉虱传播的番茄黄化曲叶病毒病对我国番茄生产造成的毁灭性为害情况，利用聚合杂交和分子标记辅助选择技术创制了综合性状优良的自交系1 000余份，育成了抗该病的苏粉11号等‘苏粉’系列大番茄和金陵佳玉等‘金陵’系列樱桃番茄新品种18个，获得国家品种权授权4个，获得品种登记号7个。‘苏粉14号’‘金陵梦玉’等已成为江苏及周边地区设施栽培的主栽品种。针对当前生产对品质要求越来越高的现状，利用聚合杂交和分子标记辅助选择技术创制了综合性状优良的自交系500余份，育成了‘金陵美玉’‘阳光’‘露比’等系列高品质番茄新品种7个，获得国家品种权授权1个，获得品种登记号3个，品种转化3个。金陵美玉已成为江苏生产主栽品种，其他品种正在生产上示范推广。

应用基础研究：

开展了国内外种质资源的引进与评价工作，筛选出了一批具有优质、抗病、抗逆等优良特性的种质。明确了江苏及周边地区番茄黄化曲叶病优势病原，建立2种快速检测技术；建立了番茄黄化曲叶病分子标记辅助选择和苗期抗性鉴定技术相结合的技术体系；建立了体细胞无性系突变体、RNAi与GroEL双价抗TYLCV两种新型种质创新方法，拓宽了种质创新渠道；克隆了抗病基因ty5，建立了与其他基因的多重PCR鉴定体系，利用基因编辑技术获得了抗病新种质；开展了热稳定抗根结线虫基因的定位，开发了连锁标记；对花青素合成关键基因进行了转录组测序分析，通过BSA测序方法，对候选基因进行了定位；建立了番茄耐高温评价方法，从生理及分子角度阐明了番茄耐高温机制；建立了高光泽番茄筛选鉴定技术体系，为相关标记开发及精细定位奠定基础。开展了对番茄黄化曲叶病具有不同抗性的番茄材料对番茄黄化曲叶病毒病的响应情况比较和分析，筛选得到相关的抗性基因和响应路径，为以后的抗性育种提供理论基础。

立足江苏番茄生产现状，育成品种在生产上具有一定的影响，应用基础研究更加深入，得到了同行的认可，得到了重大品种创制及国家自然科学基金等项目的资助。

3. 茄子

主要围绕茄子种质创新与新品种选育开展相关应用基础研究、应用研究和成果转化工作。2005年以来，累计主持国家自然科学基金项目4项、国家农业行业标准研制项目2项、江苏省自然科学基金项目 5 项、江苏省农业科技自主创新资金项目 5 项；参加国家 863、国家重点研发、江苏省重点研发计划、江苏省农业科技自主创新资金等项目多项。育成江苏省鉴定品种 2 个，获得品种权授权 5 个，获得国家发明专利授权 3 件。发表学术论文 30 余篇，其中 SCI 收录 9 篇。

品种选育工作：

开展设施专用茄子新品种选育研究，通过聚合杂交与定向选育创制了 100 多个综合性状优良的自交系。紫长茄品种‘苏崎 3 号’和‘苏崎 4 号’已成为江苏及周边地区大棚栽培的主栽品种。新育成品种‘苏茄 5 号’‘苏茄 6 号’‘苏茄 7 号’‘苏茄 8 号’‘苏茄 9 号’正在生产上示范推广。目前正着力开展适合日光温室长季节栽培的耐贮运品种和西南地区露地栽培的品种选育工作。

应用基础研究：

开展了国内外种质资源的引进与评价工作，筛选一批具有优质、抗病、抗逆等优良特性的种质。开展茄子种间杂交研究，成功地将野生茄子抗黄萎病基因、抗枯萎病基因和抗根结线虫基因导入栽培茄中，建立了分子标记辅助选择体系，创制了茄子异源胞质雄性不育系及其恢复系。目前，应用基础研究致力于两个方面：一是常规育种手段与生物技术相结合，创制优质、抗病、抗逆新种质；二是探究重要品质性状、抗病和抗逆性状的遗传特性及其发生的生物学机制。

经过十多年的努力，茄子研究已经形成了应用研究与应用基础研究齐头并进的格局，育成品种在生产上具有一定的影响，应用基础研究得到同行的认可，相关研究内容多次获得国家自然科学基金和江苏省自然科学基金的立项资助。

4. 西瓜

主要围绕西瓜种质创新、新品种选育及育种技术开展相关的应用基础研究、应用研究和示范推广工作。“十一五”以来，主持国家西甜瓜产业技术体系砧木育种岗位科学家项目、江苏现代农业（西甜瓜）产业技术体系首席专家项目、国家 863 子课题项目、国家自然科学基金、江苏省自然科学基金、江苏省农业重大新品种创制专项、江苏省农业科技自主创新资金等国家级和省级项目共 28 项，制定江苏省地方标准 6 项，育成江苏省审（鉴）定西瓜新品种 8 个，获得植物新品种权 4 项，授权发明专利 4 件，实用新型专利 1 件，出版著作 5 部，发表论文 45 篇，其中 SCI 论文 14 篇。研究成果“设施西瓜新品种及优质高效生产技术集成推广”荣获 2011 年江苏省农业技术推广奖一等奖，“苏蜜系列西瓜品种与轻简化技术创新和应用”荣获 2017 年江苏省科技进步三等奖，集成创新成果“设施西甜瓜优质绿色双减简约化栽培技术”被农业部推介为 2017 年、2018 年农业主推技术，“设施西甜瓜优质绿色简约化栽培技术”荣列江苏省农委和江苏省财政厅联合推介的 2017 年、2018 年全省农业重大技术推广计划。

品种选育工作：

开展设施专用西瓜新品种选育研究，通过杂交、回交、复合杂交及系统鉴定和分子标记辅助选择，筛选出一批品质中上等，熟性提早的抗病自交系，形成了一批耐低温弱光、易坐果、高产稳产的优质自交系。育成优质高产多抗苏蜜系列西瓜新品种 8 个，授权植物新品种权 4 项，其中“苏蜜 5 号”高抗枯萎病，被列为 2008—2010 年江苏省农业主导品种；‘苏蜜 8 号’品质优异，2014 年获得“江苏好品种”评比一等奖。育成的苏蜜系列西瓜新品种均已在生产上大面积应用，累计推广 1 000多万亩。目前正着力于适合简约栽培、耐贮运的优质多抗西瓜新品种选育工作。

“十一五”以来，承担国家西甜瓜产业技术体系砧木育种岗位工作，从国内外收集优良砧木资源 400 多份，筛选出类型多样的砧木高代自交系 100 多份，配制杂交组合 300 多个，初步筛选出优质、抗病、高亲和砧木新组合 16 个。

应用基础研究：

开展了西瓜种质资源的收集、评价和利用研究，筛选出一批品质中上等、熟性提早、耐低温弱光、抗病、易坐果、高产稳产的优良种质。构建了西瓜核心种质的指纹图谱，并建立了基于分子标记的杂交种纯度快速鉴定技术体系。开展了西瓜枯萎病、蔓枯病抗病基因分子标记研究与抗病种质创新研究，系统鉴定了华东地区西瓜蔓枯病病原菌并建立了病原菌快速检测技术。创建了枯萎病菌浸根接种和蔓枯病菌离体叶片喷雾接种的苗期联合接种鉴定技术，提高鉴定效率1倍。构建了标记数量最多，遗传距离最长的西瓜高密度遗传连锁图谱，定位枯萎病抗病相关基因QTL。开展了嫁接西瓜抗性及品质形成机理等研究，从细胞学、生理生化和分子水平揭示了嫁接苗抗病、耐冷及品质形成机理。围绕西瓜遗传改良的目标，目前的应用基础研究致力于以下三个方面：西瓜主要性状分子标记开发及利用、西瓜主要病害分子检测及防控技术研究、（嫁接）西瓜抗性相关分子机制研究。

通过各类项目的实施，育成了系列优质、设施专用的西瓜新品种，研发并推广了设施栽培用西瓜苗工厂化生产技术，设施西瓜规模化、标准化、无公害生产技术，设施西瓜的高效茬口技术。通过产、学、研合作，有力支撑了江苏省设施西瓜产业的稳定发展。

5. 甜瓜

主要围绕甜瓜种质创新与新品种选育开展相关应用基础研究、应用研究和成果转化工作。目前是国家西甜瓜产业技术体系砧木育种岗位、江苏省瓜类蔬菜品种创新团队首席专家、江苏省农业优良品种培育工程瓜类作物协作攻关组首席专家依托单位。累计主持国家自然科学基金项目、国家863计划、江苏省重大科技支撑计划、江苏省农业科技自主创新重大项目等省级以上项目8项。参加国家自然科学基金、江苏省重大品种创制项目、江苏省农业科技自主创新资金等项目4项。育成江苏省审定品种2个，江苏省鉴定品种8个，推广转化5个。制定江苏省地方标准1项，获得国家发明专利授权2件。发表学术论文20余篇，其中SCI收录4篇。研究成果获2011年度江苏省农业技术推广奖一等奖和2017年度江苏省科技进步三等奖。

品种选育工作：

开展设施专用甜瓜新品种选育研究，收集保存甜瓜种质资源近千份，通过聚合杂交与定向选育创制了优质、抗病、抗逆的优异高代自交系材料两百余份；选育出通过江苏省鉴定的甜瓜品种10个，正申请品种权品种1个。目前已育成光皮厚皮甜瓜‘苏甜一号’‘苏甜二号’，网纹甜瓜‘珍珠’‘红珍珠’，哈密瓜‘苏甜3号’‘苏甜4号’，薄皮甜瓜‘白雪’‘黄金密脆’，水果黄瓜‘小脆’等已在江苏及周边地区大棚栽培生产上示范推广。目前针对江苏为代表的长江中下游地区潮湿多雨，光照弱，日温差小，生产上出现品质和抗逆性等品种需求问题，正着力于选育优质与抗病兼具的适应性好、耐低温弱光的设施栽培专用甜瓜品种。

应用基础研究：

开展国内外种质资源的引进与评价工作，筛选一批具有优质、抗病、抗逆等优良特性的种质。建立常规育种与生物技术相结合的技术路线，甜瓜F_1代纯度快速检测技术及杂种优势定位技术，对部分抗病、优质基因进行分子标记。开展甜瓜蔓枯病、白粉病菌收集鉴定，建立甜瓜种质蔓枯病、白粉病抗性鉴定体系与甜瓜蔓枯病等关键病害早期诊断与综合防控技术体系，获得甜瓜蔓枯病、白粉病抗性材料10多份。构建获得携带GFP不同致病力蔓枯病菌株，初步阐明瓜类蔓枯病菌侵染甜瓜植株途径；运用双向电泳技术，开展了甜瓜—蔓枯病菌互作机理研究模式。初步分析了甜瓜果实内糖分卸载机理及SWEET糖转运蛋白在甜瓜果实发育中作用。相关研究内容获得国家自然科学基金和江苏省农业科技自主创新基金的立项资助。目前应用基础研究致力于两个方面：一是常规育种手段与生物技术相结合，创制优质、抗病、抗逆新种质；二是探究重要品质性状、抗病和抗逆性状的遗传特性及其产生的生物学机制。

经过十多年的努力，甜瓜研究已经形成了应用研究与应用基础研究齐头并进的格局，育成品种在生产上具有一定的影响。本学科在甜瓜种质资源、品种选育及甜瓜白粉病、蔓枯病病原研究及抗病机理方面具有良好的研究基础。

6. 丝瓜

丝瓜研究始于 1994 年，先后承担国家农业综合开发土地治理江苏省级科技推广项目、江苏省农业三项工程、江苏省农业科技自主创新基金、国家自然科学基金等项目 15 项。累计项目经费 60 万元。发表论文 47 篇，其中 SCI 收录 1 篇，学报级 9 篇，著作 3 部。申报国家发明专利 6 项，获得授权专利 3 项，制定江苏省地方标准 6 项。“江蔬一号丝瓜新品种研究与利用”获得 2005 年度南京市科技进步三等奖，“优异丝瓜种质的发掘及杂交化品种的创制与应用”获得 2011 年度江苏省科学技术奖三等奖。以第二完成单位第二完成人获得 2018 年度全国商业科技进步奖二等奖。

品种选育工作：

2009 年，通过江苏省鉴定品种 2 个（‘江蔬 1 号丝瓜’‘江蔬肉丝瓜’）。2014 年，‘苏丝 3 号’丝瓜通过江苏省鉴定。在国内率先开展棒形丝瓜杂优利用，选育的‘江蔬 1 号丝瓜’‘江蔬肉丝瓜’等新品种成为长江流域主栽品种和知名品种，产生了较大的社会、经济效益。丝瓜新品种累计创造产值1 000万元以上，产生经济效益 400 万元以上。

应用基础研究：

先后开展了“普通丝瓜种质资源评价体系及主要农艺性状遗传规律研究”“普通丝瓜主要经济性状的遗传特性分析及花芽分化与化学调控研究”“普通丝瓜主要经济性状的遗传规律分析及外来花粉对 F0 果实发育的影响的研究”“有棱丝瓜与普通丝瓜种间杂种后代的遗传分析”“丝瓜属（Luffa）种间杂交亲和性测定及主要农艺性状遗传特性研究”“丝瓜抗黄瓜花叶病毒病（CMV）基因的精细定位研究”。2015—2018 年国家自然科学基金“丝瓜抗黄瓜花叶病毒病（CMV）基因定位研究”。

在耐褐变鉴定方法、种质资源的筛选、褐变性状的数量遗传方面具有领先优势。率先研制出简单、易操作、实用的丝瓜耐褐变鉴定方法；系统地开展了耐褐变丝瓜种质资源的筛选、鉴定和评价研究。采用植物数量性状主基因+多基因混合遗传模型多世代联合分析方法，利用抗褐变等级有梯度差异的两个高代自交系做亲本，建立 6 个世代，进行了丝瓜果肉褐变性状的数量遗传分析。在规范化生产、标准化栽培的研究上具有相对优势。

7. 萝卜

萝卜研究始于 1999 年，先后承担了“十二五”国家科技支撑计划（2012BAD02B01）、江苏省科技支撑计划、江苏省农业科技自主创新基金、江苏省自然科学基金、江苏省级地方标准的研制、江苏省农业科学院院基金等项目 18 项。累计项目经费 147 万元，发表论文 35 篇，其中学报 8 篇，SCI 1 篇。育成省级鉴定品种 4 个，获得省级鉴定成果 4 项，制定江苏省级地方标准 3 项，获得授权发明专利 7 项，申请发明专利公布 4 项。以第二完成单位第二完成人获得 2018 年度江苏省科学技术奖三等奖。

品种选育工作：

先后承担了江苏省农业综合开发科技推广项目“十字花科蔬菜新品种示范推广与产业化开发”、江苏省农业科学院基金“耐热萝卜新品种选育及生产技术规程”、江苏省质量技术监督局“夏优一号萝卜品种标准的研制”“‘夏优一号’萝卜生产技术规程的研制”；国家科技支撑计划课题“十字花科及特种蔬菜优异基因资源挖掘与种质创新利用研究”“十字花科蔬菜杂种优势利用与新品种选育；江苏省科技支撑计划“优质高产抗病耐抽薹设施专用萝卜新品种选育”“优质高产抗病设施专用十字花科蔬菜新品种选育”、江苏省农业科技自主创新基金“优质多抗特色萝卜新品种选育”“控制萝卜特异硫苷积累的关键基因克隆及表达分析”“优质、多抗、耐热萝卜新品种选育”、江苏省“333工程”培养资金资助项目“‘苏秀’‘苏丽’系列萝卜新品种良繁及推广应用”等项目。选育出萝卜品种‘宁红1号’‘苏秀1号’‘苏丽夏红1号’‘苏丽冬白1号’均通过江苏省级鉴定。

应用基础研究：

近十多年来，开展了萝卜种质资源特征、生物学特性、主要性状的遗传规律、生理机制以及重要园艺性状基因的标记等研究：一是应用RAPD分子标记技术进行了萝卜品种鉴定分析；二是以晚抽薹萝卜雄性不育系及其相应保持系为试材，研究观察小孢子发生的细胞学结构。

2013—2016年江苏省自然科学基金，开展“萝卜—芜菁属间远缘杂交基因资源的创制及其评估”系列研究。

8. 苦瓜

苦瓜研究始于2006年，主要围绕苦瓜种质创新与新品种选育开展相关应用基础研究、应用研究和成果转化工作。2006年以来，主持省农业科技自主创新资金项目1项，参加省科技支撑、省农业科技自主创新资金等项目2项。育成省级鉴定品种3个，推广转化3个。发表学术论文10余篇，专著1部，制定省地方标准1个，江苏省农业技术推广三等奖1项。

品种选育工作：

围绕早熟、丰产、耐低温弱光为主要方向，开展设施专用苦瓜新品种选育研究，通过聚合杂交与定向选育创制了80余份综合性状优良的自交系，育成‘秀玉1号’‘秀玉3号’‘秀玉4号’和‘白雪’苦瓜新品种4个，其中省级鉴定新品种3个，正通过6家企业在生产上大面积应用。新育成品种‘秀玉5号’‘秀玉6号’‘秀玉7号’正在生产上试验示范。目前主攻适于长江中下游保护地栽培的早熟耐低温弱光麻身苦瓜品种和药食两用保健专用苦瓜品种选育工作。

应用基础研究：

主要开展了国内外种质资源的引进与评价工作，筛选一批具有早熟、丰产、优质、抗病、抗逆等优良特性的种质。开展苦瓜强/纯雌性系转育与应用，成功转育早熟、丰产、连续坐果力强的苦瓜种质资源，建立群体，分析纯雌性性状遗传规律及分子标记辅助育种体系的建立；研究并分析了苦瓜抗白粉病相关的基因家族，明确与抗白粉病相关的*MLO*基因；建立了苦瓜耐冷性鉴定评价体系，筛选耐冷性种质资源。下一步将开展品质性状如苦瓜皂苷等有效成分累积及调控机理的研究。

9. 南瓜

在三个江苏省农业自主创新资金、一项江苏省科技支撑项目和一项三新工程的资助下，蔬菜研究所开展了以南瓜高品质为核心的育种研究工作。2003年以来，育成‘旭日’‘碧玉’‘彩佳’‘金皇冠’‘白俏美’和‘贝贝佳’等品质优异、商品外观靓丽的南瓜品种9个，其中5个品种通过江苏省鉴定，2017年获得南京市科学技术二等奖。新品种品质佳、外观靓丽，已转让给多家种苗企业转化，在多个科技园区和生产上应用，受到消费者高度赞誉。累计推广面积3 000多亩，产生了较大的社会影响。

10. 甘蓝

（1）甘蓝生物技术方向。自20世纪60年代，江苏省农业科学院蔬菜所开始甘蓝的系统育种工作。经几代人不懈的努力，耐抽薹、耐寒“牛心形”系列春甘蓝品种成为2—4月份市场的领导者；优质、抗根肿病和耐寒甘蓝育种工作有了巨大的突破，‘甜味55’成为国内首个水果甘蓝品种，耐根肿病品种‘嘉兰’可与国外品种抗衡，‘冬兰’明显挤占了日本越冬品种市场。甘蓝育种作为传统学科，种质资源丰富，品种不断创新，产品开发链成熟，已经形成在耐抽薹、耐寒、优质、抗病等方面特色明显、开发潜能巨大的南方甘蓝种质资源创新和利用学科。

应用基础研究：

2010 年以来，主持或参加国家自然科学基金、国家 863、国家重点研发、江苏省科技支撑、重点研发、江苏省自主创新等项目 10 余项。在甘蓝耐抽薹、耐盐，抗根肿病、抗黑腐病等应用基础研究方面取得了较大进展；自主开展甘蓝基因组及甘蓝类蔬菜泛基因组、甘蓝春化机理等基础科学研究，夯实了学科的理论基础；全基因组鉴定了甘蓝抽薹开花关键基因 FLC，明确结球甘蓝中存在 4 个 FLC 类基因，系统分析了 FLC 基因在甘蓝和拟南芥中的演化模式，指出甘蓝 FLC 类基因 Bol043693 是拟南芥 FLC 基因的完整拷贝，可能在调控甘蓝抽薹开花过程中具有重要作用；开展甘蓝—芸薹根肿菌互作机理解析，以芸薹根肿菌效应子为突破口，通过系统的分子生物学研究，逐步揭示芸薹根肿菌的致病分子机理、根肿病的成灾机制；系统鉴定甘蓝耐盐相关钙调蛋白组成和盐响应模式，建立了成熟的小孢子培养体系，出胚率最高的材料达到约 100 个胚/蕾，成功构建 1 个 114 株系的 DH 系及大量优异材料，为创制其他优异材料提供了技术支撑；通过对耐逆、抗病、小孢子培养相关基因的挖掘和机理探索，为学科应用研究发展奠定了坚实基础；建立了成熟的 SSR、INDEL 分子标记技术，辅助选择手段大大提高了育种的效率；搜集和引进资源的渠道不断扩大；常规手段、分子技术、细胞工程等多种育种方法相结合，创制优化耐逆、抗病等鉴定体系，聚合优良基因，筛选到大量耐抽薹、高抗根肿病、高抗黑腐病、耐盐、生食材料，为优质、耐逆和抗病品种选育及基础应用研究提供了充足的物质基础。发表 SCI 论文 5 篇，学报论文 20 余篇；申请专利 8 项，获得授权专利 4 项。

品种选育工作：

利用丰富的甘蓝种质资源，配制了不同类型的新品种，育成了‘博春’‘嘉兰’‘苏甘 35’等优质、多抗的系列甘蓝新品种。‘博春’等系列品种占据了牛心甘蓝市场；牛心形水果甘蓝‘甜味 55’成为优质、易栽培的小球型甘蓝的代表，‘冬兰’‘苏甘 204’取代了‘寒春 4 号’‘迎风’等日本品种的部分市场；新型羽衣甘蓝‘贝塔’‘翠塔’及‘龙珠’‘霓裳’‘凤冠’等已经进入高档蔬菜市场。同时，加大了与江蔬种苗、中江种业等公司的合作力度，共同示范推广，产生了良好的经济效益和社会效益。近 3 年，知识产权收益达 700 多万元。申请品种权 8 个，获得品种权 5 项；通过国家鉴定品种 5 个，通过省鉴定 8 个，申请品种登记 10 个。

（2）甘蓝种质创新研究方向。主要围绕甘蓝种质创新与新品种选育开展相关应用基础研究、应用研究和成果转化工作。2009 年以来，累计主持江苏省农业科技自主创新资金项目 5 项、江苏省农业三项工程项目 2 项，参加国家“十一五”“十二五”国家支撑、“十三五”重点研发、农业科技成果转化、江苏省科技支撑、重点研发、江苏省自主创新、中央财政农业技术推广等项目 20 余项。育成国家级鉴定品种 3 个，省级鉴定品种 8 个；获得品种权授权 3 件，获得国家发明专利授权 3 件；发表学术论文近 40 篇，其中 SCI 收录 5 篇。制定省地方标准 2 项。研究成果“冬春甘蓝新品种选育及优质高效生产技术集成应用”获 2017 年度江苏省农业技术推广奖三等奖，“甘蓝小孢子培养高效育种技术创建及其应用”获 2017 年度南京市科学技术进步奖三等奖。

品种选育工作：

开展优质、抗逆、专用甘蓝新品种选育研究，通过游离小孢子培养技术、常规聚合杂交与定向选育创制了 1 000余份综合性状优良及优异的自交系和 DH 系，选育出通过国家级鉴定品种 3 个，省级鉴定品种 8 个；获得品种权授权 3 件，正申请品种权品种 4 个。牛心甘蓝品种‘探春’

‘苏甘55’‘苏甘65’‘早生翠美’已逐步占据南方牛心甘蓝品种的主要市场，在生产上反响良好。目前正着力于综合性状良好的圆球甘蓝品种，以及抗黑腐病、根肿病和枯萎病等多抗新品种的选育工作。

应用基础研究：

开展了国内外种质资源的引进与评价工作，筛选一批具有优质、抗病、抗逆等优良特性的种质。建立了甘蓝游离小孢子培养技术体系，甘蓝转基因技术体系；甘蓝和大白菜、甘蓝和甘蓝型油菜的远缘杂交技术体系，成功地将大白菜的抗根肿病 *CRb* 基因，以及甘蓝型油菜的 Ogura 胞质不育恢复基因导入甘蓝中；并建立了甘蓝耐热性、黑腐病抗性鉴定技术体系，以及甘蓝蜡粉缺失性状、致死性状的遗传分析和候选基因筛选研究等相关分子机理研究工作等。目前的应用基础研究致力于两个方面：一是常规育种手段与生物技术相结合，创制优质、抗病、抗逆新种质；二是探究重要品质性状、抗病和抗逆性状的遗传特性及其产生的生物学机制。

11. 青花菜

主要围绕青花菜种质创新与新品种选育开展相关应用基础研究、应用研究和成果转化工作。2005 年以来，累计主持江苏省农业科技自主创新资金项目 2 项、江苏省科技支撑项目 1 项、中央财政推广项目 2 项，参加国家重点研发、江苏省重点研发计划、江苏省科技支撑项目、江苏省农业科技自主创新资金等项目 5 项。申请国家发明专利 1 件。发表学术论文 10 余篇，其中 SCI 收录 3 篇，参编著作 2 部。

品种选育工作：

开展优质、抗病、耐逆、耐贮藏青花菜新品种选育研究，通过聚合杂交与定向选育创制了 500 多个综合性状优良的自交系，选育出通过国家鉴定的青花菜品种 1 个，通过江苏省鉴定的青花菜品种 5 个，申请品种权 3 件。‘青峰’口感甜脆，萝卜硫素含量高，其种子已应用于规模化商业提取。育成的新品种‘苏青 6 号’‘苏青 7 号’‘苏青 8 号’‘苏青 9 号’正在生产上示范推广。目前正着力于适于中熟耐寒新品种和早熟耐热新品种的选育工作。

应用基础研究：

在种质资源的创新上主要开展了青花菜游离小孢子培养、利用分子标记进行青花菜种质资源遗传多样性分析、青花菜品种指纹图谱构建、青花菜黑腐病分子标记的开发等研究工作。通过对影响青花菜游离小孢子的因素分析，建立了高效稳定的青花菜游离小孢子培养体系，利用分子标记对青花菜的种质资源进行了遗传多样性的分析，为品种选育的遗传背景分析打下基础。此外，通过分子标记技术鉴定了青花菜抗黑腐病材料。目前，应用基础研究致力于两个方面：一是常规育种手段与生物技术相结合，创制优质、抗病、抗逆新种质；二是探究重要品质性状、抗病和抗逆性状的遗传特性及其产生的生物学机制。

经过三十多年的努力，青花菜研究已经形成了以应用研究为主，应用基础研究为应用研究服务的格局。育成品种在生产上具有一定的影响，应用基础研究正向深度迈进。

12. 豆类

主要围绕食用豆、大豆和菜用豆开展种质资源的收集、遗传评价，优质、多抗高产新品种选育及主要育种技术研究与开发，高质高效安全栽培技术研究以及新品种、新技术、新模式在生产上的试验与示范。先后培育出 37 个优质、高产、多抗豆类新品种，累计推广面积 500 万亩以上。创建科技部国际科技合作示范基地、农业部“中泰豆类作物研究与发展中心”、国家外国专家局、江苏省外国专家局引智示范基地、中加豆类作物联合研究实验室、中日豆类耐盐联合研究平台、江苏特粮特经产业技术体系集成创新中心、南方食用豆联合研发中心等各类科研平台 7 个。

获得国家发明专利 8 项，获得国务院国际合作奖、国家外专局友谊奖、江苏省科学技术奖二等奖、农业部中华农业科学技术奖一等奖等奖励 9 项。

品种选育工作：

先后育成并通过国家、省审定品种 6 个；通过省鉴定品种 8 个。

干青兼用春大豆‘苏豆 8 号’，2010 年通过国家审定，早熟抗病鲜食夏大豆‘苏豆 18 号’，于 2017 年通过国家审定。‘苏绿 2 号’‘苏绿 3 号’‘苏绿 5 号’‘苏绿 6 号’等 4 个绿豆品种通过江苏省农作物品种审定委员会审定。‘苏豇 2 号’‘早豇 4 号’‘早豇 5 号’‘早豇 6 号’‘苏紫豇 1 号’等 5 个豇豆品种通过江苏省农委成果鉴定。‘苏菜豆 2 号’‘苏菜豆 3 号’‘81-8 矮生菜豆’等 3 个菜豆品种通过江苏省农委成果鉴定。

应用基础研究：

通过诱变育种首次发现绿豆花开张资源 VC002、雄性不育资源 TY08 等优异绿豆资源，为绿豆三系杂交种研究打下坚实基础。精细定位绿豆花开张基因以及抗豆象基因，建立了绿豆分子标记辅助育种技术体系。育成南方地区第一个通过省级以上鉴定的抗豆象绿豆新品种苏绿 6 号。研究成果申报“热带亚热带季风气候区食用豆新品种选育国际科技合作基地”（2015D01011）获得科技部同意立项，开创了江苏省农业类国际合作基地获得科技部批准的先河。

第一次在国内克隆抗豆象基因，第一次在国内精细定位绿豆花开张基因，为绿豆杂交制种打下良好基础；育成南方地区第一个通过省级以上鉴定的抗豆象绿豆新品种苏绿 5 号；完成国内第一个包含 73 个标记的绿豆遗传图谱；首次在国内获得绿豆雄性不育资源，为绿豆三系杂交打下良好基础。在豆类作物种质创新及病虫害防控等研究领域居于国内领先地位，对江苏省乃至全国豆类产业发展做出了重要贡献。

13. 小白菜

目前研究内容包括小白菜耐热、抗根肿病、耐抽薹等种质创新和品种选育研究。2005 年以来，累计主持江苏省农业科技自主创新资金、江苏省自然科学基金、江苏省挂县强农富民工程等项目 3 项，参加国家科技支撑计划、“863 计划”“948 计划”、公益性行业（农业）科研专项、江苏省科技支撑计划等项目 24 项，累计到账经费 600 多万元；育成通过省级以上审（鉴）定品种 7 个，推广转化 6 个，取得知识产权转让收益 80 多万元；获得国家发明专利授权 2 件；发表学术论文 35 篇，其中 SCI 收录 1 篇；获江苏省农业技术推广三等奖 1 项。

品种选育工作：

广泛收集、创制 1 300多份小白菜种质资源材料，并采取自交不亲和和雄性不育两条腿走路的育种材料选育模式，田间选择和室内鉴定（分子、生理、形态）并举，选育了一批具有耐热、耐湿、耐抽薹、低硝酸盐、抗根肿病等育种关键性状，且遗传稳定的自交不亲和系和雄性不育系核心材料。利用改良的 Ogura 雄性不育源选育的‘东方 18’（青梗类型）、‘东方 2 号’（青梗类型）、‘热矮 001’（白梗类型）、春佳（耐抽薹类型），和利用自交不亲和系选育的‘新秀 1 号’（黄心乌类型）、‘矮精灵 818’（白梗类型）等品种，通过与江苏省江蔬种苗科技有限公司、南京理想农业科技有限公司等种子经营企业合作开发，推广面积 10 万亩以上，替代了‘上海青’‘抗热 605’‘矮脚黄’等主栽品种。

应用基础研究：

耐热性研究方面，应用高通量测序技术平台 RNA-Seq 技术对热胁迫处理小白菜的转录组进行测序，结合 qRT-PCR 表达验证，筛选与小白菜耐热性高度相关基因 6 个（HSPA1、HSPA2、HSPA3、HSPBP1、ERF1、PLD）；克隆获得 *BcPLDγ* 基因全长，热胁迫下该基因表达均显著上调，*BcPLDγ* 的表达差异可作为小白菜耐热种质筛选的重要指标。

抗根肿病研究方面，利用大白菜根肿病抗源 CCR13025 作母本，小白菜高代自交系‘T 青’

作父本进行抗性转育，得到 F_1 和 F_2，经分析 F_2 根肿病表现符合 3 : 1 分离比，受一对显性基因控制，抗性类型为 *CRb* 基因。通过对相关标记序列的测序及基因组定位，筛选特异引物，开发与抗根肿病 *CRb* 基因紧密连锁（0.09cM）分子标记 CRb-R-25，并利用该标记对小白菜转育后代进行辅助选择。利用 RNA-seq 技术获得了与根肿病抗性相关的基因 56 个，经过序列比对及分析发现这些基因主要与细胞壁合成及修饰及激素代谢调控相关，通过 qRT-PCR 验证筛选了 8 个与根肿病抗性高度相关基因。

目前，小白菜品种选育和种质资源创新研究已经形成种质资源丰富多样、品种优质和多抗兼具的特色，巩固了在国内小白菜育种领域的领跑地位。

14. 食用菌

目前研究内容包括食用菌新品种选育、栽培生理和高效生产技术研究、病虫害综合防控技术研究等，累计主持国家食用菌产业技术体系岗位专家项目、江苏省科技支撑、江苏省青年基金、江苏省农业三新工程、江苏省自主创新等项目 20 余项，参加 20 余项，累计到账经费1 000多万元；育成通过国家审（鉴）定品种 2 个，江苏省级鉴定品种 3 个；获得农药正式登记证 1 个，国家发明和实用新型专利授权 10 多项；发表学术论文 60 多篇，其中 SCI 收录 10 多篇。研究成果“食用菌安全高效生产新技术集成与推广”获 2008 年度江苏省农业技术推广二等奖和 2014 年江苏省农业技术推广三等奖。作为主要完成单位获得教育部技术发明二等奖 1 项，江苏省教育厅技术发明三等奖 1 项。

品种选育工作：

选育出猴头菇‘猴杂 19 号’毛木耳‘苏毛 3 号’，通过农业部品种认定。选育出杏鲍菇‘苏杏 1 号’蘑菇‘苏棕蘑 5 号’秀珍菇‘苏夏秀 1 号’，通过江苏省品种鉴定。

应用基础研究：

通过国家食用菌产业技术体系持续支持，在食用菌虫害综合防控方面开展了相关的应用基础研究。开展食用菌虫害发生规律研究，虫害种类以危害严重、发生范围广的厉眼蕈蚊和腐食酪螨为主。明确眼蕈蚊科厉眼蕈蚊的发生规律，为预测预报和生态防治提供理论数据。粉螨科以腐食酪螨为代表，明确其最适生长温度和食用菌菌丝对腐食酪螨生长发育、繁殖和种群内禀增长率的影响。在虫害生物防控方面，率先在国内开展菌类作物与害虫间的互作机制研究，开发以食用菌信息化合物为载体的昆虫引诱剂和趋避剂。以眼蕈蚊为防治对象筛选生防菌，明确对眼蕈蚊作用明显的杀虫晶体蛋白（ICPs），为构建专用 Bt 工程菌提供丰富的 ICP 基因。

同时在栽培生理研究方面开展了醋酸钠对草菇增产和保鲜作用的研究，从草菇不同生长时期醋酸钠对相关酶系的变化研究其作用机理。

食用菌虫害研究：

2005 年以来，食用菌虫害防控研究一直是重点研究方向之一，2009—2018 年十年间，调查了 19 个省 50 多个市县的平菇、茶树菇、双孢蘑菇、草菇、毛木耳、黑木耳、香菇、灵芝、羊肚菌等十几个栽培品种和牛肝菌、松茸、乳菇等十多种野生菌，采集到2 500多份虫样，鉴定出 100 多种害虫。明确双翅目虫害在所有地区、所有品种上都有发现，为害种类最多，发生范围最广，以厉眼蕈蚊、异迟眼蕈蚊为多数地区的优势种群。对螨虫开展调查，发现与食用菌栽培有关的螨类主要有 21 个科 43 种，其中粉螨科有 13 种之多，以腐食酪螨、罗宾根螨为主。开展了在不同寄主、不同温度下的发育历期差异情况。针对不同地区不同品种双翅目虫害发生的差异，在牡丹江、石家庄、驻马店、武汉、泰安、福州、漳州、杭州等综合试验站协助下开展了平菇、秀珍菇、香菇、毛木耳上双翅目虫害发生消长动态研究。在双孢蘑菇、平菇、秀珍菇、毛木耳、茶树菇等品种上开展了双翅目和螨虫的虫害综合防控技术研发与集成示范，并取得了很好的效果。

在建立虫害监测的同时，积极探索食用菌虫害的多途径防控技术，经不断的试验积累和总结得出，采用多项防控措施的合理搭配和单项技术集成，能有效地控制害虫的发生和为害。经过多年的杀虫药剂筛选工作，于2012年获得4.3%氯氟·甲维盐甲维盐乳油复配剂的农药正式登记证，用于防治食用菌菌蛆和螨虫，是目前为止国内唯一一个登记在食用菌上的杀虫剂。开展了Bti粉剂对野生食用菌虫害的防控研究，在云南连续开展2年试验示范，示范面积2万平方米。

15. 洋葱

主要围绕洋葱种质创新与新品种选育开展相关研究工作。2009年以来，主持和参加洋葱公益性（农业）行业科研专项1项，江苏省利用世行贷款加强灌溉农业三期项目1项，江苏省科技厅农业高新项目1项，省农业科技自主创新资金项目1项。省内率先选育黄皮洋葱核质互作型不育系和保持系2套以及40多个优良高代自交系，省级鉴定品种3个，制定省地方标准1项，发表学术论文12篇，著作1部。

近年来，我们根据南方地区气候特点、消费习惯选育了以内销市场为主的扁球形紫红皮洋葱新品种‘紫星’，以外销为主的高圆形黄皮洋葱‘黄玉1号’新品种，以及耐抽薹、干物质含量在18%以上脱水加工专用白皮洋葱新品种‘玉雪’‘白峰’，形成了三种不同类型的品种配套。这些品种都具有耐抽薹、高产、抗病、耐贮的特点，适合在中日照长江流域的种植，满足了市场需求。累计推广面积2 000余亩。

三、栽培技术

（一）设施栽培研究

2003年以来，设施栽培研究组（方向）先后承担“十一五”“十二五”国家科技支撑计划项目和“十三五”国家重点研发计划、国家自然科学基金、江苏省科技重点项目和江苏省科技支撑项目、江苏省农业科技自主创新基金、国家农业综合开发土地治理省级科技推广项目、江苏省农业三新工程重大招标项目和科技示范推广等项目30余项。累计到账科研经费560万元；知识产权转让及蔬菜产业及园区规划收益1 800多万元。获得国家专利7件，转让2件，累计收益15万元；发表论文66篇，其中学报43篇；著作4部。研究成果“大棚西甜瓜新品种优质高效栽培技术研究及开发”获2007年度农业部神农中华农业科技三等奖，“蔬菜设施构型优化与高效栽培技术集成推广”获2015年度江苏省农业技术推广奖一等奖，“绿色高效蔬菜产业链技术集成与推广”获2018年度江苏省农业技术推广奖三等奖，“蔬菜高效模式集成创新示范推广”获2018年江苏省丰收奖二等奖。

1. 设施蔬菜生育模型及设施栽培管理专家系统研究与应用

通过参加国家“十五”863项目“基于模型的南方现代温室环境智能调控系统软件平台开发研究”，院基金项目“设施蔬菜生长模型与高产栽培专家系统研究”，研究建立了温室小型西瓜、甜瓜和番茄的一系列生育模型，并将已建立的西瓜、番茄和甜瓜生长发育模型分别与AIP1.0专家系统平台相结合，在国内率先研究开发出基于模型的温室小型西瓜栽培管理专家系统，使生长发育的模拟模型预测功能和专家系统的咨询功能有机地结合在一起。根据专家系统的咨询、预测而提出的栽培管理建议，既科学，又贴近实际。应用专家系统指导江苏省沿海地区设施西瓜优质高产高效栽培，取得了巨大的经济效益、社会效益和生态效益。2007年获农业部神农中华农业科技三等奖。

2. 设施蔬菜有机基质无土栽培技术研究

主持“十五”江苏省重点攻关项目“蔬菜有机基质无土栽培技术研究与标准化”、国家“十一五”科技支撑计划项目子课题“新型设施蔬菜有机栽培基质研制和配套栽培关键技术研究”、国家“十二五”科技支撑项目子课题“苏北日光温室及高效栽培技术研究与示范”、江苏省自主创新产业链项目子课题等项目，研究了中药渣、食用菌菌糠以及作物秸秆和蔬菜废弃物等有机废弃物的理化性状的变化过程以及与调节物质配组后的理化性状变化规律；研究开发出快速高质无害化发酵新技术和新的工艺流程；针对不同蔬菜作物的根系生长要求和需肥需水特点，研制出以中药渣、木薯渣、猪秸秆发酵床废弃垫料等为主要原料的栽培基质和育苗基质；研究提出了设施蔬菜有机基质无土栽培技术体系和技术规程，不但解决环境污染问题，而且变废为宝，使废弃资源得到高效再利用。研究制定了省级标准 2 项，获得国家发明专利 2 项。2008—2011 年连续 4 年承担江苏省三项工程展示项目“设施蔬菜有机基质无土栽培技术展示”，在江苏省内近 20 个展示基地示范应用。蔬菜全营养栽培基质为国内首创，已与企业合作开发成“傻瓜型全营养栽培基质”并进行了产业化开发，在 2014 年 5 月 9 日全国蔬菜协会第二届年会上成功展示。

3. 设施蔬菜高产高效栽培新技术及抗逆栽培研究

通过主持江苏省农业科技自主创新项目“设施叶菜优质安全高效反季节栽培关键技术研究与示范”“江苏特色设施蔬菜优质安全高效栽培技术研究与示范”“设施蔬菜优质高效安全栽培关键技术研究与示范”“设施蔬菜高效栽培技术示范推广”以及“十五”“十二五”国家科技支撑项目等，首次研究建立了适合江苏的设施茄果类蔬菜冬春反季节高效安全高产栽培技术模式；筛选出了能缓解冬春季节低温胁迫的绿色环保外源调控物质 ALA 的最佳施用浓度，研究明确了提高抗逆性能的机理，开发出江苏省设施蔬菜抗逆栽培新技术；研究筛选出具有强大吸附肥水能力的 SAP，研究开发出设施蔬菜降湿栽培技术；对设施叶菜抗抽薹特早熟栽培技术关键环节进行了全面研究，筛选出大白菜、生菜耐抽薹品种，探索了反季节栽培大白菜生菜耐抽薹的机理；研究建立了设施叶菜特早熟栽培技术模式。

依托江苏省三新工程项目“设施蔬菜主要障碍防治技术集成示范和推广”、江苏省科技支撑项目“设施蔬菜专用新品种与高效栽培技术集成示范推广”，研究集成了设施蔬菜主要障碍防治新技术、高产优质抗病设施蔬菜专用品种及高效栽培新技术，在江苏省进行了推广，提升了设施蔬菜栽培技术水平。

4. 新型设施构型优化研究

长期聚焦研究江苏省日光温室结构优化理论及优化技术，同时通过主持国家“十二五”科技支撑计划项目子课题“苏北新型日光温室与蔬菜高效栽培技术研究与示范”，研究了江苏省日光温室不同维度区域的最佳采光角，制定了江苏省新型日光温室不同纬度区最佳采光角范围；研发出江苏特色的日光温室，并定型为苏式Ⅰ、Ⅱ、Ⅲ型，制定了江苏省日光温室建设标准《苏式日光温室（钢骨架）通用技术要求》（DB32/T 1589—2013），在苏北大面积示范推广，为江苏省设施蔬菜产业提档升级提供了关键性的技术支撑，其高效栽培技术与高效栽培模式的应用取得了巨大的社会效益和经济效益。

通过主持江苏省农业自主创新资金项目“蔬菜防虫网覆盖栽培关键技术研究”（2007—2008），在国内首先研发防虫网蔬菜覆盖栽培无公害技术，研究开发蔬菜防虫网构型优化并制定国内第一个防虫网建设标准《大中型蔬菜钢架防虫网室建设标准》（DB32/T 1757—2011）。蔬菜专用防虫网室构型优化方面的研究和省级标准的制定改变了以前防虫网简易覆盖栽培不作为蔬菜设施类型的局面，使蔬菜防虫网栽培成为一种新型蔬菜设施。这是江苏省蔬菜设施栽培技术上的重大突破，为江苏省防虫网室设施标准化建设和高品质蔬菜栽培提供了强有力的技术支撑和健康发展保障。

5. 工厂化育苗技术研究

一直关注研究工厂化育苗中环境智能控制、嫁接育苗等关键技术。通过主持江苏省科技支撑项目“蔬菜工厂化育苗先进技术集成与示范推广”，研究开发了工厂化育苗全程集成技术，有效促进江苏省蔬菜育苗现代化，提升工厂化种苗应用率。

6. 设施蔬菜化肥农药减施增效高效栽培技术研究

通过主持国家“十三五”重点研发计划项目子课题“黄淮海蔬菜主产区面源污染综合防治技术示范”和参加国家“十三五”重点研发计划项目“设施蔬菜化肥农药减施增效技术集成研究与示范”，全面调研了黄淮海区域设施蔬菜主要产区肥药过量施用及栽培技术现状。研究开发了一种多功能的育苗基质，提高了设施蔬菜培育壮苗效率，有效降低了苗期发病率；同时研究提出了两种菜园生态土壤肥料高效利用的技术模式，为江苏省设施蔬菜高效栽培技术奠定了基础。

7. 特色保健蔬菜研究

通过主持江苏省农业科技自主创新项目“特色保健蔬菜优质安全高效设施栽培技术研究与示范”“特色蔬菜牛蒡产业链技术创新与集成应用”，研究筛选出了适合江苏省设施栽培的牛蒡新品种3个、茗荷新品种2个。研究提出牛蒡大棚栽培新模式、大棚茗荷—丝瓜高效立体栽培模式及大棚慈姑早熟栽培及高效栽培新模式等。编制了牛蒡大棚栽培技术规范、牛蒡有机基质无土栽培技术规范等。

8. 江苏省设施蔬菜生产区域化发展策略与园区规划设计研究

针对江苏省不同区域的气候特点、土壤及水资源、栽培历史、经济基础以及城镇化发展，研究江苏省蔬菜设施区域化发展的策略和相应的设施建设关键技术要求，研究开发设施蔬菜生产基地、现代蔬菜产业园区、现代农业产业园区以及现代设施农业园区的建设要求，并进行详规规划设计。承担并完成了徐州、连云港、宿迁、淮安、盐城、扬州、泰州、南通、镇江、南京、常州等80多个蔬菜产业园及现代农业产业园区等规划设计，其中包括淮安市国家级现代农业科技示范园和洪泽国家级现代农业园区两个国家级园区以及数十个省级现代农业产业园和省级现代农业产业示范园的高水准规划设计，为江苏省现代农业园区提供了科学、指导性强的详规建设蓝图。

9. DUS测试指南研制

通过主持农业部行业标准项目的子课题，研究了茼蒿、水芹、木耳菜、芦蒿及茗荷等特色蔬菜，收集并建成国内较齐全的种质资源库。分析和比较各品种植物学性状特点，并研究制定了性状测试和记录方法；研究建立了其群体测量、个体测量、群体目测及个体目测方法以及繁殖方式方法和要求；研究了江苏省气候特点下这些品种设施栽培技术与高效栽培模式；研究制定了我国行业标准水芹标准（NY/T 2506—2013）和茼蒿标准（NY/T 2507—2013）。

10. 基础研究

通过主持国家自然科学基金项目《不同LED光照下不结球白菜硝酸盐代谢机理研究》（2016—2018）和国家重点研发项目子课题《用于设施农业生产的LED关键技术研发与应用示范》（2017—2020），研究了不同LED光照处理对不结球白菜体内硝酸盐的吸收、分布及代谢作用的影响，明确了LED光照下不结球白菜碳氮代谢平衡方向的变化规律，确定LED光照下不结球白菜碳氮代谢方向发生变化，为LED光照调控蔬菜品质提供了理论基础。同时，研究开发了适合番茄生长的LED关键生长栽培调控技术。

在设施温光特点及对辣椒生长影响以及低温弱光逆境对蔬菜（辣椒、番茄）影响机理及抗逆栽培技术研究方面取得进展。研究明确了外源环境友好型外源调控物质ALA的最佳施用浓度，通过研究ALA对低温胁迫下辣椒生长及发育的影响，明确了ALA提高辣椒抗寒性的作用及其机制，为生产实践中减缓辣椒低温胁迫伤害提供理论基础。同时，针对雾霾、连阴雨天、短日照导致温室寡日照问题，研究了典型果菜作物番茄的光照需求规律、品质调控路径、光环境优化参数；开发了基于果菜生产特征需求，适合番茄高效生产的 LED 关键生长栽培调控技术。

通过主持国家自然基金项目《弱光影响西瓜果实膨大的机理》（2017—2019），研究了不同光照处理对西瓜果实发育、细胞分裂、核内复制、细胞膨大、内源激素、糖代谢、植株生长发育等的时空变化规律，明确了弱光影响西瓜果实膨大的关键时期；同时运用 RNA-seq 技术，在分子水平上探索了弱光对西瓜果实膨大影响机理，明确了西瓜果实发育早期控制细胞膨大的关键基因与代谢途径，及弱光影响西瓜果实细胞膨大的分子机制，为生产中调控西瓜果实大小及果实发育提供重要理论依据。

成果：制定了重要的行业标准 2 个、省级标准 4 个，获得国家专利 7 项，其中发明专利 3 项。获得神农中华农业科技奖三等奖 1 项，江苏省农业科技推广奖一等奖 1 项、三等奖 1 项，江苏省农业丰收奖二等奖 1 项。

（二）无公害栽培研究

主要围绕生产中存在的蔬菜食用安全问题，研究露地和设施病害、虫害的防控技术，并研究设施结构优化、土壤处理、养分供给等技术，提高蔬菜的品质和产量，形成蔬菜安全优质高产生产技术。自 2005 年以来，无公害栽培研究方向成立以来，承担公益性行业（农业）科研子项目 1 项、省农业科技自主创新资金 7 项、江苏省挂县强农富民工程项目（2011—2019）、省三新工程 1 项、江苏省科技支撑计划 2 项、江苏省农业综合开发科技推广项目 12 项、院技术推广项目 10 项，作为技术支撑参与项目 30 多项。获得专利 10 项，发表文章 25 篇，其中 SCI 文章 1 篇，2 人连续 2 次分别获得国家和省级“科技特派员”称号。

栽培技术研究：

夏季叶菜抗热防虫技术：研究了夏季棚室和防虫网平棚的温湿度情况，进行了防虫网平棚和大棚结构改良设计，发明了大棚遮阳网卷放装置，对土壤进行了消毒方法比较研究，对病虫害的预防进行了绿色防虫技术研究，减少了农药使用，达到高温时节生产高品质叶菜的目的，集成技术推广到苏南及苏中十多个叶菜生产基地。

设施芦蒿优质高产技术研究：筛选优质品种，纤维少、口感好、生长快，开展了扦插、水肥管理、采收等技术研究，开展了日光温室芦蒿—番茄轮作研究，克服了连作障碍。该技术在灌云等地得到大面积应用推广。

设施芦笋优质高效栽培技术研究：引进国内外芦笋品种 20 多个，对耐寒早产性能、笋尖紧密度、品质和产量进行了评比，研究了多层覆盖对芦笋早春产量的影响，并研究了周年施肥方案、母茎保留与养根、病虫害防控技术，使芦笋产量达到3 000千克/亩以上，集成技术在省内多处生产基地得到应用。

耐盐蔬菜栽培技术研究：研究了沿海地区盐碱地的盐分变化情况，并研究芦笋等作物的品种比较、育苗、移栽、水肥管理技术，缓解高盐度对耐盐蔬菜生长的制约。

设施茄果类蔬菜安全高产栽培技术：研究了大棚和日光温室土壤消毒技术，病虫害防控技术和不同时期的水肥一体化管理，以及安全授粉技术；并研究了品种、肥料、授粉方式、温湿度调控对风味品质的影响，为提高蔬菜风味品质奠定了基础。集成技术应用到江苏全省十多个种植基地。

设施野生蔬菜栽培技术研究：研究了马齿苋、面条菜、番杏、苦苣、冬寒菜、人参菜、土三七、叶宝菜、京水菜、秋葵等栽培技术，指导苏南等地的野生蔬菜栽培。

应用基础研究：

研究在设施亚适宜环境下，提高蔬菜抗逆性的绿色高效生产关键技术。通过研究蔬菜对亚适宜环境（盐胁迫）的生理响应，探讨蔬菜逆境响应机理；通过添加外源物质（5-氨基乙酰丙酸）提高蔬菜的逆境适应性，实现蔬菜绿色高效生产。

自研究方向成立以来，本方向参与了众多的技术服务工作，将清洁生产的科研成果和集成技术推广到江苏省很多蔬菜基地，推动了当地蔬菜生产水平的提升和种植效益的提高。

第三章 科研业绩

第一节 主要成果

一、审（鉴）定品种

据统计，截至2016年，通过省级以上审（鉴）定品种220个，其中国家审（鉴）定品种43个。2017年开始，非主要农作物实行品种登记制度。

国家级、省级审（鉴）定品种

序号	作物种类	品种名称	编号	授权或批准部门	授权或批准时间（年）
1	番茄	苏抗5号	苏审种字第36号	江苏省农作物品种审定委员会	1984
2	甘蓝	苏晨1号	苏审种字第41号	江苏省农作物品种审定委员会	1984
3	辣椒	苏椒1号	苏审种字第43号	江苏省农作物品种审定委员会	1984
4	西瓜	苏蜜1号	苏科鉴［84］67号	江苏省科学技术委员会	1984
5	大白菜	青丰	苏审种字第61号	江苏省农作物品种审定委员会	1985
6	大白菜	青石	苏审种字第62号	江苏省农作物品种审定委员会	1985
7	甘蓝	春丰	苏审种字第82号	江苏省农作物品种审定委员会	1986
8	辣椒	苏长红	苏审种字第84号	江苏省农作物品种审定委员会	1986
9	番茄	苏粉1号	苏审种字第85号	江苏省农作物品种审定委员会	1986
10	番茄	苏粉2号	苏审种字第96号	江苏省农作物品种审定委员会	1987
11	茄子	苏崎茄	苏审种字第97号	江苏省农作物品种审定委员会	1987
12	辣椒	苏椒2号	苏审种字第99号	江苏省农作物品种审定委员会	1987
13	四季豆	81-6	苏审种字第125号	江苏省农作物品种审定委员会	1989
14	四季豆	78-209	苏审种字第127号	江苏省农作物品种审定委员会	1989
15	西瓜	华东24号	GS09029—1984	全国农作物品种审定委员会	1990
16	辣椒	早丰一号	GS09027—1984	全国农作物品种审定委员会	1991
17	茄子	苏长茄	GS09030—1984	全国农作物品种审定委员会	1991
18	番茄	苏粉1号	GS09003—1990	全国农作物品种审定委员会	1991
19	甘蓝	春丰	GS09001—1990	全国农作物品种审定委员会	1991

（续表）

序 号	作物种类	品种名称	编号	授权或批准部门	授权或批准时间（年）
20	西瓜	苏蜜 2 号	苏审种字第 165 号	江苏省农作物品种审定委员会	1992
21	辣椒	苏椒 4 号	苏审种字第 166 号	江苏省农作物品种审定委员会	1992
22	辣椒	苏椒 5 号	苏审种字第 169 号	江苏省农作物品种审定委员会	1993
23	辣椒	苏椒 6 号	苏审种字第 200 号	江苏省农作物品种审定委员会	1993
24	大白菜	夏丰	苏种审字第 202 号	江苏省农作物品种审定委员会	1993
25	番茄	霞粉	苏种审字第 223 号	江苏省农作物品种审定委员会	1994
26	黄瓜	早抗	苏种审字第 224 号	江苏省农作物品种审定委员会	1994
27	辣椒	苏椒 5 号	GS09001—1995	全国农作物品种审定委员会	1996
28	甜椒	碧玉	苏种审字第 256 号	江苏省农作物品种审定委员会	1996
29	辣椒	云丰	苏种审字第 257 号	江苏省农作物品种审定委员会	1996
30	黄瓜	露丰	苏种审字第 252 号	江苏省农作物品种审定委员会	1996
31	西瓜	苏红宝	苏种审字第 253 号	江苏省农作物品种审定委员会	1996
32	西瓜	抗病苏蜜	苏种审字第 281 号	江苏省农作物品种审定委员会	1997
33	番茄	江蔬 2 号	苏种审字第 328 号	江苏省农作物品种审定委员会	1999
34	番茄	江蔬 3 号	苏种审字第 329 号	江苏省农作物品种审定委员会	1999
35	甘蓝	黑丰	苏种审字第 331 号	江苏省农作物品种审定委员会	1999
36	甜椒	翠玉	国审菜 990007	全国农作物品种审定委员会	1999
37	小白菜	热抗白	苏种审字第 330 号	江苏省农作物品种审定委员会	1999
38	甜瓜	黄金蜜翠	苏种审字第 333 号	江苏省农作物品种审定委员会	1999
39	辣椒	江蔬 3 号	苏种审字第 367 号	江苏省农作物品种审定委员会	2000
40	辣椒	江蔬 4 号	苏种审字第 368 号	江苏省农作物品种审定委员会	2000
41	小白菜	热抗青	苏种审字第 373 号	江苏省农作物品种审定委员会	2000
42	西瓜	佳宝	苏审瓜 200101	江苏省农作物品种审定委员会	2001
43	辣椒	江蔬 6 号	苏审椒 200103	江苏省农作物品种审定委员会	2001
44	甘蓝	苏甘 8 号	苏审菜 200204	江苏省农作物品种审定委员会	2002
45	番茄	江蔬 1 号	苏审菜 200206	江苏省农作物品种审定委员会	2002
46	辣椒	江蔬 2 号	苏审椒 200201	江苏省农作物品种审定委员会	2002
47	豇豆	早豇 1 号	苏审菜 200202	江苏省农作物品种审定委员会	2002
48	辣椒	江蔬 1 号	国审菜 2002061	全国农作物品种审定委员会	2002
49	辣椒	江蔬 5 号	国审菜 2002062	全国农作物品种审定委员会	2002
50	辣椒	江蔬 6 号	国审菜 2002060	全国农作物品种审定委员会	2002
51	大豆	日本晴 3 号	苏审豆 200201	江苏省农作物品种审定委员会	2002
52	大白菜	双冠	国审菜 2002070	全国农作物品种审定委员会	2002

（续表）

序 号	作物种类	品种名称	编号	授权或批准部门	授权或批准时间（年）
53	大豆	苏早 1 号	苏审豆 200301	江苏省农作物品种审定委员会	2003
54	西瓜	早抗京欣	苏审瓜 200406	江苏省农作物品种审定委员会	2004
55	番茄	江蔬 1 号	国品鉴字 2004006	全国农业技术推广服务中心	2004
56	大豆	早生翠鸟	苏审豆 200503	江苏省农作物品种审定委员会	2005
57	西瓜	苏蜜 5 号	苏审瓜 200507	江苏省农作物品种审定委员会	2005
58	辣椒	江蔬 7 号	苏审椒 200502	江苏省农作物品种审定委员会	2005
59	辣椒	苏椒 11 号	国品鉴菜 2006024	全国农业技术推广服务中心	2006
60	辣椒	苏椒 12 号	国品鉴菜 2006033	全国农业技术推广服务中心	2006
61	辣椒	苏椒 13 号	苏审椒 200705	江苏省农作物品种审定委员会	2007
62	大豆	苏豆 5 号	苏审豆 200702	江苏省农作物品种审定委员会	2007
63	花菜	青峰	国品鉴菜 2007004	全国农业技术推广服务中心	2007
64	大豆	苏豆 6 号	苏审豆 200803	江苏省农作物品种审定委员会	2008
65	木耳	苏毛 3 号	国品认菌 2007034	全国农业技术推广服务中心	2008
66	猴头菇	猴杂 19 号	国品认菌 2007049	全国农业技术推广服务中心	2008
67	番茄	苏粉 8 号	国品鉴菜 2008004	全国农业技术推广服务中心	2008
68	南瓜	碧玉	苏鉴南瓜 200901	江苏省农作物品种审定委员会	2009
69	南瓜	旭日	苏鉴南瓜 200902	江苏省农作物品种审定委员会	2009
70	甜瓜	珍珠	苏鉴甜瓜 200901	江苏省农作物品种审定委员会	2009
71	甜瓜	红珍珠	苏鉴甜瓜 200902	江苏省农作物品种审定委员会	2009
72	番茄	金陵红玉	苏鉴番茄 200901	江苏省农作物品种审定委员会	2009
73	番茄	苏甜 2 号	苏鉴番茄 200902	江苏省农作物品种审定委员会	2009
74	番茄	苏粉 9 号	苏鉴番茄 200903	江苏省农作物品种审定委员会	2009
75	丝瓜	江蔬一号	苏鉴丝瓜 200901	江苏省农作物品种审定委员会	2009
76	丝瓜	江蔬肉丝瓜	苏鉴丝瓜 200902	江苏省农作物品种审定委员会	2009
77	豇豆	苏豇 1 号	苏鉴豇豆 200901	江苏省农作物品种审定委员会	2009
78	豇豆	早豇 4 号	苏鉴豇豆 200902	江苏省农作物品种审定委员会	2009
79	菜豆	苏菜豆 1 号	苏鉴菜豆 200901	江苏省农作物品种审定委员会	2009
80	辣椒	苏椒 14	苏审椒 201005	江苏省农作物品种审定委员会	2010
81	辣椒	苏椒 15 号	国品鉴菜 2010007	全国农业技术推广服务中心	2010
82	辣椒	苏椒 16 号	国品鉴菜 2010008	全国农业技术推广服务中心	2010
83	甘蓝	博春	国品鉴菜 2010024	全国农业技术推广服务中心	2010
84	甘蓝	苏甘 20	国品鉴菜 2010025	全国农业技术推广服务中心	2010
85	甘蓝	苏甘 21	国品鉴菜 2010026	全国农业技术推广服务中心	2010

（续表）

序号	作物种类	品种名称	编号	授权或批准部门	授权或批准时间（年）
86	西瓜	苏蜜 6 号	苏审瓜 201003	江苏省农作物品种审定委员会	2010
87	大豆	苏豆 8 号	国审豆 2010014	全国农作物品种审定委员会	2010
88	甜瓜	苏甜一号	苏农科鉴字［2011］第 8 号	江苏省农业委员会	2010
89	甜瓜	苏甜二号	苏农科鉴字［2011］第 7 号	江苏省农业委员会	2010
90	甘蓝	苏甘 26	苏农科鉴字［2011］第 17 号	江苏省农业委员会	2010
91	甘蓝	苏甘 27	苏农科鉴字［2011］第 18 号	江苏省农业委员会	2010
92	甘蓝	冬胜	苏农科鉴字［2011］第 9 号	江苏省农业委员会	2010
93	甘蓝	探春	苏农科鉴字［2011］第 20 号	江苏省农业委员会	2010
94	甘蓝	早生翠美	苏农科鉴字［2011］第 22 号	江苏省农业委员会	2010
95	甘蓝	美绿	苏农科鉴字［2011］第 21 号	江苏省农业委员会	2010
96	萝卜	宁红一号	苏农科鉴字［2011］第 19 号	江苏省农业委员会	2010
97	番茄	金陵甜玉	苏农科鉴字［2011］第 6 号	江苏省农业委员会	2010
98	番茄	苏红 10 号	苏农科鉴字［2011］第 3 号	江苏省农业委员会	2010
99	番茄	苏粉 12 号	苏农科鉴字［2011］第 5 号	江苏省农业委员会	2010
100	番茄	苏粉 13 号	苏农科鉴字［2011］第 4 号	江苏省农业委员会	2010
101	杏鲍菇	苏杏 1 号	苏农科鉴字［2011］第 16 号	江苏省农业委员会	2010
102	蘑菇	苏棕蘑 5 号	苏农科鉴字［2011］第 15 号	江苏省农业委员会	2010
103	秀珍菇	苏夏秀 1 号	苏农科鉴字［2011］第 12 号	江苏省农业委员会	2010
104	扁豆	苏扁 1 号	苏农科鉴字［2011］第 10 号	江苏省农业委员会	2010
105	豌豆	苏豌 1 号	苏农科鉴字〔2011］第 11 号	江苏省农业委员会	2010
106	绿豆	苏黑绿 1 号	苏农科鉴字〔2011］第 14 号	江苏省农业委员会	2010
107	大豆	丹波豆	苏农科鉴字［2011］第 13 号	江苏省农业委员会	2010
108	西瓜	橙兰	苏审瓜 201102	江苏省农作物品种审定委员会	2011

（续表）

序号	作物种类	品种名称	编号	授权或批准部门	授权或批准时间（年）
109	西瓜	小玉无籽	苏审瓜 201104	江苏省农作物品种审定委员会	2011
110	小白菜	东方 18	苏鉴不结球白菜 201103	江苏省农作物品种审定委员会	2011
111	小白菜	东方 56	苏鉴不结球白菜 201102	江苏省农作物品种审定委员会	2011
112	小白菜	春佳	苏鉴不结球白菜 201105	江苏省农作物品种审定委员会	2011
113	小豆	苏红 1 号	苏鉴小豆 201101	江苏省农作物品种审定委员会	2011
114	小豆	苏红 2 号	苏鉴小豆 201102	江苏省农作物品种审定委员会	2011
115	绿豆	苏绿 2 号	苏鉴绿豆 201101	江苏省农作物品种审定委员会	2011
116	绿豆	苏绿 3 号	苏鉴绿豆 201102	江苏省农作物品种审定委员会	2011
117	辣椒	苏椒 15 号	苏审椒 201102	江苏省农作物品种审定委员会	2011
118	大豆	苏豆 7 号	苏审豆 201202	江苏省农作物品种审定委员会	2012
119	大豆	苏奎 1 号	苏审豆 201201	江苏省农作物品种审定委员会	2012
120	番茄	金陵粉玉	苏农科鉴字［2012］第 12 号	江苏省农业委员会	2012
121	番茄	金陵美玉	苏农科鉴字［2012］第 11 号	江苏省农业委员会	2012
122	番茄	金陵墨玉	苏农科鉴字［2012］第 10 号	江苏省农业委员会	2012
123	番茄	苏粉 15 号	苏农科鉴字［2012］第 9 号	江苏省农业委员会	2012
124	甘蓝	锦秋 60	苏农科鉴字［2012］第 8 号	江苏省农业委员会	2012
125	甘蓝	锦秋 55	苏农科鉴字［2012］第 7 号	江苏省农业委员会	2012
126	豇豆	苏紫豇 1 号	苏农科鉴字［2012］第 6 号	江苏省农业委员会	2012
127	四季豆	81-8、矮生菜豆	苏农科鉴字［2012］第 5 号	江苏省农业委员会	2012
128	辣椒	苏椒 17 号	苏审椒 201201	江苏省农作物品种审定委员会	2012
129	辣椒	苏彩椒 1 号	苏审椒 201202	江苏省农作物品种审定委员会	2012
130	甘蓝	苏甘 91	苏鉴甘蓝 201202	江苏省农作物品种审定委员会	2012
131	甘蓝	苏甘 603	苏鉴甘蓝 201203	江苏省农作物品种审定委员会	2012
132	茄子	苏崎 3 号	苏鉴茄子 201203	江苏省农作物品种审定委员会	2012
133	番茄	苏红 9 号	苏鉴番茄 201201	江苏省农作物品种审定委员会	2012
134	豇豆	早豇 5 号	苏鉴豇豆 201201	江苏省农作物品种审定委员会	2012
135	豇豆	苏豇 2 号	苏鉴豇豆 201203	江苏省农作物品种审定委员会	2012
136	豇豆	苏豇 8 号	国品鉴杂 2012005	全国农业技术推广服务中心	2012
137	四季豆	苏菜豆 2 号	苏鉴菜豆 201201	江苏省农作物品种审定委员会	2012

（续表）

序 号	作物种类	品种名称	编号	授权或批准部门	授权或批准时间（年）
138	蚕豆	苏蚕豆 1 号	苏鉴蚕豆 201201	江苏省农作物品种审定委员会	2012
139	蚕豆	苏蚕豆 2 号	苏鉴蚕豆 201202	江苏省农作物品种审定委员会	2012
140	豌豆	苏豌 6 号	苏鉴豌 201204	江苏省农作物品种审定委员会	2012
141	番茄	苏粉 10 号	国品鉴字 2012006	全国农业技术推广服务中心	2012
142	甘蓝	玉锦	国品鉴字 2012016	全国农业技术推广服务中心	2012
143	番茄	苏粉 12 号	苏鉴番茄 201301	江苏省农作物品种审定委员会	2013
144	番茄	苏粉 13 号	苏鉴番茄 201302	江苏省农作物品种审定委员会	2013
145	辣椒	苏椒 18 号	国品鉴菜 2013002	全国农业技术推广服务中心	2013
146	辣椒	苏椒 19 号	国品鉴菜 2013016	全国农业技术推广服务中心	2013
147	辣椒	苏椒 20 号	苏审椒 201301	江苏省农作物品种审定委员会	2013
148	辣椒	苏椒 103 号	国品鉴菜 2013020	全国农业技术推广服务中心	2013
149	青花菜	苏青 2 号	苏鉴青花菜 201301	江苏省农作物品种审定委员会	2013
150	青花菜	苏青 3 号	苏鉴青花菜 201302	江苏省农作物品种审定委员会	2013
151	南瓜	青香玉	苏鉴南瓜 201301	江苏省农作物品种审定委员会	2013
152	南瓜	绿香玉	苏鉴南瓜 201302	江苏省农作物品种审定委员会	2013
153	南瓜	白香玉	苏鉴南瓜 201304	江苏省农作物品种审定委员会	2013
154	洋葱	紫星	苏鉴洋葱 201302	江苏省农作物品种审定委员会	2013
155	苦瓜	秀玉 1 号	苏农科鉴字［2013］第 15 号	江苏省农业委员会	2013
156	萝卜	苏秀 1 号叶用萝卜	苏农科鉴字［2013］第 22 号	江苏省农业委员会	2013
157	番茄	金陵秀玉	苏农科鉴字［2013］第 21 号	江苏省农业委员会	2013
158	番茄	金陵佳玉	苏农科鉴字［2013］第 13 号	江苏省农业委员会	2013
159	番茄	金陵宝玉	苏农科鉴字［2013］第 14 号	江苏省农业委员会	2013
160	番茄	苏粉 11 号	苏农科鉴字［2013］第 20 号	江苏省农业委员会	2013
161	茄子	苏崎 4 号	苏农科鉴字［2013］第 17 号	江苏省农业委员会	2013
162	大豆	苏豆 10 号	闽审豆 2014002	福建省农作物品种审定委员会	2014
163	结球甘蓝	苏甘 33	津登甘蓝 2014001	天津市农作物品种审定委员会	2014
164	结球甘蓝	苏甘 34	津登甘蓝 2014002	天津市农作物品种审定委员会	2014
165	结球甘蓝	苏甘 35	津登甘蓝 2014003	天津市农作物品种审定委员会	2014
166	结球甘蓝	苏甘 36	津登甘蓝 2014004	天津市农作物品种审定委员会	2014

（续表）

序号	作物种类	品种名称	编号	授权或批准部门	授权或批准时间（年）
167	西瓜	苏蜜8号	苏审瓜201401	江苏省农作物品种审定委员会	2014
168	结球甘蓝	春喜	国品鉴菜2014004	全国农业技术推广服务中心	2014
169	萝卜	苏丽夏红1号	苏农科鉴字［2014］第68号	江苏省农业委员会	2014
170	萝卜	苏丽冬白1号	苏农科鉴字［2014］第69号	江苏省农业委员会	2014
171	黄瓜	小脆	苏农科鉴字［2014］第67号	江苏省农业委员会	2014
172	番茄	金陵可玉	苏农科鉴字［2014］第65号	江苏省农业委员会	2014
173	番茄	苏粉16号	苏农科鉴字［2014］第66号	江苏省农业委员会	2014
174	番茄	苏红11号	苏农科鉴字［2014］第64号	江苏省农业委员会	2014
175	苦瓜	秀玉3号	苏鉴苦瓜201502	江苏省农作物品种审定委员会	2015
176	苦瓜	白雪	苏鉴苦瓜201501	江苏省农作物品种审定委员会	2015
177	结球甘蓝	苏甘55	国品鉴菜2015031	全国农业技术推广服务中心	2015
178	洋葱	黄玉1号	苏鉴洋葱201503	江苏省农作物品种审定委员会	2015
179	豇豆	苏豇3号	苏鉴豇豆201501	江苏省农作物品种审定委员会	2015
180	小豆	苏红3号	苏鉴小豆201501	江苏省农作物品种审定委员会	2015
181	小豆	苏红4号	苏鉴小豆201502	江苏省农作物品种审定委员会	2015
182	甘蓝	嘉兰	国品鉴2015032	全国农业技术推广服务中心	2015
183	大豆	苏豆11号	苏审豆201503	江苏省农作物品种审定委员会	2015
184	绿豆	苏绿4号	苏鉴绿豆201501	江苏省农作物品种审定委员会	2015
185	绿豆	苏绿6号	苏鉴绿豆201502	江苏省农作物品种审定委员会	2015
186	豇豆	苏豇5号	苏鉴豇豆201502	江苏省农作物品种审定委员会	2015
187	四季豆	苏菜豆3号	苏鉴菜豆201501	江苏省农作物品种审定委员会	2015
188	辣椒	苏椒21号	苏审椒201501	江苏省农作物品种审定委员会	2015
189	辣椒	苏椒22号	国品鉴菜2015093	全国农业技术推广服务中心	2015
190	辣椒	苏椒23号	国品鉴菜2015098	全国农业技术推广服务中心	2015
191	辣椒	苏椒24号	国品鉴菜2015101	全国农业技术推广服务中心	2015
192	辣椒	苏椒25号	国品鉴菜2015072	全国农业技术推广服务中心	2015
193	辣椒	苏椒26号	国品鉴菜2015076	全国农业技术推广服务中心	2015
194	辣椒	苏椒27号	苏审椒201504	江苏省农作物品种审定委员会	2015
195	番茄	金陵佳玉	国品鉴菜2015026	全国农业技术推广服务中心	2015
196	番茄	金陵美玉	国品鉴菜2015027	全国农业技术推广服务中心	2015

（续表）

序 号	作物种类	品种名称	编号	授权或批准部门	授权或批准时间（年）
197	番茄	金陵黛玉	苏鉴番茄 201501	江苏省农作物品种审定委员会	2015
198	番茄	金陵梦玉	苏鉴番茄 201502	江苏省农作物品种审定委员会	2015
199	番茄	金陵小玉	苏鉴番茄 201504	江苏省农作物品种审定委员会	2015
200	番茄	苏粉 14 号	苏鉴番茄 201504	江苏省农作物品种审定委员会	2015
201	甜瓜	苏甜 4 号	苏鉴甜瓜 201506	江苏省农作物品种审定委员会	2015
202	绿豆	苏绿 7 号	苏鉴绿豆 201503	江苏省农作物品种审定委员会	2015
203	小豆	苏红 5 号	苏鉴小豆 201503	江苏省农作物品种审定委员会	2015
204	四季豆	苏菜豆 4 号	苏鉴菜豆 201504	江苏省农作物品种审定委员会	2015
205	甘蓝	甜味 55	苏鉴甘蓝 201511	江苏省农作物品种审定委员会	2015
206	甘蓝	苏甘 30	苏鉴甘蓝 201506	江苏省农作物品种审定委员会	2015
207	小白菜	春优	苏鉴不结球白菜 201502	江苏省农作物品种审定委员会	2015
208	小白菜	新秀 1 号	苏鉴不结球白菜 201506	江苏省农作物品种审定委员会	2015
209	小白菜	热矮 001	苏鉴不结球白菜 201511	江苏省农作物品种审定委员会	2015
210	小白菜	东方 2 号	苏鉴不结球白菜 201513	江苏省农作物品种审定委员会	2015
211	甘蓝	苏甘 31	苏鉴甘蓝 201503	江苏省农作物品种审定委员会	2015
212	西瓜	苏蜜 9 号	苏审瓜 201507	江苏省农作物品种审定委员会	2015
213	西瓜	苏蜜 10 号	苏鉴西瓜 201504	江苏省农作物品种审定委员会	2015
214	西瓜	苏蜜无籽 2 号	苏鉴西瓜 201505	江苏省农作物品种审定委员会	2015
215	大豆	苏奎 2 号	苏审豆 201601	江苏省农作物品种审定委员会	2016
216	甘蓝	冬兰	国品鉴菜 2016016	全国农业技术推广服务中心	2016
217	甘蓝	苏甘 37	国品鉴菜 2016011	全国农业技术推广服务中心	2016
218	甘蓝	苏甘 902	国品鉴菜 2016015	全国农业技术推广服务中心	2016
219	西瓜	苏蜜无籽 1 号	苏审瓜 201511	江苏省农作物品种审定委员会	2016
220	甜瓜	苏水瓜 1 号	苏农科鉴字［2016］第 010 号	江苏省农作物品种审定委员会	2016

二、植物新品种权

据统计，截至 2019 年 5 月，主持获得中华人民共和国农业部植物新品种权授权 31 项。

植物新品种权授权

序号	作物	品种名称	授权号	授权时间（年）
1	辣椒	江蔬 2 号	CNA20020134. 4	2003
2	甘蓝	春丰 007	CNA20030137. 9	2005
3	西瓜	佳丽（早抗京欣）	CNA20040616. 7	2007
4	番茄	江蔬 14 号	CNA20030198. 5	2007
5	番茄	苏粉 8 号	CNA20040108. 4	2007

（续表）

序号	作物	品种名称	授权号	授权时间（年）
6	甘蓝	苏甘 8 号	CNA20030293. 0	2007
7	番茄	江蔬 152	CNA20040107. 6	2008
8	辣椒	江蔬 7 号	CNA20050817. 2	2009
9	豆类	江蔬 1 号（毛豆）	CNA20060462. 7	2009
10	甘蓝	苏甘 19 号	CNA20090336. 2	2013
11	西瓜	苏蜜 7 号	CNA20080732. 3	2014
12	茄子	苏崎 3 号	CNA20090663. 5	2015
13	西瓜	苏蜜 6 号	CNA20110326. 0	2015
14	甘蓝	苏甘 20	CNA20110072. 6	2015
15	番茄	苏粉 12 号	CNA20110467. 9	2015
16	番茄	金陵佳玉	CNA20120957. 5	2016
17	番茄	金陵美玉	CNA20121151. 7	2016
18	辣椒	苏椒 16 号	CNA20130084. 0	2016
19	甘蓝	苏甘 27	CNA20120420. 4	2016
20	甘蓝	苏甘 3 号	CNA20110582. 9	2016
21	甘蓝	探春	CNA20110663. 1	2016
22	番茄	金陵甜玉	CNA20110466. 0	2017
23	番茄	苏粉 11 号	CNA20130801. 2	2017
24	西瓜	苏蜜 8 号	CNA20131195. 4	2017
25	辣椒	苏椒 17 号	CNA20130652. 2	2017
26	甘蓝	苏甘 65	CNA20140677. 2	2017
27	茄子	苏茄 5 号	CNA20150995. 6	2018
28	茄子	苏茄 7 号	CNA20150997. 4	2018
29	茄子	苏茄 8 号	CNA20150998. 3	2018
30	番茄	金陵秀玉	CNA20141351. 3	2018
31	茄子	苏茄 6 号	CNA20150996. 5	2019

三、主推技术

截至 2018 年食用菌安全高效生产技术、食用菌基质循环利用技术、食用菌专业化分工高效生产技术等于 2012—2018 年被列入江苏省主推技术，设施西甜瓜优质绿色双减简约化栽培技术于 2017—2018 年列入农业部、设施西甜瓜优质绿色简约化栽培技术于 2017—2018 年列入江苏省农业主推技术，设施茄果类蔬菜优质绿色轻简化栽培技术于 2018 年列入江苏省农业主推技术。

1. 江苏省主推技术——食用菌安全高效生产技术（2012—2014 年）

本技术以省级鉴定品种为栽培对象，利用先进的栽培方法作为技术支持，栽培全程的病虫害防控采取物理、生态防控为主，必要时施用生物源安全农药或经过登记的食用菌专用农药，确保产品的安全。提高产品的安全性和稳定性，提高菇农的经济效益。

增产增效情况：通过各环节科学操作来规范食用菌生产程序，实现无公害和绿色标准生产，在栽培过程中重视病虫害的防控，做到物理预防和生态预防为主，化学防治为辅，提高产品的品质和安全性。新品种配套新技术可提高食用菌产量 10%，效益提高 10%以上，同时在元旦春节低温期上市可以提高菇农的经济效益和满足市民消费需求。

2. 江苏省主推技术——食用菌安全高效生产技术（2015 年）

该项技术是在江苏省季节性（或称农事）栽培食用菌病虫害日益严重的背景下形成并推广的集成技术，以病虫害发生较为严重的秀珍菇、双孢菇、茶树菇、草菇、平菇、竹荪等品种为栽培对象，通过统一供种、场地选择、环境调控、配方优化、工厂化制作培养料、多品种轮作等技术措施，对栽培全程的病虫害防控采取物理、生态防控，必要时施用生物源安全农药或经过登记的食用菌专用农药，确保产品的安全。本技术经过近年来的示范推广，表明适合江苏省食用菌栽培现状，可明显提高产品的安全性和稳定性，提高菇农经济效益，具有一定的先进性，技术成熟，具有较强的推广应用价值。

增产增效情况：通过对食用菌生产程序的科学规范操作，在栽培过程中重视病虫害的综合防控，做到物理预防和生态预防为主，生物防治和化学防治为辅，实现无公害和绿色标准生产，提高产品的质量和安全水平。病虫害防效可提高 20%以上，生产效益提高 10%以上。

3. 江苏省主推技术——食用菌基质循环利用技术（2016 年、2017 年）

随着江苏省食用菌产业的提升，在提高农产品经济效益的同时，食用菌菌渣的处理成为制约产业发展的一个重要因素。本技术以实现食用菌基质循环利用为目的，以省级鉴定品种为栽培对象，利用先进的栽培方法作为技术支持，栽培过程中考虑培养料的营养搭配及二次利用，利用菌渣中未消耗掉的营养进行再次种菇，或利用菌渣中剩余的多种营养和食用菌菌丝蛋白质还田培肥土壤，或发酵后作为非常规饲料等方式对食用菌基质进行循环利用，在降低原料成本、增加经济效益的同时减少其对环境造成的影响，为食用菌产业发展解决后顾之忧。

增产增效情况：食用菌基质循环利用可提高食用菌产量或蔬菜产量 10%以上，提高综合效益 10%以上。同时利用菌渣作为有机肥返田，可减少化肥在大田中的使用，进一步改善土质提高地力，为绿色和有机种植提供安全基础。

4. 农业部主推技术——设施西甜瓜优质绿色双减简约化栽培技术

江苏省主推技术——设施西甜瓜优质绿色简约化栽培技术（2017 年、2018 年）

该项重大技术针对全国设施西甜瓜生产上专用品种占有率较低、集约化育苗水平不高、配套简约化栽培技术缺乏、肥水一体化技术落后、病虫害及连作障碍严重等严重影响设施西甜瓜稳产及优质的主要因素，集成示范穴盘嫁接育苗、水肥一体化滴灌、病虫害绿色防治、蜜蜂传粉和产品质量安全溯源等技术为主的设施西甜瓜优质绿色双减简约化栽培技术，形成我国设施西甜瓜优质高效绿色双减简约栽培技术体系，促进我国设施西甜瓜产业健康持续发展。成果来源于国家农业科技成果转化资金项目（2014GB2C100319），2016 年 12 月通过验收；设施西瓜、甜瓜新品种筛选及配套高效技术集成与推广通过河北省科学技术成果鉴定，国际先进。该项重大技术的推广有力促进我国设施西甜瓜产业提档升级。

增产增效情况：化学农药及肥料使用量减少 20%~30%，标准商品瓜产量较面上提高 15%以上，产值增加 30%以上。

5. 江苏省主推技术——食用菌专业化分工高效生产技术（2018 年）

随着江苏省食用菌产业的提升，食用菌生产方式基本实现了规模化，劳动力成为制约食用菌产业发展的重要因素。本技术以实现食用菌企业集中制袋、农户分散出菇的专业化分工生产技术为目的，以适销对路季节性栽培品种（非工厂化栽培品种，如香菇、黑木耳、毛木耳、姬菇、猴头菇、茶树菇、灵芝等）为栽培对象，以利用工厂化的菌袋制作和集中发菌作为技术支持，出菇过程中通过农业设施改善出菇环境、形成食用菌绿色高效栽培技术，通过推动新型经营主体+科研机构+基地+农户的产业化模式、带动设备设施的投入和科技水平的提高，促进产品质量的提高，促进节本增效，使食用菌产业逐步呈现园区化设计、精细化分工、工厂化生产、标准化作业、品牌化营销、多元化发展的局面。

增产增效情况：通过生产模式的改进，可提高食用菌产量 10%以上，综合效益提高 10%以上。

6. 江苏省主推技术——设施茄果类蔬菜优质绿色轻简化栽培技术（2018 年）

该项技术以设施茄果类蔬菜优质、安全、节本为目标，集成了设施茄果类蔬菜标准化穴盘育苗、水肥一体化和熊蜂授粉替代激素点花等轻简化栽培关键技术和冬春烟粉虱防治、生物农药应用、科学农药使用等病虫害绿色防治关键技术，并配套优质抗病抗逆品种选用、平衡灌溉施肥、连作障碍防除等技术，不仅有利于稳步提升设施茄果类蔬菜的产量与品质，还有利于推进江苏省设施茄果类蔬菜产业的轻简化、标准化发展，解决栽培过程中用工多、综合机械化率低，致使成本增加和利润空间压缩等问题，有效促进农业增效和农民增收。

增产增效情况：节肥节水 10%以上，节工节本 10%以上，化学农药使用量减少 15%~20%，提高果实品质，产值增加 8%以上。

四、专利

据统计，截至 2018 年，主持获得中华人民共和国知识产权局授权专利 79 项。

授权专利

	专利名称	专利号	授权时间（年）
1	一种小白菜育种方法	ZL951179713	2000
2	一种辣椒或甜椒胞质雄性不育系的选育及其制种方法	ZL02125723	2004
3	一种食用菌杀虫剂复配剂	ZL03131669.7	2005
4	一种丝瓜杂交种育种方法	ZL03158254.0	2005
5	一种夏萝卜的育种方法	ZL03158253.2	2005
6	番茄采粉器	ZL200520073836.0	2006
7	一种春小白菜耐抽薹性鉴定方法	ZL200510038275.5	2007
8	一种番茄杂交种的选育方法	ZL200510041157.X	2007
9	一种集装箱内专用的装载及出菇层架	ZL200820185385.3	2009
10	一种适用于蔬菜水培的栽培装置	ZL200920256195.0	2010
11	一种蛹虫草可育菌株的快速鉴定方法	ZL200810196091.5	2010
12	一种蔬菜墙式无土栽培方法	ZL200910232740.7	2011

（续表）

	专利名称	专利号	授权时间（年）
13	一种蔬菜立柱式无土栽培方法	Zl200910232404. 2	2011
14	农用钢架塑料大棚	ZL2010020248725. X	2011
15	钢架防虫网平棚	ZL201020248751. 2	2011
16	一种基于氯气消毒的种子灭菌器	ZL201020587475. 2	2011
17	水葫芦作为营养基质栽培食用菌草腐菌的方法	ZL200910233475. 4	2011
18	一种结球甘蓝游离小孢子培养获得再生植株的方法	ZL201010018236. X	2012
19	一种适用于饲养螨虫等小型动物的手套箱	ZL201220019496. 3	2012
20	一种快速获得辣椒转基因植株的方法	ZL201110231054. 5	2012
21	一种蔬菜育苗穴盘的底盘	ZL201220366006. 7	2012
22	与番茄黄化曲叶病抗性基因 ty-2 连锁的分子标记方法	ZL201210073489. 6	2013
23	一种白色茄子的种质创新方法	ZL201110371902. 2	2013
24	农用日光温室	ZL201210229503. 7	2013
25	原生质体不对称融合制备抗霜霉结球甘蓝新种质的方法	ZL201110074018. 2	2013
26	日光温室	ZL201220303006. 2	2013
27	一种食用菌和蔬菜共作设施	ZL201220370807. 0	2013
28	一种日光温室用墙体保温材料	ZL201220224435. 0	2013
29	一种可组装全钢架双层充气日光温室	ZL201220474886. X	2013
30	农用日光温室	ZL201220320690. 5	2013
31	日光温室用保温夹心墙	ZL201220713441. 2	2013
32	一种 20 个磁头的磁力搅拌器	ZL201320025038. 5	2013
33	一种降温通气菇菜通用栽培大棚	ZL201220505055. 4	2013
34	一种快速测定双翅目昆虫对食用菌行为反应的嗅觉仪	ZL201220517085. 7	2013
35	一种用于牛蒡栽培的装置	ZL201320280361. 7	2013
36	一种食用菌出菇层架	ZL201420307987. 7	2014
37	一种中熟夏大豆品种种植方法	ZL201310016787. 6	2014
38	一种以中药渣为主要原料的蔬菜栽培基质及其制备方法	ZL201210338060. 5	2014
39	一种牛蒡栽培方法及使用的栽培装置	ZL201310189136.	2014
40	一种甘蓝漂浮育苗的方法	ZL201210414727. 5	2014
41	一种可促进草菇原基分化的草菇栽培方法	ZL201210380948. 5	2014
42	钢索牵拉型新型防虫网室	ZL201320556342. 2	2014

（续表）

	专利名称	专利号	授权时间（年）
43	检测喀西茄抗黄萎病基因 SacVe 的等位基因分子标记及引物和应用	ZL201310362711.9	2015
44	一种丝瓜瓜条培直种植方法	ZL201310324654.5	2015
45	一种早熟丝瓜品种春季高效种植方法	ZL201310324653.0	2015
46	一种绿色无公害叶用萝卜的栽培方法	ZL 201310324715.8	2015
47	一种多层可移动家庭用豆类芽苗菜培育装置	ZL201420387747.2	2015
48	一种半野生抗豆象小豆杂交获得抗豆象小豆的方法	ZL201310062684.3	2015
49	一种降低食用菌工厂化接种污染率的接种台	ZL201520256401.3	2015
50	一种牛蒡栽培方法及使用的栽培装置	ZL201310189136.7	2015
51	一种多功能防虫网室	ZL201520441632.1	2015
52	一种夏用塑料大棚	ZL201520129880.2	2015
53	一种草莓菱角水旱轮作栽培方法	ZL201210402126.2	2015
54	一种大豆 GmHKT 蛋白及其编码基因与应用	ZL201410368246.4	2016
55	一种培养结球甘蓝游离小孢子高效获得再生植株的方法	ZL201410655306.0	2016
56	一种抗黄萎病和枯萎病茄子胞质雄性不育系的选育方法	ZL201410638018.4	2016
57	塑料钢架大棚遮阳网	ZL201520818412.5	2016
58	一种抗豆象种质资源筛选装置	ZL201620107649.8	2016
59	蚕豆春化装置	ZL201620201376.3	2016
60	一种萝卜种质资源的种植方法	ZL201510590083.9	2017
61	一种萝卜种子的种植方法	ZL201510097612.1	2017
62	与辣椒抗黄瓜花叶病毒病基因 qcmv-2-1 连锁的分子标记及其应用	ZL201510753246.0	2017
63	番茄黄化曲叶病抗性基因 ty-5 的分子标记引物及其应用	ZL201510537148.3	2017
64	一种适合茄子的全营养无土栽培基质及其制备方法和应用	ZL201410573542.8	2017
65	穴盘育苗手工打孔器	ZL201720591907.9	2017
66	一种创制萝卜和芜菁属间杂种的方法	ZL201610339065.8	2018
67	一种创制芜菁和萝卜属间杂种的方法	ZL201610339098.2	2018
68	一种用于区分萝卜品种的 RAPD 引物及其应用	ZL201610044603.0	2018
69	一种番茄 Ty-3 基因和 ty-5 基因的多重 PCR 检测方法	ZL2015 1 0916229.5	2018
70	一种番茄 Ty-1 基因和 ty-5 基因的多重 PCR 检测方法	ZL2015 1 0917791.9	2018

（续表）

	专利名称	专利号	授权时间（年）
71	一种番茄 Ty-2 基因和 ty-5 基因的多重 PCR 检测方法	ZL201510916873.1	2018
72	一种番茄 Mi-1 基因和 ty-5 基因的多重 PCR 检测方法	ZL201510918171.7	2018
73	一种鉴定尖孢镰刀菌西瓜专化型生理小种的引物及其应用	ZL201510886243.4	2018
74	一种甜瓜白粉菌生理小种的快速鉴定方法	ZL201510052332.9	2018
75	一种提高结球甘蓝杂交种‘探春’制种产量与质量的方法	ZL201510434685.5	2018
76	一种大棚番茄搭架	ZL201720819683.2	2018
77	一种起垄打孔一体机	ZL201720983123.0	2018
78	一种大跨距多功能塑料大棚	ZL201820865737.3	2018
79	一种高温季节食用菌出菇大棚	ZL20172147000.3	2018

五、地方标准

据统计，截至2018年，共制定并颁布江苏省省级地方标准77项。

江苏省地方标准

序号	标准名称	标准号
1	‘江蔬6号’辣椒品种	DB32/T 573—2003（已废止）
2	无公害农产品小型西瓜有机基质栽培技术规程	DB32/T 678—2004
3	无公害农产品番茄有机基质栽培技术规程	DB32/T 679—2004
4	绿色食品杏鲍菇	DB32/T 682—2004
5	‘江蔬一号’丝瓜品种	DB32/T 810—2005
6	‘苏红2003’番茄品种	DB32/T 815—2005
7	‘苏甘8号’甘蓝品种	DB32/T 814—2005
8	‘苏粉9号’番茄品种	DB32/T 1125—2007
9	‘江蔬7号’辣椒大棚秋季延后栽培技术规程	DB32/T 1112—2007
10	‘苏椒11号’辣椒品种	DB32/T 1126—2007
11	‘江蔬一号’丝瓜生产技术规程	DB32/T 1113—2007
12	‘早抗京欣’西瓜品种	DB32/T 1111—2007
13	‘夏优一号’萝卜生产技术规程	DB32/T 1305—2008
14	大棚网纹甜瓜栽培技术规程	DB32/T 1302—2008
15	‘江蔬152’番茄日光温室栽培规程	DB32/T 1301—2008
16	‘苏粉10号’番茄品种	DB32/T 1304—2008

（续表）

序号	标准名称	标准号
17	‘苏甜 2 号’樱桃番茄品种	DB32/T 1303—2008
18	茄子设施栽培技术规程	DB32/T 1300—2008
19	‘苏椒 12 号’辣椒品种	DB32/T 1482—2009
20	麦（油菜）后茬辣椒生产技术规程	DB32/T 1483—2009（已废止）
21	辣椒杂交种子生产技术规程	DB32/T 1484—2009
22	‘春丰 007’结球甘蓝品种	DB32/T 1485—2009
23	‘冬甘 93’结球甘蓝品种	DB32/T 1486—2009
24	‘春冠’结球甘蓝品种	DB32/T 1487—2009
25	‘早豇 1 号’豇豆	DB32/T 1488—2009
26	‘早生翠鸟’大豆栽培技术规程	DB32/T 1489—2009
27	‘苏豆 5 号’大豆	DB32/T 1490—2009
28	‘苏豆 6 号’大豆	DB32/T 1491—2009
29	‘苏绿 5 号’绿豆品种	DB32/T 1492—2009
30	‘江蔬 6 号’辣椒品种	DB32/T 573—2009
31	彩色椒种植技术规程	DB32/T 1787—2011
32	‘苏椒 13 号’甜椒品种	DB32/T 1788—2011
33	‘苏粉 11 号’番茄品种	DB32/T 1794—2011
34	‘苏甜 1 号’樱桃番茄品种	DB32/T 1795—2011
35	‘苏粉 9 号’番茄日光温室长季节栽培技术规程	DB32/T 1793—2011
36	‘江苏皱皮丝瓜 1 号’品种	DB32/T 1789—2011
37	早春大棚丝瓜生产技术规程	DB32/T 1790—2011
38	‘苏蜜 6 号’西瓜品种	DB32/T 1865—2011
39	‘珍珠网纹’甜瓜品种	DB32/T 1866—2011
40	番茄品种抗番茄黄化曲叶病毒病鉴定方法与抗性评定技术规程	DB32/T 1867—2011
41	‘苏粉 9 号’番茄杂交种子生产技术规程	DB32/T 1868—2011
42	‘苏粉 11 号’番茄日光温室栽培技术规程	DB32/T 1869—2011
43	‘苏红 9 号’番茄品种	DB32/T 1870—2011
44	大中型蔬菜钢架防虫网室建设标准	DB32/T 1757—2011
45	‘江蔬肉丝瓜’丝瓜品种标准的研制	DB32/T 2017—2012
46	‘东方’小白菜品种标准的研制	DB32/T 2016—2012
47	甜瓜等级规格	DB32/T 2014—2012
48	西瓜等级规格	DB32/T 2015—2012
49	‘苏红 8 号’番茄品种	DB32/T 2018—2012

（续表）

序号	标准名称	标准号
50	‘苏崎3号’茄子早春大棚生产技术规程	DB32/T 2261—2012
51	‘苏粉12号’番茄品种	DB32/T 2257—2012
52	‘金陵甜玉’樱桃番茄品种	DB32/T 2256—2012
53	‘苏粉13号’番茄种子纯度SRAP分子标记鉴定方法	DB32/T 2258—2012
54	‘早生翠美’结球甘蓝设施大棚栽培技术规程	DB32/T 2262—2012
55	甘蓝品种纯度及真实性SSR分子检测方法	DB32/T 2260—2012
56	‘玉雪’白皮洋葱品种	DB32/T 2259—2012
57	番茄黄化曲叶病毒病综合防治技术规程	DB32/T 2255—2012
58	甜瓜‘苏甜2号’品种	DB32/T 2590—2013
59	‘春佳’小白菜品种	DB32/T 2552—2013
60	‘苏崎4号’茄子长季节栽培技术规程	DB32/T 2553—2013
61	扁豆‘苏扁1号’品种	DB32/T 2584—2013
62	红小豆‘苏红1号’品种	DB32/T 2586—2013
63	大豆‘苏豆8号’品种	DB32/T 2585—2013
64	绿豆‘苏绿2号’品种	DB32/T 2588—2013
65	大豆‘新大粒1号’品种	DB32/T 2598—2013
66	荷兰豆‘苏豌1号’品种	DB32/T 2565—2013
67	‘苏粉15号’番茄品种	DB32/T 2551—2013
68	‘金陵美玉’樱桃番茄品种	DB32/T 2550—2013
69	苏式日光温室（钢骨架）通用技术要求	DB32/T 1589—2013
70	大棚蔬菜水旱轮作模式	DB32/T 2991—2016
71	樱桃番茄品种‘金陵佳玉’	DB32/T 2989—2016
72	樱桃番茄品种‘金陵秀玉’	DB32/T 2988—2016
73	番茄品种‘苏粉13号’	DB32/T 2987—2016
74	辣椒品种‘苏椒15’	DB32/T 2985—2016
75	辣椒品种‘苏彩椒1号’	DB32/T 2990—2016
76	辣椒品种‘苏椒17号’	DB32/T 3284—2017
77	早春大棚苦瓜生产技术规程	DB32/T 3285—2017

第二节　主要论文与著作

一、主编（参编）著作

据统计，截至 2018 年，共编著著作 104 部，其中主编 97 部。

著作清单

序　号	著作名称	作　者	出版社	年　度
1	《怎样种西瓜》	江苏省农业科学院园艺室等	上海科学技术出版社	1978
2	《辣椒杂种优势的利用》	丁犁平主编	江苏科学技术出版社	1983
3	《西瓜的品种与栽培》	徐润芳、陈振武、郭辉编著	江苏科学技术出版社	1986
4	《塑料大棚综合利用》	沈善铜编著	江苏科学技术出版社	1987
5	《蔬菜》	丁犁平、汪兴汉、沈善铜等参编	安徽科技出版社	1987
6	《中国蔬菜品种资源目录》	丁犁平、饶隽民、陈桂芳、赵桂芬等参编	万国学术出版社	1991
7	《甜瓜栽培新技术》	马德伟、徐润芳编著	农业出版社	1993
8	《中国香菇》	金建康参编	上海科学技术出版社	1994
9	《中国主要蔬菜抗病育种进展》	徐鹤林、丁犁平、赵华崙等参编	科学出版社	1995
10	《番茄、辣椒、茄子优质高效栽培技术》	余文贵、孙洁波、杨起英编著	江苏科学技术出版社	1995
11	《棚室蔬菜高效栽培技术》	沈善铜主编	江苏科学技术出版社	1995
12	《甘蓝类蔬菜优质高效栽培技术》	丁万霞等编著	江苏科学技术出版社	1995
13	《西瓜甜瓜优质高效栽培新技术》	羊杏平主编	江苏科学技术出版社	1995
14	《主要豆类蔬菜栽培技术》	刁阳隆主编	江苏科学技术出版社	1995
15	《蔬菜良种繁育原理与技术》	王爱民等主编	中国农业出版社	1995
16	《食用菌栽培及其污染防治》	丁凤珍、姚萍编著	高等教育出版社	1995
17	《食用菌高产栽培 500 问》	周永才、丁凤珍等编著	江苏科学技术出版社	1995
18	《黄瓜、冬瓜、苦瓜优质高效栽培技术》	杨荣昌主编	江苏科学技术出版社	1995
19	《绿叶类蔬菜高效栽培新技术》	徐刚主编	江苏科学技术出版社	1996
20	《高档特需蔬菜栽培新技术》	徐鹤林等编著	江苏科学技术出版社	1996
21	《大白菜四季栽培技术》	袁希汉、苏小俊编著	江苏科学技术出版社	1996
22	《最新番茄品种与高效栽培法》	徐鹤林主编	中国农业科技出版社	1996

（续表）

序号	著作名称	作者	出版社	年度
23	《蔬菜良种繁育与杂交制种技术》	余文贵主编	江苏科学技术出版社	1996
24	《棚室西瓜、甜瓜栽培技术》	羊杏平主编	江苏科学技术出版社	1998
25	《棚室韭菜、大蒜栽培技术》	徐刚主编	江苏科学技术出版社	1998
26	《棚室蔬菜病虫害综合防治技术》	王述彬主编	江苏科学技术出版社	1998
27	《棚室茄子栽培技术》	杨起英主编	江苏科学技术出版社	1998
28	《棚室菜豆、豇豆、豌豆、毛豆栽培技术》	刁阳隆主编	江苏科学技术出版社	1998
29	《棚室平菇、蘑菇栽培技术》	丁凤珍主编	江苏科学技术出版社	1998
30	《棚室黄瓜、西葫芦、冬瓜、瓠瓜栽培技术》	庄勇主编	江苏科学技术出版社	1999
31	《棚室辣椒栽培技术》	刘金兵主编	江苏科学技术出版社	1998
32	《棚室番茄栽培技术》	余文贵、赵统敏主编	江苏科学技术出版社	1998
33	《棚室蔬菜实用栽培新技术》	沈善铜主编	江苏科学技术出版社	1998
34	《无土栽培蔬菜生产技术问答》	汪兴汉主编	中国农业出版社	1998
35	《棚室蔬菜病虫害综合防治技术》	王述彬编著	江苏科学技术出版社	1999
36	《番茄栽培实用技术》	赵统敏、余文贵、高军主编	江苏科学技术出版社	1999
37	《黄瓜栽培实用技术》	沈奇主编	江苏科学技术出版社	1999
38	《辣椒栽培实用技术》	王述彬主编	江苏科学技术出版社	1999
39	《西瓜栽培实用技术》	羊杏平主编	江苏科学技术出版社	1999
40	《豆类蔬菜栽培实用技术》	严继勇主编	江苏科学技术出版社	1999
41	《进口蔬菜栽培实用技术》	羊杏平主编	江苏科学技术出版社	1999
42	《蔬菜优质四季栽培——辣椒》	孙洁波主编	科学技术文献出版社	2000
43	《蔬菜优质四季栽培——茄子》	易金鑫主编	科学技术文献出版社	2000
44	《蔬菜优质四季栽培——白菜》	苏小俊主编	科学技术文献出版社	2000
45	《白菜类蔬菜栽培与病虫害防治技术》	苏小俊、庄勇、李彬、袁希汉编著	中国农业出版社	2001
46	《甘蓝类蔬菜栽培与病虫害防治技术 》	丁万霞、李建斌、严继勇编著	中国农业出版社	2001
47	《丝瓜、冬瓜、瓠瓜优质丰产栽培 》	苏小俊主编	科学技术文献出版社出版	2001
48	《茄果类蔬菜实用栽培技术 》	王述彬主编	江苏科学技术出版社	2001
49	《番茄栽培与病虫害防治技术 》	赵统敏主编	中国农业出版社	2001
50	《日光温室大棚蔬菜高效栽培技术》	徐刚主编	江西科学技术出版社	2002
51	《西瓜、甜瓜栽培与病虫害防治技术》	羊杏平主编	中国农业出版社	2002
52	《无公害叶菜类蔬菜生产技术》	徐刚主编	云南科技出版社	2002

（续表）

序 号	著作名称	作 者	出版社	年 度
53	《樱桃番茄优质丰产栽培》	刘金兵等主编	科学技术文献出版社	2003
54	《瓜类蔬菜栽培与病虫害防治技术》	严继勇、郭盈编著	中国农业出版社	2003
55	《食用菌病虫害彩色图谱》	宋金俤主编	江苏科学技术出版社	2004
56	《中国蔬菜实用新技术大全南方蔬菜卷》	袁希汉参编	北京科学技术文献出版社	2004
57	《茄果类精品蔬菜》	易金鑫、赵统敏、苏小俊编	江苏科学技术出版社	2004
58	《番茄杂交制种技术》	赵统敏、余文贵、张超等主编	中国农业出版社	2004
59	《食用菌生产大全》	宋金俤参编	江苏科技出版社	2004
60	《迷你南瓜》	严继勇、高兵编著	科学技术文献出版社	2005
61	《食用菌生产技术》	宋金俤主编	南京出版社	2005
62	《优质食（药）用菌生产实用技术手册》	宋金俤参编	中国农业出版社	2005
63	《樱桃萝卜（袖珍果蔬优质丰产栽培）》	苏小俊主编	科学技术文献出版社	2006
64	《抱子甘蓝（袖珍果蔬优质丰产栽培）》	李建斌等主编	科学技术文献出版社	2006
65	《最新樱桃番茄品种及优质高产栽培技术》	赵统敏等主编	中国农业出版社	2006
66	《茄果类蔬菜设施栽培新技术》	王述彬主编	江苏人民出版社	2006
67	《西甜瓜无公害标准化栽培技术》	羊杏平主编	中国农业出版社	2006
68	《西瓜甜瓜优质高效栽培新技术》	羊杏平主编	江苏科学技术出版社	2006
69	《设施西瓜甜瓜优质高效栽培新技术》	羊杏平主编	河海大学出版社	2006
70	《中国番茄》	徐鹤林、李景富主编	中国农业出版社	2007
71	《食用菌生产大全》第2版	宋金俤参编	江苏科技出版社	2007
72	《室内盆栽观赏果蔬大全》	羊杏平主编	江苏科学技术出版社	2008
73	《豆类蔬菜无公害高效栽培》	苏小俊主编	科学技术文献出版社	2008
74	《茄果类蔬菜无公害高效栽培》	苏小俊主编	科学技术文献出版社	2008
75	《西瓜、甜瓜无公害高效栽培》	苏小俊主编	科学技术文献出版社	2008
76	《瓜类蔬菜无公害高效栽培》	苏小俊主编	科学技术文献出版社	2008
77	《绿叶蔬菜无公害高效栽培》	苏小俊主编	科学技术文献出版社	2008
78	《室内盆栽观赏果蔬大全》	羊杏平等主编	江苏科学技术出版社	2008
79	《特色萝卜》	徐海、苏小俊、袁希汉编著	江苏科学技术出版社	2008
80	《瓜类作物大棚栽培技术图说》	羊杏平主编	江苏科学技术出版社	2009

（续表）

序　号	著作名称	作　者	出版社	年　度
81	《番茄栽培新技术》	余文贵、赵统敏编著	福建科学技术出版社	2010
82	《食用菌病虫图谱及防治》	宋金俤主编	江苏科学技术出版社	2011
83	《新编食用菌生产手册》	宋金俤参编	江苏科学技术出版社	2011
84	《食用菌生产大全》第 3 版	宋金俤参编	江苏科学技术出版社	2011
85	《绿豆、红豆与黑豆生产配套技术手册》	陈新等编著	中国农业出版社	2012
86	《豆类蔬菜生产配套技术手册》	陈新主编	中国农业出版社	2012
87	《青花菜高效生产新模式》	宋立晓等编著	金盾出版社	2012
88	《蔬菜无土栽培实用技术》	羊杏平参编	江苏科学技术出版社	2012
89	《平菇毛木耳金针菇高效栽培技术》	宋金俤主编	江苏科学技术出版社	2012
90	《辣（甜）椒安全生产技术指南》	王述彬、潘宝贵、刁卫平编著	中国农业出版社	2012
91	《辣（甜）椒设施栽培》	刘金兵、潘宝贵等	中国农业出版社	2013
92	《图说 15 种食用菌精准栽培》	宋金俤等主编	中国农业出版社	2013
93	《食用菌病虫识别与防治原色图谱》	宋金俤、曲绍轩、马林编著	中国农业出版社	2013
94	《辣椒高效生产新模式》	潘宝贵等编著	金盾出版社	2013
95	《丝瓜高效生产新模式》	苏小俊主编	金盾出版社	2013
96	《莴苣设施栽培》	徐刚主编	中国农业出版社	2013
97	《西瓜、甜瓜设施栽培》	徐锦华、羊杏平等编著	中国农业出版社	2013
98	《叶（茎）类蔬菜设施栽培》	徐海、宋波编著	中国农业出版社	2013
99	《茄子设施栽培》	周晓慧等	中国农业出版社	2013
100	《番茄设施栽培》	赵丽萍、赵统敏等编著	中国农业出版社	2013
101	《双孢蘑菇草菇鸡腿菇高效栽培技术》	宋金俤、侯立娟主编	江苏科学技术出版社	2014
102	《辣椒设施栽培技术示范》	王述彬、潘宝贵、刁卫平等	江苏凤凰科学技术出版社	2016
103	《香菇 茶树菇 黑木耳高效栽培技术》	宋金俤、侯立娟主编	江苏科学技术出版社	2018
104	《江苏省蔬菜产业组织模式案例研究报告》	沈贵银、王伟明等著	中国农业科学技术出版社	2018

备注：仅统计蔬菜所职工在职期间编撰的著作

二、发表科技论文概况

自 1988 年有年鉴统计记载以来，截至 2018 年，共发表专业论文 1 198篇，其中 SCI 收录论文 56 篇。

发表科技论文概况

年份	论文篇数	SCI 收录论文篇数
1988	13	
1989	21	
1990	16	
1991	37	
1992	22	
1993	29	
1994	29	
1995	38	
1996	17	
1997	15	
1998	24	
1999	31	
2000	22	
2001	26	
2002	22	
2003	18	
2004	28	
2005	24	
2006	44	
2007	58	
2008	45	
2009	54	
2010	49	
2011	58	1
2012	70	3
2013	54	1
2014	81	5
2015	84	7
2016	63	11
2017	53	9
2018	53	19
总计	1 198	56

第三节　获奖成果

一、获奖成果

据统计，截至 2018 年，院科技进步三等奖以上获奖成果 109 项，其中主持获得省科技进步三等奖及以上成果 30 余项。

部分院三等奖以上获奖成果（授奖年度以证书落款时间为准）

序号	成果名称	授奖年度	获奖级别	颁奖部门	备　注
1	抗烟草花叶病毒（TMV）番茄和耐热茄子一代杂种选育	1978	江苏省科学技术奖	江苏省革命委员会	主持
2	番茄优良杂种组合‘苏抗一号、二号’选育	1979	江苏省科学技术三等奖	江苏省革命委员会	主持
3	大白菜优良杂种组合‘早青’‘青石’‘青丰’选育研究	1979	江苏省科学技术三等奖	江苏省革命委员会	主持
4	不同授粉条件对人工杂交结实率的影响	1980	江苏省科学技术三等奖	江苏省革命委员会	主持
5	‘苏甜一号’的选育与应用	1980	江苏省科技进步奖	江苏省人民政府	主持
6	番茄罐藏品种‘佳丽矮红’和‘佳抗长红’选育	1981	江苏省科技进步奖	江苏省人民政府	主持
7	茄果类，豆类蔬菜地膜覆盖栽培技术及其早熟增产效果	1981	江苏省科技进步四等奖	江苏省人民政府	主持
8	主要蔬菜一代杂种优势利用的示范推广	1982	农牧渔业部科学技术二等奖	农牧渔业部	参加
9	全省大面积推广应用蔬菜地膜覆盖栽培技术	1982	江苏省农业技术改进二等奖	江苏省农林厅	主持
10	影响番茄辣椒耐贮性因素与贮藏保鲜技术研究	1982	院科学技术进步二等奖	江苏省农业科学院	主持
11	地膜覆盖技术的引进，试验与应用	1983	农牧渔业部科学技术改进一等奖	农牧渔业部	参加
12	蔬菜塑料大棚覆盖栽培技术研究	1984	江苏省科技进步四等奖	江苏省人民政府	主持
13	‘早丰一号’辣椒新品种的选育与应用	1985	江苏省科技进步三等奖	江苏省人民政府	主持
14	‘早丰一号’辣椒新品种的选育与应用	1985	农牧渔业部科技进步三等奖	农牧渔业部	主持
15	‘苏蜜一号’西瓜新品种的选育与应用	1985	江苏省科技进步三等奖	江苏省人民政府	主持
16	番茄病毒病源鉴定与抗源筛选及其利用	1985	院科技进步奖	江苏省农业科学院	主持
17	西瓜品种‘苏蜜一号’	1985	院科技进步奖	江苏省农业科学院	主持
18	不同颜色地膜在蔬菜上的应用及其引进试制	1985	院科技进步奖	江苏省农业科学院	主持
19	江苏省特产蔬菜开发利用研究	1986	江苏省科技进步三等奖	江苏省人民政府	主持

（续表）

序号	成果名称	授奖年度	获奖级别	颁奖部门	备 注
20	南京地区蔬菜高产，优质，多品种堵缺补淡综合技术措施研究	1986	江苏省科技进步四等奖/南京市科技进步二等奖	江苏省人民政府/南京市人民政府	主持
21	蔬菜塑料大棚综合利用技术的推广和应用	1986	江苏省农业技术改进三等奖	江苏省农林厅	参加
22	蔬菜抗病品种选育	1986	“六五”国家科技攻关奖	国家计划委员会、国家经济委员会、国家科学技术委员会、国家财政部	主持
23	江苏省西瓜大面积优质高产配套技术应用推广	1988	江苏省农业科学技术进步三等奖	江苏省农林厅	主持
24	苏抗系列红果番茄系列品种的选育与应用	1989	江苏省科技进步二等奖	江苏省人民政府	主持
25	农用岩棉的研制及其在蔬菜花卉栽培上的应用	1989	院一等奖	江苏省农业科学院	主持
26	特产蔬菜二水早大蒜引种开发利用技术研究	1989	院二等奖	江苏省农业科学院	主持
27	番茄抗烟草花叶病毒‘矮黄’亲本的选育及红果系列杂种一代的育成及利用	1990	国家科学技术进步三等奖	国家科学技术进步奖评审委员会	主持
28	蔬菜花卉岩棉培配套技术研究	1991	江苏省科学技术进步四等奖	江苏省人民政府	主持
29	芦笋组织培养生根与移栽成活率研究	1991	院三等奖	江苏省农业科学院	主持
30	厚皮甜瓜引种及其配套栽培技术	1991	院三等奖	江苏省农业科学院	主持
31	蔬菜种质资源的收集、研究和利用	1992	农业部科学技术进步二等奖	中华人民共和国农业部	参加
32	缸藏蘑菇新菌株选育	1992	国家对外经济济贸易科学技术三等奖	国家对外经济贸易部	主持
33	耐热大白菜制种技术研究	1992	院二等奖	江苏省农业科学院	主持
34	影响番茄辣椒耐贮性因素与贮藏保鲜技术研究	1992	院二等奖	江苏省农业科学院	主持
35	食用菌高产优质栽培技术	1993	江苏省科技进步二等奖	江苏省农林厅	主持
36	蔬菜种质资源的搜集、研究和利用	1993	国家科学技术二等奖	国家科学技术委员会	参加
37	番茄种间抗 TMV 和 CMV 基因转移技术	1993	农业部科技进步奖	中华人民共和国农业部	参加
38	芦笋组织培养快繁技术及其在育种上的应用	1993	对外经济贸易科学技术二等奖	国家对外贸易经济济合作部	参加
39	辣椒新品种‘苏椒二号’选育与应用	1993	江苏省科技进步二等奖	江苏省人民政府	主持

（续表）

序号	成果名称	授奖年度	获奖级别	颁奖部门	备　注
40	大棚规模化栽培及配套设施的研究	1993	农业部科学技术进步三等奖	中华人民共和国农业部	参加
41	塑料遮阳网在蔬菜生产上的应用机理及配套技术	1994	江苏省科技进步四等奖 江苏省农业科学技术进步二等奖	江苏省人民政府 江苏省农林厅	参加
42	利用黄瓜花叶病毒外壳蛋白基因提高番茄抗病能力	1994	科学进步技术二等奖	国家教育委员会	参加
43	猴头新菌株‘猴丰一号’选育及其应用	1994	院科技进步二等奖	江苏省农业科学院	主持
44	优质多抗粉果系列番茄品种‘苏抗 7、8、9’号的选育与应用	1995	江苏省科技进步二等奖	江苏省人民政府	主持
45	‘罐藏蘑菇 17/2/3 号’菌株的示范	1995	国家对外经济贸易科学技术三等奖	国家对外经济贸易部	主持
46	中国番茄主要病毒病毒原鉴定和抗源筛选创新及利用	1996	农业部科学技术进步二等奖	中华人民共和国农业部	主持
47	优质多抗丰产苏抗粉果系列番茄新品种选育与应用	1996	国家科学技术进步奖三等奖	国家科学技术委员会	主持
48	高效节能实用蔬菜无土栽培技术	1996	农业部科学技术进步奖二等奖	中华人民共和国农业部	参加
49	甘蓝新品种‘春丰’和‘苏晨 1 号’选育与应用	1996	江苏省科技进步三等奖	江苏省人民政府	主持
50	日光温室优化设计及综合配套技术	1997	农业部科学技术进步奖三等奖	中华人民共和国农业部	参加
51	中国番茄主要病毒病毒原鉴定和抗源筛选创新及利用	1997	国家科学技术进步二等奖	国家科学技术委员会	主持
52	苏椒系列［苏椒 2 号、苏椒 5 号、苏椒 3 号（A）］选育及育种技术研究	1998	农业部农业科学技术进步二等奖	中华人民共和国农业部	主持
53	蔬菜多发性、突发性病虫害发生规律及监控技术	1998	江苏省科技进步三等奖	江苏省人民政府	参加
54	辣椒种质资源抗病性鉴定及抗病基因的发掘与利用研究	1998	湖南省科学技术进步三等奖	湖南省科技进步奖评审委员会	参加
55	大棚栽培及配套技术研究	1998	国家科技成果奖	国家科学技术委员会	参加
56	露地越冬栽培的春甘蓝系列新品种春丰春雷春眠的选育及应用	1998	院科技进步二等奖	江苏省农业科学院	主持
57	叶菜类蔬菜抗虫转基因技术研究	1999	国家对外经济贸易科学技术二等奖	国家对外贸易经济济合作部	参加
58	耐热大白菜‘夏丰’‘双冠’新品种选育、研究和应用	1999	江苏省科技进步二等奖	江苏省人民政府	主持
59	蔬菜重要病毒病的病原、流行和分子生物学研究	1999	农业部科技进步三等奖	中华人民共和国农业部	参加
60	甘蓝系列品种的开发利用	1999	院科技开发特等奖	江苏省农业科学院	主持

（续表）

序号	成果名称	授奖年度	获奖级别	颁奖部门	备注
61	苏抗系统番茄新品种开发	1999	院科技开发二等奖	江苏省农业科学院	主持
62	苏崎茄品种开发利用	1999	院科技开发三等奖	江苏省农业科学院	主持
63	茄子优良一代杂种——‘苏崎茄’的选育及推广应用	2000	江苏省科技进步三等奖	江苏省人民政府	主持
64	主要农作物241份优异种质的鉴定、筛选、创新及利用	2001	国家重点科技攻关计划重大科技成果奖	农业部科技教育司	参加
65	苏南地区设施园艺优质高效配套关键技术研究和应用	2002	院科技进步一等奖	江苏省农业科学院	主持
66	‘81-6’等菜豆新品种选育与推广应用	2002	院科技进步一等奖	江苏省农业科学院	主持
67	设施蔬菜优质高产及无公害生产技术	2002	院科技进步二等奖	江苏省农业科学院	主持
68	‘江蔬一号’丝瓜新品种研究与利用	2005	南京市科技进步三等奖	南京市人民政府	参加
69	设施蔬菜有机栽培技术体系研究与应用	2005	院科技进步二等奖	江苏省农业科学院	主持
70	食用菌安全高效杀虫剂研制及其开发	2007	院科技进步三等奖	江苏省农业科学院	主持
71	江苏沿海西甜瓜优质高效设施栽培新技术研究与开发	2007	中华农业科技奖三等奖	农业部、神农中华农业科技奖奖励委员会	参加
72	优质、高产大豆新品种选育及利用	2008	江苏省科技进步三等奖	江苏省人民政府	主持
73	食用菌安全高效生产新技术集成与推广	2008	江苏省农业技术推广二等奖	江苏省人民政府	主持
74	江蔬系列辣椒新品种（1-7号）选育与应用	2009	江苏省科学技术进步奖二等奖	江苏省人民政府	主持
75	食用豆新品种选育及高产高效栽培技术与产业化	2010	江苏省科学技术进步奖三等奖	江苏省人民政府	主持
76	‘春丰007’、‘春眠’、‘苏甘8号’的选育与应用	2011	江苏省科学技术进步奖三等奖	江苏省人民政府	主持
77	设施西瓜新品种及优质高效生产技术集成推广	2011	江苏省农业技术推广一等奖	江苏省人民政府	参加
78	‘春丰007’等系列甘蓝品种的选育与应用	2011	中华农业科技科研类成果奖三等奖	农业部、中国农学会	主持
79	优异丝瓜种质的发掘及杂交化品种的创制与应用	2012	江苏省科学技术进步奖三等奖	江苏省人民政府	主持
80	抗番茄黄化曲叶病番茄育种技术、品种创新与综合防控技术应用	2014	院科学技术奖一等奖	江苏省农业科学院	主持
81	‘金陵美玉’等系列番茄品种产业化	2014	院科技成果转化奖	江苏省农业科学院	主持
82	‘博春’等系列甘蓝品种产业化开发	2014	院科技成果转化奖	江苏省农业科学院	主持

（续表）

序号	成果名称	授奖年度	获奖级别	颁奖部门	备注
83	‘苏椒 11 号’等系列辣椒品种产业化开发	2014	院科技成果转化奖	江苏省农业科学院	主持
84	抗番茄黄化曲叶病番茄育种技术、品种创新与应用	2015	江苏省科学技术奖三等奖	江苏省人民政府	主持
85	食用菌安全高效生产技术集成推广	2015	江苏省农业技术推广奖三等奖	江苏省人民政府	主持
86	设施茄子新品种选育与标准化生产技术的研究应用	2015	南通市科技进步奖一等奖	南通市科技局	参加
87	耐热小白菜新品种及高效安全生产技术集成推广	2015	江苏省成果推广奖三等奖	江苏省人民政府	参加
88	小白菜新品种引进与稀播免移栽技术集成示范与推广	2015	兴化市科技进步奖二等奖	兴化市科技局	参加
89	高产多抗广适绿豆新品种及应用	2014	北京市科技进步奖三等奖	北京市人民政府	参加
90	绿豆优异基因资源挖掘与创新利用	2015	中华农业科技奖一等奖	中华人民共和国农业部、中国农学会	参加
91	淮北地区设施茄果类蔬菜生态安全高效栽培技术示范推广	2015	江苏省农业丰收奖一等奖	江苏省人民政府	参加
92	蔬菜设施构型优化与高效栽培技术集成推广	2015	江苏省农业技术推广奖一等奖	江苏省人民政府	参加
93	草菇周年工厂化栽培关键技术及产业化应用	2015	江苏省成果推广二等奖	江苏省人民政府	参加
94	优质抗病大豆 新品种选育与高效栽培技术示范推广	2016	江苏省科技进步奖二等奖	江苏省人民政府	主持
95	辣椒设施栽培技术示范	2017	江苏省农业科学院社会科学优秀成果奖二等奖	江苏省农业科学院	主持
96	蚕蛹高附加值深加工关键技术研究及应用	2017	教育部技术发明奖二等奖	教育部	参加
97	新发重大入侵病害番茄黄化曲叶病毒病绿色防控技术研发及推广应用	2017	神农中华农业科技奖三等奖	中华人民共和国农业部、中国农学会	参加
98	新发毁灭性番茄黄化曲叶病绿色防控技术的基础研究与推广应用	2017	中国热带作物学会科技进步奖二等奖	中国热带作物学会	参加
99	优质、耐寒结球甘蓝新品种选育与应用	2018	江苏省科技进步奖三等奖	江苏省人民政府	主持
100	苏蜜系列西瓜品种与轻简化技术创新和应用	2018	江苏省科学技术奖三等奖	江苏省人民政府	主持
101	优质、多抗设施专用西瓜新品种选育与应用	2018	南京市科学技术奖三等奖	南京市人民政府	主持
102	冬春甘蓝新品种选育及优质高效生产技术集成应用	2018	江苏省农业技术推广奖三等奖	江苏省人民政府	参加

（续表）

序号	成果名称	授奖年度	获奖级别	颁奖部门	备　注
103	绿色高效蔬菜产业链技术集成与推广	2018	江苏省农业技术推广奖三等奖	江苏省人民政府	参加
104	蔬菜新发重要病毒病害检测预警和综合防控技术应用	2018	山东省科技进步二等奖	山东省人民政府	参加
105	设施瓜果蔬菜新品种及高效栽培技术集成与推广	2018	江苏省农业技术推广奖三等奖	江苏省人民政府	参加
106	优质萝卜种质资源创制、新品种选育与应用	2018	徐州市科学技术奖三等奖	徐州市人民政府	参加
107	青花菜产业化开发关键技术集成与示范推广	2018	江苏省农业丰收奖一等奖	江苏省农业农村厅	参加
108	蔬菜高效模式集成创新与示范推广	2018	江苏省农业丰收奖二等奖	江苏省农业农村厅	参加
109	农业废弃物资源化循环利用关键技术集成与推广应用	2018	江苏省农业丰收奖一等奖	江苏省农业农村厅	参加

二、代表性成果简介

根据资料整理，主持成果获部省科技进步奖三等奖以上奖项 30 余项。

1. 中国番茄主要病毒病毒原鉴定和抗源筛选、创新和利用

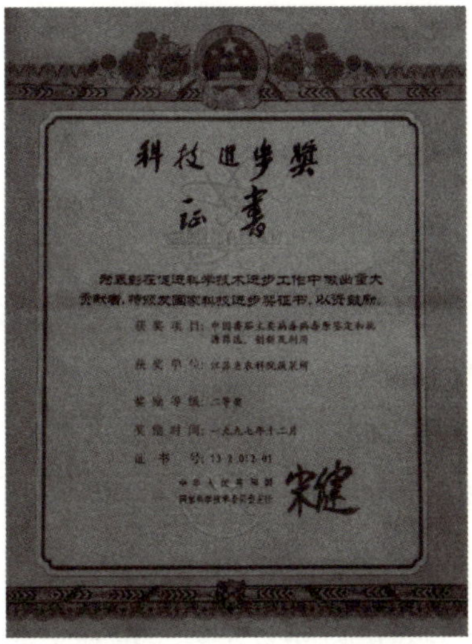

国家科技进步二等奖，1997 年

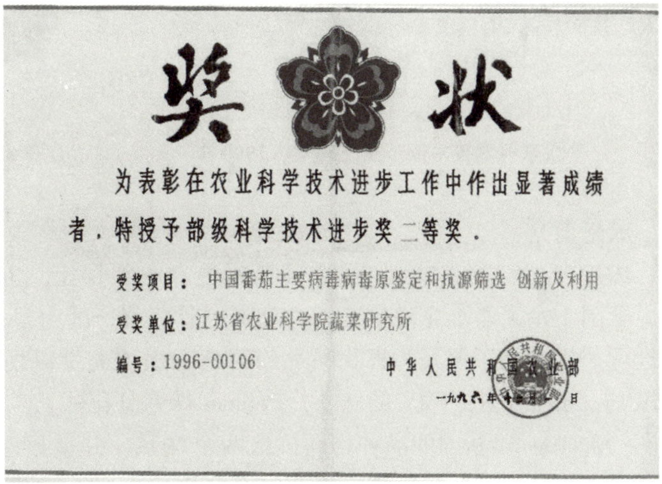

农业部科技进步奖二等奖，1996 年

成果简介：

蔬菜所等 12 个单位于 1983—1995 年协作完成的一项重大科技成果，在全国范围内开展番茄病毒病原鉴定、株系分化在国际上尚属首次。利用基因工程手段创造的双抗番茄新抗源和培育出的番茄新品种居国际领先地位。

（1）首次对中国 30 个省、市番茄病毒病主要毒原种类进行全面、系统的鉴定。

（2）率先鉴定了 30 个省、市番茄上 TMV 的株系。

（3）世界上首次建立了番茄 CMV 株系鉴别寄主谱和鉴别方法，并划分了中国各省、市番茄的 CMV 株系。

（4）建立了快速、准确的番茄苗期规范化的多抗性鉴定方法。

（5）大规模的抗源筛选与利用。从国内外 5 000余份番茄材料中筛选出高抗或免疫 TMV 材料 58 份，抗 MTV 材料 205 份，中抗 CMV 材料 30 份，并利用这些抗源育成抗病番茄新品种 32 个。

（6）新抗源的创造与利用。利用根癌土壤杆菌 Ti 质粒转化系统，将 CMV 外壳蛋白基因和 CM 卫星 RNA 反义基因分别成功地导入番茄优良品种中，创造出 8805-1-1-1、8805R4-1-2-1 和 294-4 三个新抗源。

2. 番茄抗烟草花叶病毒‘矮黄’亲本的选育及红果系列杂种一代的育成及利用

苏抗系统红果番茄系列品种的选育

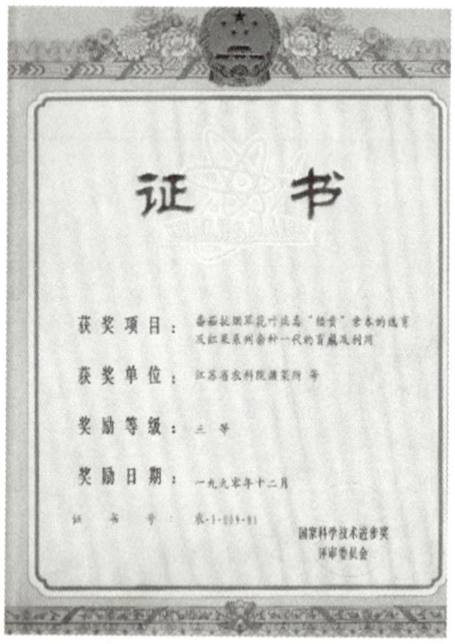
证书

获奖项目：番茄抗烟草花叶病毒“矮黄”亲本的选育及红果系列杂种一代的育成及利用

获奖单位：江苏省农科院蔬菜所 等

奖励等级：三 等

奖励日期：一九九零年十二月

国家科学技术进步奖评审委员会

国家科学技术进步奖三等奖，1990 年

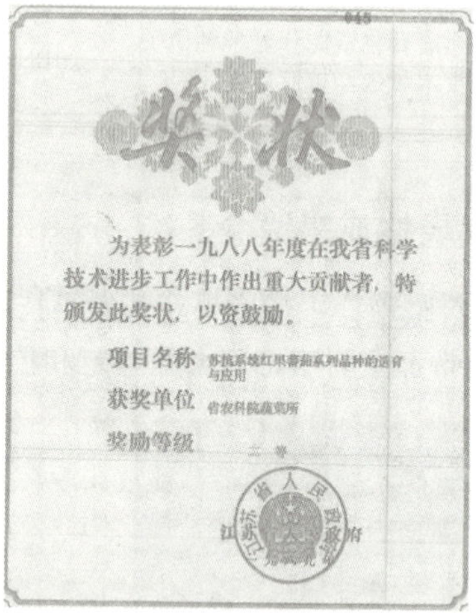
奖状

为表彰一九八八年度在我省科学技术进步工作中作出重大贡献者，特颁发此奖状，以资鼓励。

项目名称 苏抗系统红果番茄系列品种的选育与应用

获奖单位 省农科院蔬菜所

奖励等级 二 等

江苏省人民政府

江苏省科学技术进步奖二等奖，1989 年

成果简介：

1979 年，江苏省农业科学院蔬菜所受农业部委托，主持全国番茄抗病育种协作组工作，组织了全国十余家番茄育种单位，对全国主要蔬菜产区为害番茄的病毒病种类及烟草花叶病毒的株系进行了检测。了解到为害我国番茄的病毒病种类是以烟草花叶病毒（TMV）和黄瓜花叶病毒（CMV）为害为主；TMV 的株系（Pelhom 株系分化法），“0”株系为害为主，“1”株系也分布较广。含 Tm-2^{nv}基因的品种均高抗这两个株系，并呈显性单基因遗传。因此在抗病育种理论上证实我们育种方向的正确性。在此同时又提出 Tm-2^{nv}基因的开发利用及转育工作，推动了此次技术迅速的展开及应用。

1975 年，江苏省农业科学院蔬菜所从美国引进 Manapal Tm-2^{nv}（代号 201），经鉴定高抗番茄烟草花叶病毒，抗病基因 Tm2 与隐性黄化基因 nv 连锁，叶色黄绿色、无限生长型，红果、结果少，成熟期晚，将其作亲本与当地主栽品种杂交，发现一代杂种有极显著的杂种优势，表现为抗病、丰产、果实大、红果、品质佳、风味浓、果中熟和中晚熟，定名为‘苏抗一号’（北京早红×201F_1），‘苏抗二号’（524×201 F_1），‘苏抗三号’（402×201 F_1），其缺点是不够早熟。1986

年，用矮秧、早熟、丰产、不抗病的‘北京早红’与‘201’杂交，把‘北京早红’的早熟、封顶的优良性状转育到‘201’上，经多代选择出 F4 代，表现黄苗、封顶，早熟等性状基本稳定，命名为‘矮黄’。再以其为亲本与当地主栽品种杂交，表现早熟性优于‘苏抗 1—3 号’，命名为‘苏抗四号’（矮黄×524），‘苏抗五号’（矮黄×402），‘苏抗六号’（矮黄×北早）。

1979 年，东北农学院园艺系用江苏省农业科学院蔬菜所的‘矮黄’与早熟丰产品质好的‘早粉二号’配制一代杂种，其表现封顶、早熟、丰产、生长势强、红果、中大果、品质好，命名为‘东农 702’。

在 1983—1987 年的全国鲜食番茄新品种二轮区试中，经 26 个品种 15 个区试点的表现，对早熟性、丰产性、抗病性、果型大小及可溶性固形物含量等五项指标综合评定，‘苏抗四号’和‘东农 702’分别获得第一轮和第二轮区试早熟组的第一名。‘苏抗三号’获得第一轮区试中熟组的第一名。‘苏抗五号’‘苏抗六号’通过了江苏省番茄品种区试。1984 年，‘苏抗五号’通过了江苏省品种审定委员会的审定。1986 年，‘东农 702’通过了黑龙江省品种审定委员会审定。

江苏省农业科学院蔬菜所番茄课题组，在国内首次明确了 Manapal $Tm-2^{nv}$ 抗性，并利用 Manapal $Tm-2^{nv}$ 基因材料进行抗病基因转育工作。1975 年，将 Manapal $Tm-2^{nv}$ 作为亲本选配组合，确定了一代杂种的抗病性。1980 年，首先成功地将该基因转育到早熟番茄亲本‘矮黄’和‘黄粉’中，育成的抗病一代苏抗红果番茄“苏抗 4 号、5 号、6 号”，在生产上大规模推广应用。美国 1982 年才在番茄遗传和育种年报上，报道该基因的优势。苏抗红系列番茄育成以来，累计推广的面积达 30 余万亩，产量比当地品种增产 30%~50%，累计增值 1.0 亿~1.5 亿元。上海、浙江、重庆等地有关农业研究单位，先后从江苏省农业科学院蔬菜所引进 $Tm-2^{nv}$ 抗源‘201’及‘矮黄’，培育成红果系列和粉果系列品种，全国推广面积占番茄种植面积的 60%~80%，累计种植面积达 150 万亩，增值 5 亿元以上。

3. 优质多抗丰产苏抗粉果系列番茄新品种的选育与应用

科技進步獎

証書

为表彰在促进科学技术进步工作中做出重大贡献者，特颁发国家科技进步奖证书，以资鼓励。

获奖项目：优质多抗丰产苏抗粉果系列番茄新品种的选育与应用

获奖单位：江苏省农业科学院蔬菜研究所

奖励等级：三等奖

奖励时间：一九九六年十二月

证书号：13-3-008-01

中华人民共和国

国家科学技术委员会主任　宋健

国家科技进步三等奖，1996 年

成果简介：

由江苏省农业科学院蔬菜所主持完成的“优质多抗丰产苏抗粉果系列番茄新品种的选育与应用”属国家“六五”和“七五”攻关项目成果。在粉果型番茄抗 TMV 育种、$Tm-2^{nv}$ 和 Tm1 相结合提高 CMV 耐病性、新品种系列化选育等方面在国内具有首创性，科学技术水平属于国内一流。

利用 Manapal 抗源 $Tm-2^{nv}$ 和 TM1 转育，选配成抗病粉果型番茄系列品种，包括‘苏抗 7 号’‘苏抗 8 号’‘苏抗 9 号’，填补了国内番茄抗 TMV 新品种的空白。

Manapal $Tm-2^{nv}$ 抗源材料的抗病基因为 TM2 显性基因，它与 nv 黄化隐性基因相连锁，其本身表现抗 TMV 的同时，也表现黄化，果小产量低。在与非抗病材料杂交后，其一代能表现抗病和正常的植株生长，具有很强的杂种优势，在转育选配成抗 TMV 红果杂交种的基础上，转育抗 TMV 粉果材料完全可以，因为红果和粉果是一对等位基因，只是红果对粉果色为显性而已，两者杂交在后代中能分离出粉果和抗 TMV 的株系。通过 TMV 苗期人工接种可以。根据当时的 TMV 株系分化发现优势株系为 TMV“0”和“1”，而 $Tm-2^{nv}$ 可高抗这两个株系，所以选育成的粉果抗病品种级能长期应用。另外，番茄人工杂交制种技术已开始推广示范并逐步普及，杂优利用完全可以。另根据报道 Tm1 和 Tm2 复合作用下，可使品种抗 TMV 的同时耐 CMV，当时已有含 Tm1 的品种‘强力米寿’为粉红果。

1979 年夏季，配制组合，1979 年秋冬季，开始以每年两季的转育筛选方式进行定向选择和接种鉴定，到 1981 年春‘黄粉’‘524 粉’‘弗粉’已基本定型并定名，随后以‘黄粉’为母本配制了‘黄粉×早粉 2 号’‘黄粉×524 粉’‘黄粉×弗粉’等杂交组合 12 个，连续每年两季比较试验，并最终确定了上述三组合，定名为‘苏抗 9 号’‘苏抗 8 号’和‘苏抗 7 号’。

由于理论依据可靠，技术路线正确可行，从方案开始实施到基本达到目标仅用了三年时间，这在农作物育种中应属高速高效。这三个组合均高抗 TMV，而且耐 CMV，同时抗枯萎病，其中‘苏抗 9 号’为早熟组合，‘苏抗 8 号’为早中熟组合，‘苏抗 7 号’为中晚熟组合。加之，配套推广番茄人工杂交制种技术，在全国形成了很大影响力。

该系列品种通过了江苏省第二轮番茄新品种区域试验和生产试验，其中‘苏抗 9 号’‘苏抗 8 号’分别 1986 年、1987 年通过了江苏省农作物品种委员会的审定，并在江苏省及周边地区大面积推广应用。在 1986—1987 年第二轮全国番茄新品种区试和生产试验中，‘苏抗 9 号’早熟组综合评比第一名；‘苏抗 7 号’列中晚熟组综合评比第一名。‘苏抗 9 号’于 1990 年被国家科委列为“国家科技成果重点推广计划”（农 1-4-0-13），1991 年通过全国农作物品种审定委员会的审定。‘苏抗 7 号’和‘苏抗 8 号’通过了“六五”国家攻关项目的验收，‘苏抗 9 号’通过了“七五”国家攻关项目验收。

‘苏抗 7 号’‘苏抗 8 号’‘苏抗 9 号’在全国二十多个省市自治区推广栽培时产量比之前的主栽品种提高 30%~60%，同时减少了病虫害防控的农药用量，提高了产品的安全性和降低了环境污染，经济效益和社会效益显著。1990 年以后，每年推广面积均在 10 万~15 万亩。

据 1994 年底不完全统计，江苏省累计推广 56.68 万亩，全国累计推广 97.18 万亩。另有上海、四川自贡、河北唐山、辽宁本溪等地区未作统计，估计应用面积达 20 万亩。1995 年新推广面积约 15 万亩。总计推广近 132 万亩。

‘苏抗 7 号、8 号、9 号’的成功选育，成为很多科研单位借鉴的楷模，纷纷引种研究，选育出不同的粉果番茄抗病品种，促进了粉果番茄在全国的周年生产。

4.‘早丰一号’辣椒新品种选育与应用

成果简介：

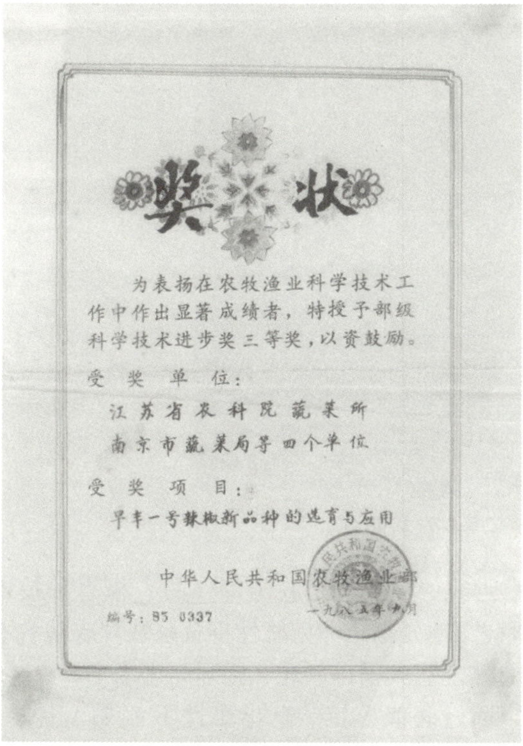

奖状

为表扬在农牧渔业科学技术工作中作出显著成绩者，特授予部级科学技术进步奖三等奖，以资鼓励。

受奖单位：

江苏省农科院蔬菜所

南京市蔬菜局等四个单位

受奖项目：

早丰一号辣椒新品种的选育与应用

中华人民共和国农牧渔业部

编号：85 0337

一九八五年

农牧渔业科学技术进步奖三等奖，1985 年

奖状

为表扬一九八四年度在我省科学技术工作中作出显著贡献者，特颁发此奖状，以资鼓励。

成果名称 早丰一号辣椒新品种的选育与应用

受奖者 省农科院蔬菜所、南京市蔬菜局、南京市雨花区蔬菜局、红花乡人民政府

等级 三等

江苏省人民政府

一九八五年

江苏省科学技术进步奖三等奖，1985 年

该成果由省、市、区、乡共同开展协作攻关，从 1967 年开始研究辣椒杂优利用，首先突破良种选育关，继又突破人工制种关，研究出优质高产的杂种制种技术，育成‘早丰一号’杂交一代良种，并在亲本繁育、推广人工制种技术和良种良法栽培方面做了大量工作，在生产上大面积推广，成为南京、上海、南昌、马鞍山、淮南、淮北等十余个大中城市的主栽品种。‘早丰一号’辣椒品种早熟、丰产，商品性好、适应性强，尤其适合保护地栽培，各地增产增效显著。青椒提前上市 1~2 周，最高亩产6 500千克以上，创历史纪录；提高经济收入 50%~200%。杂交种亩产 25~40 千克，最高 60 千克。每年栽培面积 2 万亩以上，累计推广面积 8 万亩以上。每亩净收益 300 元以上，累计经济效益达2 400万元。该品种经江苏省农作物品种审定委员会认定通过，南京市标准计量局已发布质量标准化规程。在生产上可进一步推广。

5. 苏椒系列［‘苏椒 2 号’‘苏椒 5 号’‘苏椒 3 号（A）’］选育及育种技术研究

成果简介：

‘苏椒 5 号’‘苏椒 2 号’‘苏椒 3 号（A）’分别为早熟、中熟、晚熟辣椒品种。耐低温耐弱光、或耐高温、高湿，高产、稳产，优质，抗两种以上病害。完成了辣椒胞质雄性不育（CMS）“三系配套”技术研究，‘碧玉’甜椒为国内第一个通过省级审定的由甜椒 CMS 配制的‘甜 A×辣 R’一代杂种，并完成生产上大面积制种技术研究。

早在 1976 年，蔬菜所先后开展了适于露地及保护地栽培的抗病、高产、优质辣椒新品种选育研究。先后承担了国家“六五”“七五”“八五”攻关及农业部“九五”重点课题“辣（甜）椒新品种选育及育种技术研究”，为专题第一主持单位。科技人员经过十余年的刻苦研究，先后选育出一批多抗、优质、丰产，适宜保护地、露地栽培，早中晚熟配套，鲜食加工兼用的优良辣椒品种，同时完成了育种技术的研究。

农业部农业科学技术进步奖二等奖，1998 年

辣（甜）椒雄性不育三系配套及大面积制种技术研究的完成，是我国辣（甜）椒育种技术上的一大突破。首先完成辣椒雄性不育系的细胞学研究，率先报道甜椒雄性不育系选育成功，不育系大面积制种平均亩产达 40 千克。上述研究成果总体上达到国内领先、国际先进水平。

辣椒胞质雄性不育三系配套技术研究于 1994 年通过省级鉴定。选出雄性不育 21A 辣椒、17A 及 8A 甜椒，配制 21A×LS3、8A×LS7（甜×辣）组合，中早熟，抗病丰产，已通过江苏省审定，定名“碧玉椒”。

完成三系配套大面积制种技术研究。人工辅助授粉亩产杂交种子 40 余千克，比去雄杂交提高功效一倍以上，且保证种子纯度。

‘苏椒 2 号’‘苏椒 3 号（A）’适宜春夏露地栽培，‘苏椒 5 号’宜作保护地春提前或秋延后栽培。累计推广面积 254.7 万亩以上，取得显著的社会效益。

同时，根据双亲优良性状优势互补原理配制半辛辣椒一代杂种‘苏椒 2 号’‘苏椒 3 号（A）’及‘苏椒 5 号’，在生产上大面积推广应用，产生了巨大的经济效益和社会效益。

‘苏椒 2 号’为中熟粗牛角椒，亩产4 000~5 000千克，单果重 3 克，最大单果重 60 克，果色深绿，微辣。维生素 C 含量 112.7 毫克/100 克鲜重。经国家攻关组人工苗期接种鉴定，抗江苏等五个地区 TMV，耐江苏、吉林的 CMV。多点大田调查，耐炭疽病。适应性广，特别在高温、高湿地区，表现果大、高产。

‘苏椒 3 号’[‘苏椒 3 号（A）’]，1986 年通过江苏省审定，并通过全国辣椒中间试验，为中晚熟羊角型辣椒。生产势强，挂果多，单果重 35 克以上，维生素 C 含量 142.1 毫克/100 克鲜重。抗 TMV，耐 CMV，抗炭疽病，耐高温。亩产3 000~4 000千克，最高5 000千克以上，是解决伏缺和南菜北运及制酱的理想品种。

‘苏椒 5 号’是“八五”期间选育适于保护地栽培的早熟大果、耐低温弱光、微辣型品种。分别于 1993 年、1994 年及 1996 年通过江苏、四川及全国审定。平均亩产3 150千克，比‘湘研一号’增产 25.4%，亩增 639 千克。抗 TMV，中抗疫病，维生素 C 含量 72.38 毫克/100 克鲜重。果实膨大快，连续结果性强，前期产量高，皮薄肉厚，口感好。

成果已经推广至江苏、安徽、山东、浙江、四川、重庆、广东、湖北等省，推广面积达 254.7 万亩，创造社会经济效益 179.64 亿元，新增利税 89.84 亿元。新品种及育种技术研究总体上达到国内领先水平，部分研究达到国际先进水平。

6. 罐藏蘑菇新菌株选育

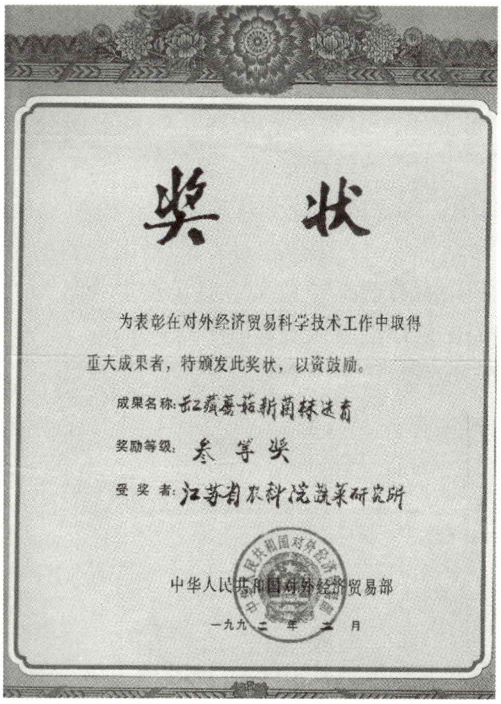
奬状

为表彰在对外经济贸易科学技术工作中取得重大成果者，特颁发此奖状，以资鼓励。

成果名称：缶工藏蘑菇新菌株选育

奖励等级：叁等奖

受奖者：江苏省农科院蔬菜研究所

中华人民共和国对外经济贸易部

一九九二年二月

国家外经贸部对外经济贸易科技工作重大成果奖三等奖，1992 年

成果简介：

该项目研究从省内外引进 29 个在生产上表现较好的蘑菇菌株的基础上，先后进行了观察、评比、鉴定筛选。从表现优良的菌株提纯复壮，孢子分离，从中筛选出综合性状表现优良的菌株 5 个。经中试进一步比较，以 3 个点生型菌株表现突出，分别编号为 2 号、3 号、17 号。这三个气生型菌株其产量和成品菇平均超过对照品种鉴定 31，其中 17 号菌株比对照增产 40%以上。经加工制罐检测，这三个菌株加工制罐性状和制罐质量优于对照种，具体表现为菇形外观佳，色泽好，整菇平高，制罐吨耗低。其整菇本比对照料提高 30%以上，是加工制罐的优良菌株。同时，总结出相应的丰产优质配套栽培技术，为其推广利用提供相应的良种良法。

该项目研究设计合理，技术路线正确，资料完整，数据可靠，所获成果在省内同类研究中处于先进水平。

社会效益：江苏省蘑菇栽培面积今年在6 000万平方米左右，罐头出口任务是 1.2 万吨。历年来，江苏省主要栽培制罐型菌种，加工吨耗在1 000千克左右。新选菌株吨耗分别为 17 号 843 千克/吨，2 号 893 千克/吨，3 号为 796 千克/吨，若以每生产 1 吨蘑菇罐制，新菌株即可减少 100 千克。全省每年加工 1.2 万吨即可减少鲜菇损耗 120 万千克节约成本开支 360 万元。

利用匍匐型菌株加工成罐头，整菇率一般为 30%~40%，而新选菌株 17 号为 82.5%，2 号为 85.2%，3 号为 92.6%。根据当时国际市场每吨整菇价格比碎菇高出1 500~2 000元，江苏省每年可多创汇 720 万~960 万元（折合成人民币）。同时高质量的蘑菇罐头也有利于提高江苏省产品在国际市场上的竞争力。

7. 罐藏蘑菇 17 号、2 号、3 号菌株的示范（外贸部科技进步三等奖，1995 年度）

成果简介：

该项目研究，根据罐藏蘑菇出口加工的需要，在育成适合加工出口的优良罐藏蘑菇 17 号、2 号、3 号新菌株的基础上，组织在全省示范推广，采取多方面合作和宣传、培训、示范相结合，良种良法相配合的技术路线，3 年间，在省内太仓、昆山、如皋、金坛、盐城等 10 多个市县蘑菇重点产区3 000多户示范推广，面积达 200 多万平方尺（1 平方尺约为 0.11 平方米），单产比现有大面积栽培的生气型品种‘19-4’‘嘉定 31’增产 16%~30%，一级菇占总产的 85%以上，一、二级菇占 95%左右，菇形完正、饱满。太仓县九曲乡多服公司对该菇概述为二快、二多、二耐降低、二好的四个特点，认为该菌株产量高，质量好，具有增产潜力的好品种。加工后的正菇率比现有栽培种提高 5%以上。加工成品经开罐检查，主要质量指标达到部颁标准。通过大面积示范推广，还研究总结出一套优质高产栽培技术，包括培养料的选配，二次发酵，适期播种和秋春菇科学管理等，对蘑菇栽培有普遍指导意义。鉴定委员会认为，此项成果达到国内技术先进水平，建议进一步扩大推广为出口创汇多做贡献。

8.‘苏甜一号’的选育与应用

奖状

为表扬一九七九年度在我省科学技术工作中作出显著贡献者，特颁发此奖状，以资鼓励。

成果名称“苏甜一号”的选育与应用

受奖者 江苏省农业科学院蔬菜所：

吴光远、陈振武、郭辉

江苏省人民政府

一九八〇年

江苏省科学技术工作显著贡献奖，1980 年

成果简介：

‘苏甜一号’是以二倍体不育系为母本与四倍体蒂特拉（TetTa）杂交配制而成的多倍体杂交种。通过试验、示范和推广，肯定了‘苏甜一号’在江苏省南通地区两粮一糖耕作制种的地

位。1978 年，如皋县‘苏甜一号’播种面积为9 667亩，占该县甜菜面积 1/3。‘苏甜一号’块根平均亩产 775.25 千克，比当地品种‘江苏 686’增产 32.6%。按‘苏甜一号’糖度 15.89 计算，每亩能增产糖量 25.91 千克。根据该县 55 个生产队种植‘苏甜一号’9 667亩折算，全县 1978 年可增加糖产量500 943.94斤，约合为 250.47 吨。

1977 年，开始通过协作与技术指导，在如皋县建立‘苏甜一号’种子繁育基地，1978 年，种子田面积 22.5 亩，每亩种子产量为 206.5 千克，比‘江苏 686’种子产量增加近一倍。这对当地发展甜菜生产起到了积极作用。

‘苏甜一号’采用二倍体不育系×四倍体组合形式杂交培育而成。综合了雄性不育性和多倍性的特点，为甜菜多倍体育种进行了新的探索，而且简化了制种手续，父、母本种株都可投入生产，从而提高了种子田的经济效益。

9. 番茄罐藏品种‘佳丽矮红’和‘佳抗长红’选育

江苏省科学技术工作显著贡献奖，1981 年

成果简介：

为满足外销出口需要，罐藏番茄的生产比重愈来愈大，且对外形和品质有一定的要求。为此，1973 年以来，蔬菜所与南京罐头厂协作开展了罐藏专用品质的选育工作。在广泛收集研究国内外专用品种的基础上，选用意大利小果品种‘加里姆’，与地方品种‘364’配制一代杂种‘加×364’，经小区对比，大田生产试验，亩产可达4 000千克左右，比原用品种增产 20%以上；加工合格率高，不易落果和裂果，通过小样加工试制、中型生产试验。1975 年，经省区及全国罐藏番茄品种选育科研协作会鉴定，认为酱体质地细腻，色泽鲜红、风味鲜美、定位‘优等’，定名‘佳丽矮红’。1976 年以来在南京及其他地方每年推广 600~800 亩，显著提高了南京生产和外销番茄的数量和质量。

当时，番茄病毒病在全国普遍发生蔓延，使番茄生长受到严重影响。为此，自 1975 年起，针对抗病毒病目标，选用抗病基因 $Tm-2^{nv}$ 的原始材料‘201’为亲本和加里姆配制的一代杂种‘加×201’，经小区对比，多点鉴定及在南京汤山公社连续三年的大面积生产试验、工厂大面积生产试验、工厂大生产条件小中型试验。1989 年，又经省区及全国罐藏番茄品种选育科研协作会鉴定，认为该杂种组合农业性状表现突出，高抗菸草花叶病毒优势明显。亩产万斤左右，比一般品种增产 30%左右，属高产稳产品种。成品质量良好，酱体细腻有光泽，颜色红，风味鲜美，定名‘佳抗长红’可以大面积推广。

以上两个育成品种的主要加工性状完全符合农林、轻工两部门颁布标准，较一般加工品种增产 20%~50%，并已在生产上推广应用。经省及全国番茄罐藏品种科研协作会分别鉴定，‘佳丽矮红’色泽和茄红素达到国外同类产品水平；‘佳抗长红’的抗性和产量比较突出，均可推广应用。

10.‘苏蜜一号’西瓜新品种的选育与应用

奖状

为表扬一九八四年度在我省科学技术工作中作出显著贡献者，特颁发此奖状，以资鼓励。

成果名称 苏蜜一号西瓜新品种的选育与应用

受奖者 江苏省农科院蔬菜所

等级 三等

江苏省人民政府

一九八五年

江苏省科学技术进步奖三等奖，1985 年

成果简介：

‘苏蜜一号’为江苏省农业科学院蔬菜所在国内较早采用杂交育种方法，共经八代（1975—1980 年）培育而成的西瓜品种。

1981—1982 年参加全国和华东区试，被认为是一个适于早熟栽培的优质新品种。秋季南繁生产原种，同时组织协作在省内外开展试验示范和良种繁育，至 1984 年，江苏省各大中城市及上海市均有一定数量商品瓜上市。

‘苏蜜一号’早熟性强，着果性较好，果实商品性及品质均较优良，与推广种‘华东 24 号’

‘台黑’相比采收期提早 5~7 天，单株着果数 1.3~1.7 个，增加 30%；开花至果实时熟天数 30 天，缩短 3~5 天。

单株坐果数增加 30%，前期产量增加 50%以上，总产值可增加 30%~50%，果实品质极佳，瓤色鲜红，瓤质细腻无渣，口感鲜甜，风味纯正，被消费者称为“蜂蜜瓜”。

从果实商品性讲，果瓤色泽、纤维含量、肉质风味等均优于‘华东 24 号’，尤其是可溶性固形物含量高，梯度小，且均匀稳定，据测定中小含量为 10.6%~11.4%，边部 9%左右比推广种提高 1%~2%。

‘苏蜜一号’在江苏省各地种植均表现早熟、稳产、增收，适于麦瓜稻茬口，应用大棚、小棚、地膜复盖栽培经济效益更高。三年来的生产实践表明，地膜复盖栽培 6 月 20—25 日可采收，早期产量（7 月 10 日前）每亩可达 1 000~1 250千克，比推广种增产 50%以上；总产量每亩 1 500~1 750千克，高产地可达 2 700千克。小棚复盖栽培可提早在 6 月中旬采收，每亩稳收产量 2 500千克，产值 1 000元。三年来，全省种植面积近 4 万亩。由于能提前上市，果实成熟度好，含糖高，每亩产值比推广种或地方品种增收 120~200 元，全省可净增收 480 万以上，经济效益和社会效益都比较好。此品种耐湿性强，适于江苏省气候条件，因其具有早熟、优质、高产等显著优点，20 世纪 90 年代，‘苏蜜一号’成为江苏省及华东地区主栽西瓜品种，对促进‘苏蜜一号’西瓜早熟栽培做出重要贡献。

此外，‘苏蜜一号’当初在安徽、浙江、河南、云南、上海、北京等省市亦有种植，并有继续推广的趋势。

11. 江苏省特产蔬菜开发利用研究

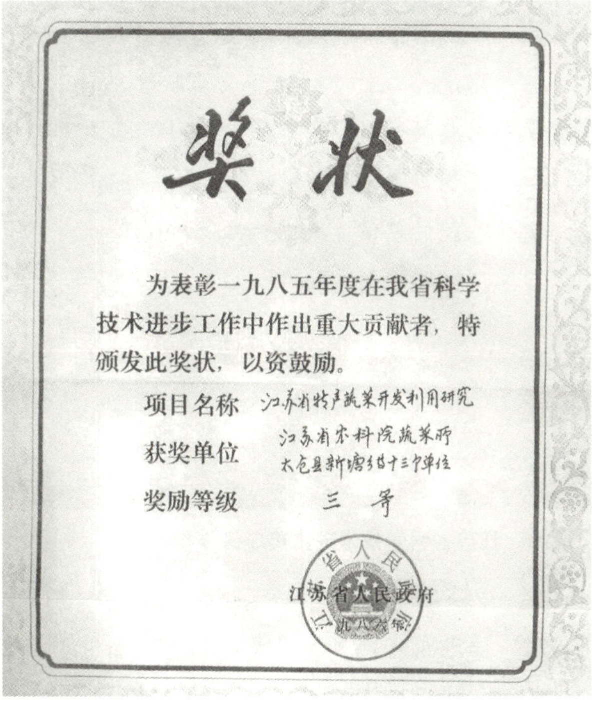

奖状

为表彰一九八五年度在我省科学技术进步工作中作出重大贡献者，特颁发此奖状，以资鼓励。

项目名称　江苏省特产蔬菜开发利用研究

获奖单位　江苏省农科院蔬菜所
太仓县新塘乡等十三个单位

奖励等级　三等

江苏省人民政府

江苏省科学技术进步奖三等奖，1986 年

成果简介：

由江苏省农业科学院蔬菜研究所牵头组成的江苏省特色蔬菜科研组，根据科学技术为经济建设服务和因地制宜地开发当地资源的原则，承担省科委下达的“江苏省特色蔬菜开发利用研究”

任务，以促进各地特产蔬菜的恢复和发展。采取先赴 40 多个市、县特产蔬菜区进行调查、摸清存在问题，然后分项试验解决的方法，实行试验、示范和推广三结合等，收到了较显著效果。五年来，研究了太仓白蒜、宜兴百合、如皋加工萝卜、徐州白蒜、菜山药、扬州萝卜头、海门干椒、山药、宿迁金针菜、淮安大头菜等十种主要蔬菜。普遍开展了选种、高产栽培试验和技术推广。使这些地方良种得到复壮。栽培有很大改进，使单产、总产和产品品质都有显著提高，分别达到历史最高水平，基本上改变了五年前这些蔬菜生产的落后面貌。五年累计净增经济收益8 214.674万元，为国家创汇2 000多万美元，同时也丰富了市场副食品供应。向国内外提供了大量良种，经济效益和社会效益都十分显著，完成了省科委下达的技术经济指标。

该项研究是一项重要科研技术成果，已达到国内先进水平，并在实践中推广应用。

12. 辣椒新品种‘苏椒二号’选育与应用

江苏省科学技术进步奖二等奖，1993 年

成果简介：

‘苏椒二号’是用抗（耐）病毒病（TMV、CMV）的辣椒品种‘4-2-80-5’与大果肉厚的灯笼甜椒‘76-02’配制而成一代杂种。1976 年开始引种鉴定配组，经过三年小区对比试验、两年省区试，1985 年，经国家“六五”青椒抗病育种攻关专家组验收，1987 年江苏省审定通过。审定认为该品种具有适应性广，抗病性强，高产稳产，果实深绿色有光泽，果实粗圆锥形，肉厚，辣味适中，商品性强，耐贮运等特点，是一个优良的中熟辣椒一代杂种。适宜在长江流域，东部、南部沿海及西南地区作露地栽培，是调节伏缺的一个好品种，受到该地区生产者与消

费者的欢迎。由于该品种社会效益好，推广速度较快，自 1984 年示范开始到 1992 年底，已在苏、皖、浙、云、贵、川、鄂、赣、鲁、豫、闽等省得以推广。据统计，江苏省累计推广面积 14.775 万亩，全国七个省统计，累计推广 21.434 万亩，总增产 3.3281 亿千克，总增值 1.1452 亿元。经济效益十分显著，广大农户认为是个农村脱贫致富的良种。

13. 优质多抗粉果系列番茄品种‘苏抗七、八、九号’的选育与应用

江苏省科学技术进步奖二等奖，1995 年

成果简介：

该项成果针对解决我国番茄生产中严重为害的主要病害烟草花叶病毒病，率先并创造性地应用高抗 ToMV 的 Manapal（Tm-2^{nv}）抗源材料，育成苏抗系统粉果系列番茄新品种。

利用抗 ToMV 的 Manapal（Tm-2^{nv}）材料作为亲本，将 Tm-2^{nv} 抗源基因转育到粉果番茄上，选育出抗烟草花叶病毒的品种‘苏抗 7 号’‘苏抗 8 号’‘苏抗 9 号’，填补了国内番茄抗 TMV 新品种的空白。利用杂种一代的杂优及优良性状互补原理育种速度快，效率高。将 Tm-2^{nv} 和 Tm-1两个抗病基因结合在苏抗粉果系列品种上，使之高抗 ToMV、耐 CMV。

高产稳产及适应性广的优点使番茄生产和供应期得以延长，改善了蔬菜周年供应状况。苏抗系统粉果系列番茄新品种的推广增加了菜农的收入，尤以早熟保护地栽培更为明显。改进制种技术，多渠道宣传推广该系列优良品种。新品种的推广带动了茄果类蔬菜人工杂交制种技术的推广，为制种基地的农民开辟了一条致富之路。

‘苏抗 7 号’‘苏抗 8 号’‘苏抗 9 号’番茄熟性早、中、晚配套，适合不同地区、不同栽培方式，稳产、高产，商品性佳、耐贮运，产量比同类型的主栽品种增产 30%~60%，由于此品种高抗 ToMV、耐 CMV，在全国 20 多个省市自治区推广过程中表现出发芽率高、发芽势强，高产、稳产、高抗特点。产量提高的同时减少了病虫害防控的农药用量，提高了产品的安全性和降低了环境污染，经济效益和社会效益显著。

‘苏抗 7 号’‘苏抗 8 号’‘苏抗 9 号’的成功选育，带动了茄果类蔬菜人工杂交制种技术应用和推广，促进了粉果番茄的周年栽培。基因互补，杂优利用的成功范例，是遗传育种课程的好教材。具有领先性和示范性，带动了其他育种单位育种水平的提高。此系列品种的成功选育，众多科研单位受启发，随后利用同样的方法选育了系列品种。

14. 甘蓝新品种‘春丰’和‘苏晨一号’的选育与应用

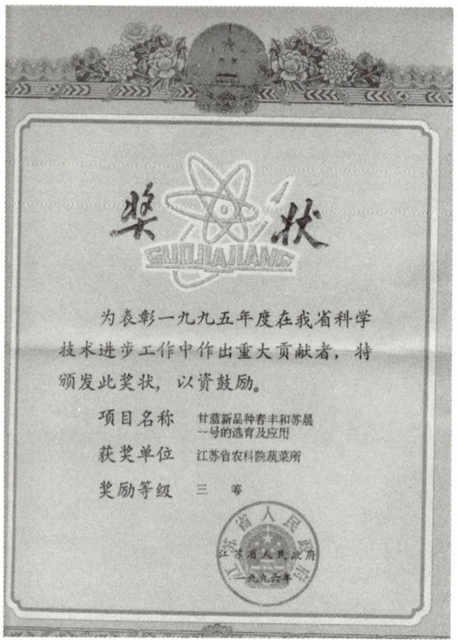
奖状

为表彰一九九五年度在我省科学技术进步工作中作出重大贡献者，特颁发此奖状，以资鼓励。

项目名称　甘蓝新品种春丰和苏晨一号的选育及应用

获奖单位　江苏省农科院蔬菜所

奖励等级　三　等

江苏省人民政府

一九九六年

江苏省科学技术进步奖三等奖，1996 年

成果简介：

‘春丰’和‘苏晨一号’均为早熟、丰产、抗逆性强，冬性极强的优良自交不亲和系杂交组合，栽培不易先期抽薹。此项研究在国内属于首创，对解决“春淡”季和“伏缺”季蔬菜供应具有重要意义。

本项研究针对我国长江流域及以南地区三个蔬菜淡季，即冬缺（1—2 月）、春缺（4—5 月）和伏缺（8 月下旬—10 月中旬）能有甘蓝上市的目标，在对国内外甘蓝品种广泛收集、观察、鉴定的基础上，选择抗寒性、冬性强且早熟的尖头形品种‘鸡心’，极早熟的圆头型品种‘金早生’，耐热抗病、早熟的平头型品种‘黑叶’，优质、丰产平头型品种‘晨光平头’为材料，分别作自交不亲和系选育及配合力测定，同时还作园艺性状、熟性、抗性筛选，其中还对‘鸡心’‘金早生’作了提早播期、露地定植，促进春季大量先期抽薹。选择极少数不抽薹、抗寒性及冬性均强的优良单株，通过营养体组织培养扩繁加代的手段，以增加选择强度。在各品种选出若干性状不同的自交不亲和株系的基础上，相互组配了几十个杂交组合，用杂交制种技术，提高杂交一代种子的产量和纯度。

经江苏、安徽两省区试及生产试验，1986 年通过江苏农作物品种审定委员会审定，1990 年通过安徽省农作物品种审定委员会审定，1991 年通过全国农作物品种委员会审定，定名‘春丰’。该品种在长江流域及以南地区可冬前播种、露地越冬，抗寒性强、无或少先期抽薹现象。极早熟，3—5 月蔬菜淡季上市供应，深受市场欢迎。

根据同样原理及方法，对‘晨光平头’及‘黑叶’进行了优良自交不亲和系的选育，并作抗病性（病毒病及黑腐病）人工苗期接种诱发筛选鉴定及组合力测定，筛选出‘晨光 27-5-1’

及‘黑7-2-2-1’组合最优，1984年通过江苏省审定，1994年通过四川省审定，定名为‘苏晨一号’。该品种在我国南部各省可作夏秋高温期间栽培，8月下旬—10月上旬伏缺期供应，属早熟、丰产、耐热、优质的优良一代杂种，深受生产者和消费者欢迎。

该项研究成果为长江流域及以南地区气候特点形成的“伏缺”“春缺”时期供应的甘蓝品种，填补了国内外该类品种的空白。

‘春丰’在1984—1985年江苏省春甘蓝区试中，全省7个点平均亩产均居首位，比对照‘鸡心’增产30%以上。

‘苏晨一号’在1982—1983年江苏省秋甘蓝区试中，8个点平均亩产居第一位，比对照‘京丰一号’增产12.99%；黑腐病发病率平均最低，病情指数仅为12.77，而对照‘京丰一号’为38.25。‘苏晨一号’的抗病表现居于供试8个品种中的第一位。

‘苏晨一号’在两年全国区试及一年生产试验中，早熟性突出，产量较高，比对照‘京丰一号’增产15%以上；抗病性较强，平均病指为9.46，优于对照‘京丰一号’的10.15。‘苏晨一号’对黑腐病表现一定程度的抗病。

‘春丰’甘蓝早熟，春季上市早，不需治虫，减少成本，减轻对蔬菜及环境的污染，生产无公害蔬菜，有利于人民身体健康。

‘春丰’‘苏晨一号’甘蓝上市期正值春秋蔬菜淡季、叶菜类缺乏时期上市，产量、产值均比当地品种高，平均亩产值千元以上，高的亩产值达2 000元，大大增加了菜农的收入。近两年来，‘春丰’‘苏晨一号’甘蓝种子一直处在供不应求的状态。推广速度比较快，推广面积比较大。据江苏、浙江、湖北、四川等6省23市的不完全统计，1986—1995年，累计推广面积103.15万亩，按每亩增值500元的保守数字计，总计新增产值5.16亿元，取得了较高的经济效益和社会效益。

15. 耐热大白菜‘夏丰’‘双冠’新品种选育、研究和应用

奖状

为表彰一九九八年度在我省科学技术进步工作中作出重大贡献者，特颁发此奖状，以资鼓励。

项目名称：耐热大白菜“夏丰”、“双冠”新品种选育、研究和应用

获奖单位：江苏省农科院蔬菜所

奖励等级：二等奖

一九九九年

江苏省科学技术进步奖二等奖，1999年

成果简介：

从1982年开始，白菜育种课题组从亚蔬中心和东南亚国家引进大白菜耐热生态型种质材料，

进行人工控制条件和自然田间耐热性鉴定，筛选出一批大白菜核心耐热材料，再通过杂交配组选育出耐热、抗病大白菜品种——‘夏丰’和‘双冠’。研究突破了耐热大白菜制种产量低的技术瓶颈，使制种产量稳定在亩产 100 千克以上。自 1987—1998 年，两个品种总计推广面积达 120 万亩。耐热大白菜‘夏丰’和‘双冠’的选育和推广，解决了生产上对耐热大白菜品种的迫切需求，获得了良好的经济效益和社会效益。

16. 茄子优良一代杂种——‘苏崎茄’的选育及推广应用

奖状

为表彰一九九九年度在我省科学技术进步工作中作出重大贡献者，特颁发此奖状，以资鼓励。

项目名称：茄子优良一代杂种——"苏崎茄"的选育及推广应用

获奖单位：江苏省农科院蔬菜研究所

奖励等级：三 等 奖

江苏省人民政府

二〇〇〇年

江苏省科学技术进步奖三等奖，2000 年

成果简介：

20 世纪 50 年代，在国内率先开展茄子杂种优势利用研究。近六十年的育种研究过程中创立的“早熟高产×优质抗逆/抗病”技术思想，抗逆/抗病鉴定方法和大规模杂交制种技术仍广为国内茄子育种单位采用。所育成的‘苏崎茄’‘苏长茄’等系列品种处于国内茄子品种领先水平。

1987—1999 年，‘苏崎茄’分别在江苏、山东、安徽、四川、湖北、江西等地推广应用。该品种亩产4 000~6 000千克，商品性佳，适应性强，露地、大棚或日光温室兼用，深受市场及菜农欢迎。大棚或日光温室种植‘苏崎茄’亩产值6 000元以上，一般在8 000~10 000元，山东省苍山县最高可达15 000元；露地种植亩产值也可达5 000元。累计推广面积达 136. 3 万亩，每亩以最低5 000元计，创总产值 68. 15 亿元。大面积栽培平均比当地同类品种每亩新增产值1 780 元，累计新增总产值 24. 11 亿，总社会效益达 122. 67 亿元。

17. 优质、高产大豆新品种选育及利用

通过引种、系统选育等育种手段，围绕不同生态区域和不同育种目标的江苏省三大主要大豆生态区（淮北大豆生态区，淮南大豆生态区，苏南鲜食大豆生态区）的不同育种要求，选育高产、优质、多抗大豆新品种；进而通过对获得国家和江苏省审定的大豆新品种进行配套栽培技术研究（垄作稀植等）和该技术在生产上的大面积示范、推广利用，来提高江苏省大豆的研究和生产水平，为农民服务。

本项目所涉及大豆品种主要包括淮北生态区的‘淮豆 6 号’，淮南生态区的‘通豆 3 号’，鲜食大豆生态区的‘苏早 1 号’三个品种。主要经济指标和推广应用情况如下。

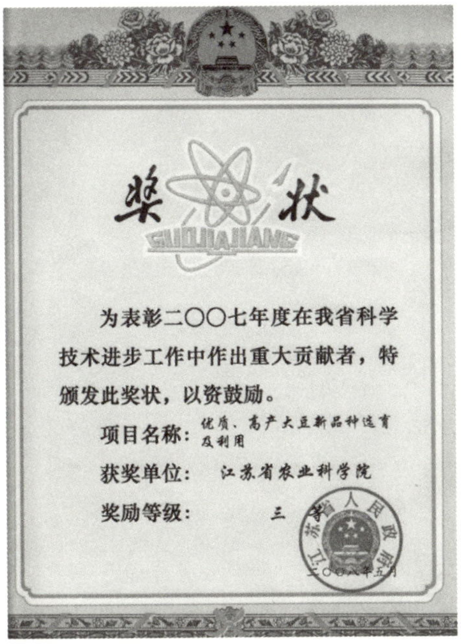

江苏省科学技术进步奖三等奖，2008 年

淮豆 6 号：1998—1999 年参加国家黄淮南二组夏大豆品种区域试验，平均产量 188. 21 千克/亩，居所有参试品种之首，比对照‘中豆 19’增产 9. 22%。该品种属于高油大豆品种，粗脂肪 23. 18%，高抗大豆花叶病毒病。适宜在河南、安徽和江苏淮河流域地区种植。至 2006 年已在省内淮安、盐城、南通等地累计推广种植 150 万亩，增产大豆4 500万千克，增加产值 1. 62 亿元，是目前江苏淮北地区应用面积最大的大豆品种。

通豆 3 号：2000—2001 年省区试，平均亩产 169. 25 千克和 196. 54 千克，居参试品种第一位，比‘南农 88—31’增产 16%以上。2003 年在启东集中示范种植2 500亩，平均亩产 225 千克。2001—2006 年在南通、盐城累计推广种植 120. 1 万亩，平均产量 197. 7 千克/亩。该品种的主要特点是高蛋白，适合做豆腐。是目前江苏淮南地区产量最高的粒用大豆新品种。

苏早 1 号：高蛋白、高异黄酮含量大豆。粗蛋白质含量45%以上，异黄酮含量0. 62%，2003 年通过江苏省审定，是目前中国南方通过审定的蛋白质和异黄酮含量最高的品种，是目前省内唯一一个抗病毒病的优质毛豆品种，居国内领先水平。2002 年在南京六合、溧水洪蓝分别集中种植1 300亩和5 000亩，鲜荚产量分别为 683 千克/亩和 739 千克/亩。2001—2006 年在南京和苏州累计推广 60 万亩，增加经济效益7 200万元，创社会效益 4. 8 亿元。

围绕上述适合不同生态区的大豆新品种，我们建立了相应的品种繁殖、推广及其应用体系，在省内外建立繁殖基地 9 个，累计在省内外推广面积近 350 万亩，创经济效益 4. 5 亿元，社会效益 18 亿多元。

18. 江蔬系列辣椒新品种（1~7 号）选育与应用

成果简介：

该项目以辣椒种质资源为基础，综合运用抗病育种、重组聚合、分子标记辅助育种技术，创制新型育种材料，通过常规杂优利用和胞质雄性不育杂优利用，培育不同熟性、多种果型、适于多种栽培方式的江蔬系列辣椒新品种。‘江蔬 1 号’‘江蔬 4 号’‘江蔬 5 号’‘江蔬 7 号’适于保护地春提早栽培，‘江蔬 2 号’‘江蔬 6 号’适于保护地秋延后栽培，‘江蔬 3 号’适于露地越

江苏省科学技术进步二等奖，2010年

夏栽培，满足了辣椒周年生产与周年供应需求。据农业部门统计，2000—2008年期间，江蔬系列辣椒新品种在江苏辣椒主产区示范推广216.0万亩，在重庆、广西、山东、河南、湖南、湖北、山西、安徽、浙江示范推广110.4万亩，累计推广326.4万亩。

19. 食用豆新品种选育及高产高效栽培技术与产业化

通过杂交育种、系统选育、引种等育种手段，围绕不同生态区域和不同育种目标的江苏省食用豆生态区（淮北生态区，沿江生态区，苏南生态区）的不同育种要求，来选育高产、优质、多抗食用豆新品种，进而通过对获得国家和江苏省（或主产地区）审定（或鉴定）的食用豆新品种进行配套栽培技术研究（垄作稀植等）来获得相应新品种的高产高效栽培技术，再通过获得的相关食用豆品种及其配套栽培技术在生产上的大面积示范、推广利用，以出口创汇企业为龙头进行产业化运作，来提高江苏省食用豆的研究和生产水平，进而通过出口创汇平台出口和销售各类食用豆加工新产品。通过以上方法建立江苏省食用豆产业技术体系，为农业增产、农民增收服务。

本项目所涉及的食用豆品种主要包括绿豆品种‘苏绿3号’‘中绿4号’等，小豆品种‘中红2号’‘苏红1号’，蚕豆品种‘通蚕3号’‘通蚕5号’，豌豆品种‘苏豌1号’。本项目所涉及主要技术为绿豆和小豆一次性收获技术、间作套种栽培技术，蚕豆无公害高产高效立体套种栽培技术，豌豆垄作地膜覆盖栽培技术等；产业化主要通过省内的江苏中宝食品有限公司、盐城中盛豆业有限公司、江苏嘉安食品有限公司等实行。

通过以上不同单位选育的7个食用豆品种，以江苏省农业科学院为主要栽培技术研究单位，建立了适合江苏省种植的食用豆高产高效配套栽培技术，解决了食用豆与大田作物争地的矛盾，使食用豆从传统的低效作物转变为出口高效作物。相关品种和技术在江苏省范围内进行了大面积推广。

围绕以上适合不同生态区的食用豆新品种，我们建立了相应的品种繁殖、推广及其应用体

2009年度江苏省科学技术进步奖

证 书

为表彰江苏省科学技术进步奖获奖单位，特颁发此证书。

项目名称：食用豆新品种选育及高产高效栽培技术与产业化

奖励等级：三 等

获奖单位：江苏省农业科学院

证书号：2009-J-3-7-D1

江苏省科学技术进步奖三等奖，2010年

系，在省内外建立繁殖基地5个，推广示范基地19个，生产基地12个，带动了江苏嘉安食品有限公司、南通中宝食品有限公司、盐城中盛豆业有限公司等十多家专业从事食用豆生产与贸易的企业进行生产加工和产业化开发。几年来累计在省内外推广各种食用豆新品种近220万亩，年种植面积约为江苏省食用豆种植面积的90%左右，创经济效益2.8亿元，社会效益3亿多元，为江苏省食用豆现代产业技术体系的发展和农民增收创造了一种新途径。

20. ‘春丰007’‘春眠’‘苏甘8号’的选育与应用

成果简介：

成功培育了露地越冬栽培的适于不同栽培方式与不同消费需求的甘蓝新品种‘春丰007’‘苏甘8号’‘春眠’，具有耐抽薹、耐寒、早熟、优质、高产、专用的特点。综合表现优良，经济效益显著。这些品种的育成，填补了3—4月没有春甘蓝上市的空缺，有效解决了甘蓝的周年生产与周年供应等问题。

‘春丰007’‘苏甘8号’分别于2003年、2005年获得植物新品种权，‘春眠’于2002年通过江苏省审定。

采用春化室处理育种材料，使其能安全越夏并通过阶段发育，加代得到种子，提出了春甘蓝育种材料高效冬性鉴定及加代技术体系，加快了育种进程。

建立了针对新品种亲本特性的良种繁育基地，提高了种子的产量和质量。建立适合新品种特性的示范基地，制定了栽培技术规程，通过完善的推广体系，‘春丰007’‘苏甘8号’‘春眠’在长江流域及以南地区，特别是江苏省得到了大面积推广应用。

早熟性突出：‘春丰007’在10月10日左右播种，翌年3月下旬—4月中旬即可供应市场，比‘春丰’等品种早熟20天；‘苏甘8号’在10月1日左右播种，翌年4月下旬—5月中旬即

2010年度江苏省科学技术奖

证　书

为表彰江苏省科学技术奖获奖单位，特颁发此证书。

项目名称：春丰007、苏甘8号、春眠的选育与应用

奖励等级：三　等

获奖单位：江苏省农业科学院

证书号：2010-3-89-D1

江苏省科学技术奖三等奖，2011年

可供应市场，比‘京丰一号’等品种早熟15天，并且产量相当。

品质优良：‘春丰007’的中心柱为6.9厘米，比‘春丰’低30.3%；紧实度为0.58，比‘春丰’高28.9%；帮叶比为25.6，比‘春丰’低7.9%；维生素C含量为408毫克，比‘春丰’高53.8%；可溶性糖含量3.8%，比‘春丰’高38.2%。‘苏甘8号’‘春眠’的各项指标均优于对照‘京丰一号’。

冬性鉴定及加代技术高效：育种材料采用春化室处理，可于当年收获种子，单株的种子量可达到3.2克，完全满足育种要求。建立了高效冬性鉴定及加代技术体系。

良种繁育技术完善：建立针对新品种亲本特性的良种繁育基地，制定良种繁育规程，达到了种子产量稳定在450千克/公顷。种子的纯度、发芽率、净度分别达到99%、90%、99.9%，远远高于国家标准，确保新品种在生产上的推广应用。

推广应用情况：1999—2009年期间，该项目在江苏省推广176.1万亩，在安徽、重庆、湖北、湖南、四川、浙江、上海等7个省市示范推广743万亩，累计推广面积919.05万亩，新增社会经济效益27.57亿元。

21. ‘春丰007’等系列甘蓝品种的选育与应用

成果简介：

成功培育了露地越冬栽培甘蓝系列新品种‘春丰007’‘苏甘8号’和‘春眠’，具有耐抽薹、耐寒、早熟、优质、高产、专用的特点，综合表现优良，经济效益显著。该系列品种填补了3—4月没有春甘蓝上市的空缺，有效解决了甘蓝的周年生产与周年供应等问题。

‘春丰007’‘苏甘8号’获得植物新品种权，制定了江苏省地方标准；‘苏甘8号’通过了江苏省审定。

采用春化室处理育种材料，使其能安全越夏并通过阶段发育，加代得到种子，建立了春甘蓝

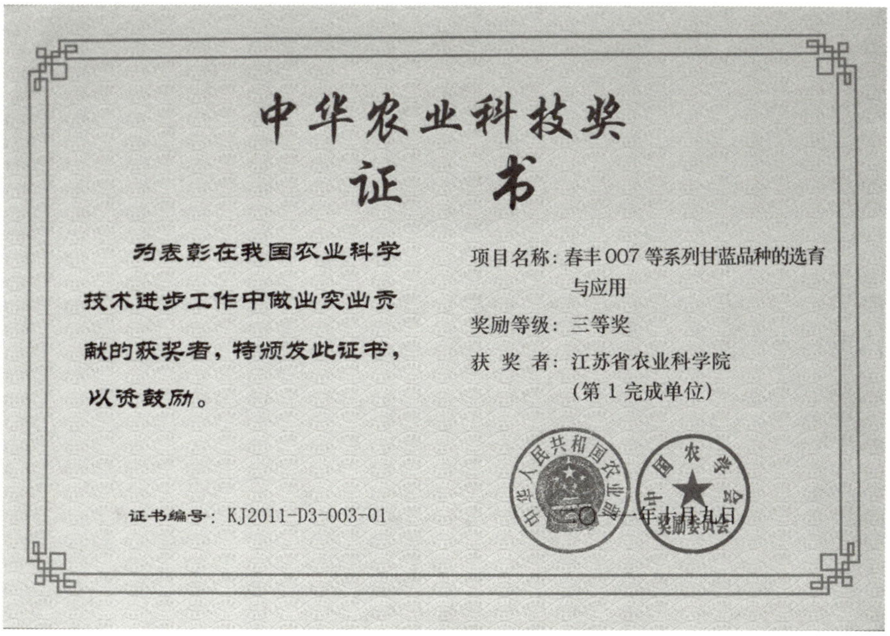
中华农业科技奖

证　书

为表彰在我国农业科学技术进步工作中做出突出贡献的获奖者，特颁发此证书，以资鼓励。

项目名称：春丰007等系列甘蓝品种的选育与应用

奖励等级：三等奖

获 奖 者：江苏省农业科学院
（第1完成单位）

证书编号：KJ2011-D3-003-01

中华人民共和国农业部　中国农学会奖励委员会

二〇一一年十月九日

中华农业科技奖三等奖，2011年

育种材料高效冬性鉴定及加代技术体系，加快了育种进程。

建立了针对新品种亲本特性的良种繁育基地，提高了种子的产量和质量；建立了示范基地，制订了栽培技术规程，通过完善的推广体系，甘蓝系列品种在长江流域及以南地区得到了大面积推广应用。

创新程序及应用推广情况如下。

早熟性突出：‘春丰007’在10月10日左右播种，比‘春丰’等品种早熟20天；‘苏甘8号’在10月1日左右播种，比‘京丰一号’等品种早熟15天，并且产量相当。

冬性鉴定及加代技术高效：育种材料采用春化室处理，可于当年收获种子，单株的种子量可达到3.2克，完全满足育种要求，建立了高效冬性鉴定及加代技术体系。

良种繁育技术完善：建立针对新品种亲本特性的良种繁育基地，制定良种繁育规程，种子产量稳定在450千克/公顷以上，种子的纯度、发芽率、净度分别达到99%、90%、99.9%的水平，远远高于国家标准，超过国际标准，确保新品种在生产上的推广应用。

‘春丰007’等甘蓝系列品种在1999—2009年间，在江苏省甘蓝产区推广176.1万亩，在安徽、重庆、湖北、湖南、四川、浙江、上海等7个省市示范推广743万亩，累计推广面积919.05万亩，新增社会经济效益27.57亿元。

22. 优异丝瓜种质的发掘及优质高效生产技术集成推广

成果简介：

丝瓜种质资源评价及发掘与优异种质资源创制：从1994年开始，先后从国内外大量搜集丝瓜种质资源120份，其中从国家种质资源库引进60份，引进各地生产品种57份，引进国外丝瓜种质资源3份。在种质资源引进的基础上，开展了熟性、农艺性状、抗病性的鉴定、评价与遗传规律研究。

熟性相关性状的评价及其遗传特性研究：对102份丝瓜种质资源的第一雌花节位、第一雄花节位和节成性进行了观察鉴定，明确了第一雌花节位可作为衡量熟性迟早的指标。进一步的遗传

2011 年度江苏省科学技术奖

证 书

为表彰江苏省科学技术奖获奖单位，特颁发此证书。

项目名称：优异丝瓜种质的发掘及杂交化品种的创制与应用

奖励等级：三 等

获奖单位：江苏省农业科学院

证书号：2011-3-103-D1

江苏省科学技术奖三等奖，2012 年

分析表明，丝瓜始雌花节位是由主基因和多基因控制的复杂的数量性状，该性状的表现易受环境因素影响，遗传不稳定，通过杂种优势来提早熟性的可能性较低，但定向选择会有较好的效果。

主要农艺性状的评价及其遗传特性研究：对 102 份丝瓜种质资源的长势、叶色、叶形、裂叶度、雌雄花的花色及商品瓜的瓜皮色、瓜面手感、瓜皮皱缩及瓜面的茸毛疏密、凸纹条数、凹纹条数、凸瘤多寡、凹纹色和凸纹色等性状、叶横径、叶纵径、叶柄长、茎粗、分枝数、第一雌花节位、雄花花冠直径、雌花花冠直径、瓜长、瓜粗、瓜形和单瓜质量等农艺性状进行了观察鉴定。

普通丝瓜果长和果柄长的遗传都属数量性状遗传。长果和短果双亲杂交后，F_1果长介于双亲果长之间，没有出现质量性状般的隐显性关系。长果柄和短果柄双亲杂交后，F_1果柄长平均值偏向长果柄，有一定的杂种优势，B_1、B_2和 F_2群体次数分布的变异非常复杂。黑、白籽色的遗传则为由一个显性核基因控制的质量性状遗传，白籽色为隐性。

病毒病抗性评价：对 112 份丝瓜种质资源的病毒病抗性进行了鉴定，并探讨了丝瓜种质病毒病抗性与丝瓜熟性、原产地、果形、植株长势及叶色的关系。

种质资源的遗传多样性分析：利用 ISSR 标记对来源于不同地区的 43 份丝瓜种质资源的亲缘关系进行了分析。丝瓜自宋代传入中国以后，种质资源可能在远距离的地域之间交流并不频繁，经过长期的种植和选择逐渐形成了具有地域特色的地方种质资源。

育种新材料的创制：利用前期筛选的早熟性材料（以第一雌花节位为评价指标）、抗病毒病材料及耐冷性材料等为亲本，进行聚合杂交，对分离后代进行鉴定，获得遗传稳定的早熟性好、抗病毒病材料 4 份，其中棒形丝瓜 3 份，圆筒形丝瓜材料 1 份。集早熟性和耐冷性于一体的亲本材料 6 份，其中棒形丝瓜 4 份，圆筒形丝瓜 2 份，为丝瓜育种奠定了基础。

23. 抗番茄黄化曲叶病番茄育种技术、品种创新与应用

成果简介：

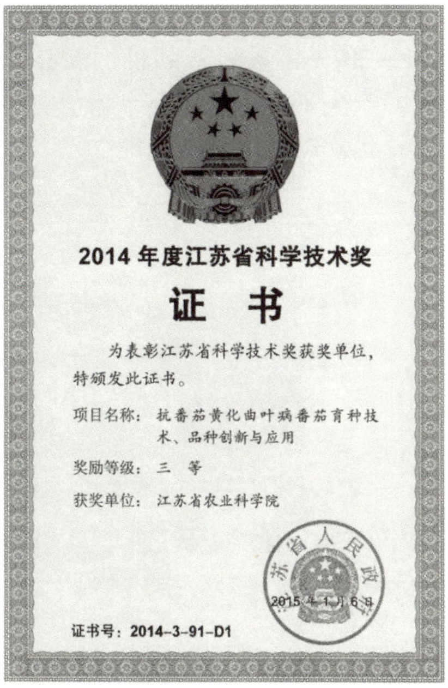

2014 年度江苏省科学技术奖

证　书

为表彰江苏省科学技术奖获奖单位，特颁发此证书。

项目名称：抗番茄黄化曲叶病番茄育种技术、品种创新与应用

奖励等级：三　等

获奖单位：江苏省农业科学院

江苏省人民政府

2015 年 1 月 6 日

证书号：2014-3-91-D1

江苏省科学技术奖三等奖，2015 年

2007 年，江苏省番茄暴发了一种新型毁灭性病毒病——番茄黄化曲叶病，造成6 000多亩保护地番茄绝收，损失近亿元。次年，蔓延至全省，番茄产业面临巨大威胁。该病由外来烟粉虱传播，蔓延迅速，现已扩展到我国主要番茄产区。此病一旦发生，化学药剂无法防治，应用抗病品种是最根本有效的方法，我国以往番茄主栽品种及栽培种质均不抗此病，相关育种技术亦处于空白。在国家及江苏有关计划立项支持下，本项目在病害检测、育种技术体系创建、材料创制及品种选育等方面取得了重大突破与创新。

首次明确江苏及周边地区番茄黄化曲叶病优势病原，建立 2 种快速检测技术。对病样全基因组序列进行克隆测序，并研究病毒侵染特性，明确番茄黄化曲叶病毒为江苏及周边地区优势病原。构建了 PCR 分子检测与 DIBA 血清学检测技术，既特异又经济。

构建抗番茄黄化曲叶病高效育种技术体系，有效突破抗病品种培育的技术瓶颈。完善人工病圃的烟粉虱侵染接种方法，建立基于侵染性克隆的农杆菌接种方法，两种方法吻合度高，实际应用中互为验证，提高了鉴定准确性。针对抗性基因，开发分子标记 3 个，结合苗期抗性鉴定技术，建立以分子标记辅助选择为核心的育种技术体系，筛选效率显著提高。

创制抗番茄黄化曲叶病新种质 113 份，育成抗病新品种 7 个，解决抗源及抗病品种缺乏的困境。在明确国内无抗该病栽培种质基础上，首次建立体细胞无性系突变体、RNAi 与 GroEL 双价抗 TYLCV 两种新型种质创新方法，获新型种质 5 份，拓宽了种质创新渠道。率先对国外含不同抗性基因材料进行鉴定，明确不同基因对江苏优势病原的抗性水平，转育获得优良抗病自交系 108 份，育成大果番茄新品种 3 个、樱桃番茄新品种 4 个，适于江苏及周边地区不同栽培方式与消费需求，实现了抗病与产量、品质的有机结合，均通过江苏省品种鉴定。6 个品种实现经营权转让，在江苏及周边地区大面积应用。

建立良种繁育及品种配套栽培技术，创建烟粉虱综合防控技术体系。建立杂交制种和种子纯度鉴定技术，集成优质高效种植技术，创建适于江苏气候特点与栽培模式的“防早、防巧，治

多、治小”的烟粉虱综合防控技术，达到治虫控病的目的，在生产上大面积应用。

在江苏及周边主要番茄产区，番茄黄化曲叶病暴发以来，快速检测技术累计完成 6 879份样品检测，覆盖率达 93%以上；2011—2013 年系列新品种、新技术累计推广应用 104.7 万亩，增产 6.3 万吨，增收节支 14 685万元，产生了显著的经济、社会效益。

24. 优质抗病大豆新品种选育与高效栽培技术示范推广

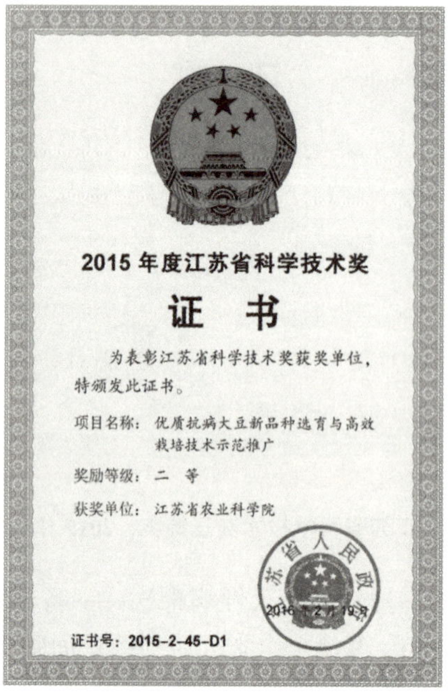
2015 年度江苏省科学技术奖

证 书

为表彰江苏省科学技术奖获奖单位，特颁发此证书。

项目名称：优质抗病大豆新品种选育与高效栽培技术示范推广

奖励等级：二 等

获奖单位：江苏省农业科学院

证书号：2015-2-45-D1

江苏省科学技术奖二等奖，2016 年

成果简介：

本项目属于作物育种学与良种繁育学科。项目针对江苏及周边省份大豆育种优异资源缺乏，品种抗主要病害能力不强、品质差及栽培模式单一等主要问题，联合开展种质创新与新品种选育，研究集成新品种高效生产技术，在省内外进行大面积推广应用；构建了产学研、育繁推一体化的新型跨区域大豆新品种及新技术产业技术体系，整体提升了本地区大豆的育种与生产水平。

（1）创新国内百粒重最高、抗根腐病力最强等优异资源，构建南方地区首个高蛋白和鲜食大豆核心种质库。系统收集、整理、评价本区域内 6 730份特色大豆资源，通过全基因组关联分析等方法筛选并创新出 29 份具有抗病（对根腐病抗性最高的鲜食春大豆‘周豆 5 号’等）、优质（世界上百粒重最高的大豆资源‘新大粒 1 号’等）等特性的特异种质，构建起包括 132 个核心样本的本地区首个高蛋白和包括 86 个核心样本的鲜食大豆核心种质库，为本地区大豆育种奠定了良好基础。

（2）大豆抗病毒病和根腐病及鲜食大豆品质等相关基础研究取得突破性进展，聚合育成抗主要病害、优质、广适等于一体的系列超级大豆新品种。国内率先利用酵母双杂、Ecotilling 等技术对大豆花叶病毒全基因组序列进行测定，构建 17 个大豆花叶病 cDNA 文库并对抗病相关蛋白 PR-P3 等进行功能研究，明确大豆抗根腐病遗传规律、定位抗性基因，获得遗传图谱，首次建立国内鲜食大豆百粒重、出仁率、维生素 E 含量等分子标记辅助选育体系，挖掘相关分子标记 18 个。选育出通过国家或省级以上审定的新品种 10 个，包括省内第一个抗病毒病、广适、亩产鲜荚近 1 吨的鲜食春大豆超级品种‘苏豆 5 号’，省内出口量最大的抗病毒病鲜食夏大豆品种‘通豆 5 号’，近 20 年来黄淮地区推广面积最大（面积超过千万亩）的高蛋白、抗根腐病的大豆品种‘徐豆 9 号’等。发表相关文章 149 篇，其中 SCI 论文 23 篇，专著 5 部。

（3）研究集成适应省内不同大豆产区的新品种轻简生态高效栽培技术体系。形成三青一瓜立体套种、麦后免耕覆秸全量还田等特色新模式，发布一年五熟等标准化栽培技术规程 8 套，获得高效立体套种方法等授权专利 2 项。淮南鲜食大豆亩产 950 千克（平均产量 650 千克）、淮北高蛋白大豆亩产 311 千克（平均产量 180 千克）、一年五熟合计亩效益超万元等高产高效典型，均在产量或综合效益方面创出中国南方或本区域内该领域的最新纪录。

（4）新品种、新技术、新模式在省内外得到了大面积、大范围的推广应用，应用占比率高，增产增收效果显著。新品种在本区域累计种植近 3 700万亩，新增效益近 40 亿元，总效益超过 400 亿元。在江苏、安徽、山东、河南等地推广。建立产业化示范基地 18 个，加工出口省级以上龙头企业 10 家，形成了江苏嘉安、盐城中盛、连云港如意等一大批国家或省龙头企业，为江苏大豆产量稳步在国内居于前六名打下坚实基础，在带动农民致富的同时有力地抵制了国外大豆的市场冲击。

25. 优质、耐寒结球甘蓝新品种选育与应用

2017 年度江苏省科学技术奖

证　书

为表彰江苏省科学技术奖获奖单位，特颁发此证书。

项目名称：优质、耐寒结球甘蓝新品种选育与应用

奖励等级：三　等

获奖单位：江苏省农业科学院

江苏省人民政府

2018 年 1 月 17 日

证书号：2017-3-100-D1

江苏省科学技术奖三等奖，2018 年

成果简介：

越冬栽培是结球甘蓝（简称甘蓝）生产的主要模式之一。21 世纪初，我国栽培的越冬扁球和圆球甘蓝约 95% 是日本和荷兰品种。为打破国外品种市场垄断的现象，以创制新型耐寒种质为基点，选育优质、耐寒骨干材料为主攻方向，培育优质、耐寒、抗病甘蓝新品种满足市场需求，建立配套繁制种技术体系保障新品种应用。历经近 20 年努力，取得以下重要创新。

创制了系列优质、耐寒优异骨干材料，突破了我国耐寒甘蓝资源匮乏的瓶颈。聚力引源，扩大资源库，日本、荷兰、中国等不同国度耐寒甘蓝资源通过地理远缘杂交，聚合优良性状。优化小孢子培养、花药培养技术，优化原生质体不对称融合技术导入霜霉病抗源，创制出大量新型种质；开发抗霜霉病 SCAR 标记，辅助选择，创新和优化园艺性状（商品品质和口感）及耐寒性选择方法，

筛选优异种质；优化高效快繁方法，保存优良不育源；创新不育系转育方法，优异种质快速转育不育系。通过上述系列技术创建和优化，建立了高效的优质、耐寒甘蓝种质选育技术体系，比常规选育时间缩短 2~3 年。通过此技术体系得到 6 个优质、耐寒性强、高抗霜霉病的优良骨干亲本‘Y1-2-3’‘Y7-2-4’‘M14-4-2-3’‘M4-2-3’‘M83-3-2-2’‘N583-2-2-3’。

利用上述骨干材料，培育出 5 个突破性甘蓝新品种，使我国同类型越冬甘蓝品种整体达到国际先进水平。‘苏甘 19’‘苏甘 27’和‘苏甘 603’属中、中晚、晚熟配套扁球甘蓝，‘苏甘 91’和‘苏甘 26’属中晚、晚熟配套圆球甘蓝。5 个品种在品比试验和江苏省区试中，品质、耐寒性和产量都优于主栽品种（对照），更符合生产和消费需求。2010 年以来，5 个品种在露地越冬甘蓝生产区域栽培面积迅速扩大，替代了原来的主栽品种——日本品种‘M-3’‘寒将军’‘寒春 4 号’等，荷兰品种‘1038’‘帕特’等。

创新和优化了配套良种繁育技术，保障了系列新品种的市场占有率。针对耐寒甘蓝种子繁育难（双亲差异大，花期相差 15~20 天，种子易在角果内发芽）、制种成本高的特点，确定了漂浮育苗技术参数，培育壮苗；优化了提高抗冻性的栽培方法，减轻了越冬种株的冻害；明确了促进抽薹开花施用赤霉素适宜浓度，促使‘苏甘 27’双亲花期提前 10 天，‘苏甘 26’‘苏甘 91’双亲花期相遇；优化、提高了花期授粉媒介效率，明显增强‘苏甘 603’等品种结实率和荚内结籽数；创新了降低角果内种子发芽率的方法，大幅度提高了‘苏甘 19’种子发芽率。优化的配套繁制种技术，使育成新品种的种子产量和质量得到了大幅度的提高。

获国家发明专利授权 8 项、品种权 2 项、省级鉴定品种 2 个、品种成果鉴定 2 项，发表论文 20 篇。5 个品种近 2 年推广面积 300 余万亩，使我国自主知识产权的同类品种市场占有率由 5% 提升到 30%，突破了日本、荷兰品种在我国越冬甘蓝市场的垄断。

26. 苏蜜系列西瓜品种与轻简化技术创新和应用

2017 年度江苏省科学技术奖

证　书

为表彰江苏省科学技术奖获奖单位，特颁发此证书。

项目名称：苏蜜系列西瓜品种与轻简化技术创新和应用

奖励等级：三　等

获奖单位：江苏省农业科学院

江苏省人民政府

2018 年 1 月 17 日

证书号：2017-3-102-D1

江苏省科学技术奖三等奖，2018 年

成果简介：

江苏省是我国西瓜主要优势产区，以大棚早熟西瓜为特色，种植效益高，市场竞争力强。但生产中大棚西瓜主栽品种，多数抗性较弱，果实商品性不及进口品种；加上多年连作，导致病害及连作障碍逐年加重；生产方式传统，劳动效率低，劳动力紧张。针对江苏省西瓜生产中的主要问题，本项目以优质、多抗、大棚专用为目标开展育种研究，以轻简高效为目标开展配套栽培技术创新，在育种技术体系构建，新品种选育与轻简化栽培技术研究和应用等方面取得了重大突破与创新。

创建枯萎病、蔓枯病抗性苗期联合鉴定技术，定位抗病相关 QTL，提高育种效率。首次系统鉴定了华东地区西瓜蔓枯病菌并建立了病原菌 LAMP 快速检测技术。创建了枯萎病菌浸根接种和蔓枯病菌离体叶片喷雾接种的苗期联合接种鉴定技术，提高鉴定效率 1 倍。构建了标记数量最多，遗传距离最长的西瓜高密度遗传连锁图谱，定位枯萎病抗病相关基因 QTL，建立以分子标记辅助选择为核心的高效育种技术体系。

创制优异育种材料，育成优质、多抗大棚专用西瓜新品种，实现周年供应。通过常规育种技术与分子标记辅助选择相结合，创制了一批品质中上等，熟性提早的抗病自交系，形成了一批耐低温弱光、易坐果、高产稳产的优质自交系。育成优质、多抗苏蜜系列西瓜新品种 4 个，其中‘苏蜜 5 号’高抗枯萎病，被列为 2011 年江苏省农业主导推荐品种，‘苏蜜 8 号’品质优异，获得 2014 年“江苏好品种”评比一等奖。‘苏蜜 6 号’早熟优质，耐低温弱光，适于大棚春提早栽培。‘苏蜜 7 号’耐高温，适于夏秋栽培。新品种中既有红瓤中大果主栽类型，又有黄瓤、橙黄瓤小果特色类型，能满足大棚栽培和消费者的多样性需求，丰富了市场，实现了周年供应。

创新轻简化栽培技术，省工减肥减药增效，保障产业可持续发展。建立了砧木种质资源库，筛选出抗病、增产、优质砧木种质。揭示了西瓜嫁接苗抗枯萎病、耐低温及品质变化机理，促进嫁接防病技术推广应用。开发了西瓜工厂化育苗基质和营养液，建立了西瓜双断根嫁接育苗方法，减少育苗用工，降低育苗成本。确定了春提早最佳大棚模式，研究形成了大棚西瓜肥水管理、病虫害绿色防控技术。研发的“设施西甜瓜优质绿色简约化栽培技术”被列为 2017 年江苏省农业重大技术推广计划，减少化学农药使用量 20%~30%，提高标准商品瓜产量 10%以上。

27. 抗烟草花叶病毒（TMV）番茄和耐热茄子一代杂种选育

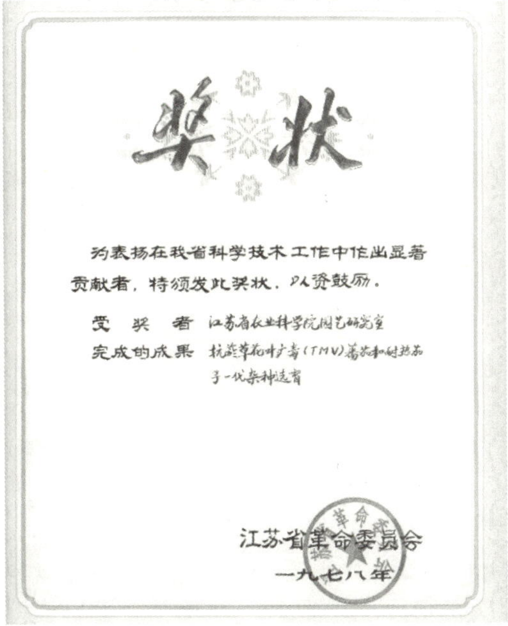

江苏省科技工作显著贡献奖，1978

28. 蔬菜抗病品种之选育

国家四部委联合颁发的“六五”国家科技攻关表彰

说明：部分成果由于年代久远，资料缺失等原因，未能在此介绍。

第四章　成果转化与科技服务

江苏省农业科学院蔬菜研究所是国内最早进行科技成果开发与转化的农业科研院所，科技创新与科技服务一直是全所工作主线。

第一节　成果转化

1984 年，蔬菜所第一批品种‘苏蜜 1 号’西瓜、‘早丰一号’辣椒等开始繁种开发。其后各个课题组相继参与成果转化工作，蔬菜所一批蔬菜品种得以在生产上推广应用。

1984 年，蔬菜所正式成立开发部，组织全所职工努力转化自己的科技成果变为生产力，将全所开发工作统一到开发部，由开发部负责种子加工包装、市场营销等工作，各课题组主要负责繁种与技术服务等，协助开发部进行成果转化。在产生巨大社会效益的同时，研究所本身也得到一定的经济效益，从而改善科研条件，新建科研楼3 000平方米，充实了科研设备，改进了试验条件。

2003 年，在院指导下，成立江苏省江蔬种苗科技有限公司，独立法人，与蔬菜所一体运行，在公司体制下研发。

2005 年，公司与蔬菜所分置，蔬菜研究所面向社会种子企业，在院知识产权平台上，以转让品种权、合作开发等形式从事科技成果转化，协助种子企业繁种与技术服务。

2015 年，蔬菜所成立全资的南京杰蔬农业科技有限公司，搭建所级成果转化平台。对上负责与院知识产权处（现成果转化处）对接，将蔬菜所的科技成果转让到公司，对外负责与合作的种子企业签订各类合作协议，提供技术服务等，对内由各研究方向以事业部形式在公司平台运行，各自负责所属作物品种的开发转让等工作，各研究方向自负盈亏。

一、成果转化简况

建所以来，多个蔬菜作物的系列品种进行了开发转让，取得较好转让收益。转让品种明细详见下表。

各蔬菜作物转让开发的品种

作物	品种
辣椒	早丰一号，苏椒 2 号、3 号、5 号、6 号，江蔬 1~7 号，苏椒 11~17 号，苏椒 1614 等超过 20 个
番茄	霞粉、江蔬 1 号、江蔬 2 号、江蔬 3 号、江蔬 14 号、苏红 2003、一串红、七仙女、柿子王、苏粉 9 号、苏粉 8 号、金陵美玉、金陵佳玉、金陵宝玉、金陵梦玉、金陵琢玉、阳光、露比、金陵黛玉等
茄子	苏长茄，苏崎茄，苏崎 1 号，苏崎 3 号，苏崎 4 号、苏茄 5 号、6 号、7 号、8 号、9 号等

（续表）

作物	品种
西瓜	苏蜜1号、苏蜜2号、抗病苏蜜、抗病苏红宝、早抗京欣、苏蜜5号、苏蜜6号、橙兰、苏蜜8号等
甜瓜	维多利亚、苏甜1号、苏甜2号、珍珠、红珍珠、黄金蜜翠、白雪等
白菜	夏丰、双冠、东方2号、东方18、新秀1号、矮精灵818、热矮001、新秀1602等
甘蓝	春丰、春丰007、春眠、苏晨1号、苏甘8号、博春、苏甘20、苏甘21、苏甘27、苏甘28、嘉兰、甜味55、探春、翠美、苏甘55和苏甘65等
花菜	青峰、苏青3号等
毛豆	苏豆8号，苏豆7号、早生白鸟等
豇豆	早豇1号、早豇2号、早豇3号等
四季豆	78-209、81-6、苏菜豆2号等
丝瓜	江蔬1号丝瓜、江蔬肉丝瓜等
苦瓜	秀玉1号、秀玉3号、秀玉4号、白雪等
黄瓜	早抗、露丰等
冬瓜	马群1号、春早1号等

各年度成果转化纯收入（1988—2018年）

年份	纯收入（万元）
1988	77.163
1989	38.626
1990	61.08
1991	76.947
1992	112.12
1993	109.66
1994	103.254
1995	271.5
1996	555
1997	718
1998	660
1999	140.79
2000	520.0
2001	30.7
2002	161
2003	江蔬种苗（蔬菜研究所）阶段
2004	江蔬种苗（蔬菜研究所）阶段

（续表）

年份	纯收入（万元）
2005	江蔬种苗–蔬菜研究所阶段
2006	94.4
2007	141.32
2008	41.5
2009	106.7
2010	120.3
2011	131.5
2012	154.7
2013	291.1
2014	291.3
2015	458.7
2016	631.8
2017	439.18
2018	445.8

二、成果转化典型案例

蔬菜所老一辈专家高度重视新品种的推广与应用。‘早丰一号’辣椒新品种育成后即在南京市郊区大面积推广，同时在全国10多个市大面积推广，面积达几百万亩之多。苏抗系列番茄品种，苏椒系列辣椒品种，‘苏蜜一号’西瓜品种，‘苏晨一号’‘春丰’‘春雷’等甘蓝品种都先后在省内外大面积推广应用，并获得较好的经济效益与社会效益。

早在1978年，蔬菜所率先开展科技开发，在时任所长徐鹤林领导下，由杨起英、郭辉等同志成立专门开发团队，专门负责新品种的技术开发。先从‘苏蜜一号’西瓜和‘早丰一号’辣椒开始，陈振武、郭辉、丁犁平等赴新疆及东北繁种，然后在所内组织包装和销售，白手起家，当年获得开发收入20多万元，而后得到逐渐发展壮大。1996年，科技开发毛收入突破1 000万元。

苏椒5号：1993年和1996年分别通过江苏省、全国农作物品种审定委员会审定。辣椒课题组在培育新品种的同时，积极开展新品种的成果转化与示范推广工作。在江苏徐州、安徽萧县、砀山、山西原平、甘肃张掖、海南三亚建立‘苏椒5号’良种繁育基地，在江苏（南京、淮安、徐州、连云港、盐城、扬州、南通、镇江、常州）、山东临沂、安徽和县、四川南充、重庆市郊、湖北武汉、广东茂名、云南元谋、海南临水、辽宁沈阳、黑龙江哈尔滨等地建立‘苏椒5号’新品种示范基地。

20世纪90年代，适逢我国蔬菜产业及保护地蔬菜快速发展的大好时机，‘苏椒5号’耐低温、连续坐果性好、膨果速度快、前期产量高、效益好，特别适于保护地栽培，深受种植者喜爱，同时‘苏椒5号’皮薄质脆微辣口感好，又深受消费者青睐。

‘苏椒5号’从育成到1996年，很快在全国二十多个省（市）得到了大面积推广，成果转化收益逐年成倍增长，1996 年，‘苏椒 5 号’纯收益达到 380 万元，很多种植户通宵排队、凭身份证购买，出现了当时“一袋种子难求”的空前盛况。

在‘苏椒 5 号’成果转化过程中，辣椒课题组的科研人员狠抓育种质量，蔬菜所经营部的销售人员积极开拓市场，成就了‘苏椒 5 号’成果转化的辉煌。

苏蜜 1 号：1980 年育成以来，以其早熟、优质、肉细、皮薄、汁多、味甜、梯度小，适于麦瓜稻岔口和早春栽培，长居优势而不衰，自 1985 年开始连续几年，每年栽培面积占全省西瓜栽培面积的 70%左右，每年 70 万亩左右，累计推广面积达 600 多万亩，取得社会效益 7 亿元。

‘抗病苏蜜’等西瓜新品种　针对大面积生产上枯萎病等问题，在国内率先开展西瓜抗枯萎病育种究工作。先后育成‘抗病苏蜜’‘抗病苏红宝’‘苏蜜 5 号’‘早抗京欣’等抗病西瓜新品种并通过江苏省品种审定委员会审（鉴）定，累计推广 500 多万亩；其中‘抗病苏蜜’成为 20 世纪 90 年代江苏省及周边省份大棚西瓜早熟西瓜主栽品种，‘抗病苏红宝’成为华东地区露地中晚熟西瓜主栽品种，并远销缅甸。‘苏蜜 5 号’成为 20 世纪 90 年代以后江苏省中早熟西瓜主栽品种。

1997 年在海南繁育‘苏椒 5 号’辣椒

郭辉赴新疆繁育‘苏蜜一号’西瓜

第二节 科技服务

蔬菜所从建所开始，即对外开展科技服务工作，提出了“服务当地、服务当时”的口号。从最初的无偿服务到后来的部分有偿服务，从服务农户到服务农业新型经营主体、园区、政府，从兼职服务到组建专职的科技服务队伍，从服务关键节点到延伸服务蔬菜全产业链，从服务省内蔬菜产业到延伸服务省外重点蔬菜基地、革命老区。随着农业产业结构调整、农业新型经营主体不断涌现、社会经济条件不断发展及蔬菜所内部的不断改革发展，在科技服务的形式与内容上，也不断变化。但始终坚持以服务“三农”为己任，围绕全省蔬菜产业全产业链上的关键节点问题与制约因素，开展科技创新与科技服务，为江苏省蔬菜产业发展做出了重要贡献。

20 世纪 60 年代，蔬菜所与南京市及雨花区结合，分别在南京市红花公社、紫金山公社建立蔬菜样板，示范推广大、小棚覆盖早熟栽培技术、蔬菜育苗新技术、茄果类蔬菜杂种优势利用技术等，坚持以点带面，内外结合，抓技术培训，普及科学知识，推动产业发展。到 80 年代，又与南京市结合在马群乡建立基点，开展蔬菜早熟高产优质多品种、堵缺补淡综合技术研究，取得显著效果，既推广了品种技术，推动马群地区及周边蔬菜生产，又培养了人才，促进了科研。

1976 年选派沈善铜等人参加省市区三级科技服务点，在苜蓿园科技点开展科技服务工作。

1978 年开始，选派陈广福、赵华崙等科技人员到马群镇新菜区、红花公社老菜区蹲点，服务地方蔬菜生产。

1996 年开始，为地方政府、园区、基地、企业提供规划服务，包括科技示范基地、科技园区、大型蔬菜专业化生产基地、现代农业产业园、现代农业产业示范园等的总体概念性规划设计与详规性设计。

1996 年，积极响应全省科技促小康工程，选派科技人员到原淮阴市淮阴县任科技副县长，为地方农业产业服务。先后选派沈善铜、羊杏平、王伟明三届科技副县长。

2008 年，为加强院地合作，服务地方，为宿迁市选派科技副县长，先后为泗阳县、宿城区选派挂职干部。

2009 年，蔬菜所成立了科技服务项目组（2015 年改为科技服务部），搭建科技服务平台，抽调专人从事科技服务工作。

2011 年，积极响应省委组织部号召，选派科技人员参加科技镇长团，到地方任职，服务地方产业。其中在常熟碧溪新区，连续派出 5 届科技人员，挂职服务碧溪蔬菜产业。在仪征、洪泽、宿城、响水也先后选派科技人员参加科技镇长团。

2017 年，与地方政府、企业共建产业研究院，为地方专项、特色蔬菜产业发展提供服务。与常熟市政府、中利集团成立中利光伏农业产业研究院，与响水县政府成立响水西兰花产业研究院。

2018 年，选派科技人员参加省委扶贫工作队，赴苏北重点帮扶县经济薄弱村任第一书记参加扶贫工作。

一、科技服务内容

1. 蔬菜产业规划设计

一是为地方发展蔬菜产业出谋划策，提供帮助编制规划；二是为园区、企业做蔬菜生产布局规划设计；三是为地方休闲农业发展提供蔬菜产品创意设计。

2. 蔬菜“三新”成果示范推广

一是在产业集中区，依托地方企业、园区、合作社等建立蔬菜所新品种、新技术、新模式成果核心示范基地，如常熟综合示范基地、泗阳和江宁谷里专业示范基地。通过地方企业、园区、合作社的辐射带动作用，推广应用三新成果；二是在蔬菜所六合科研基地建立成果核心示范区，每年集中邀请省农委、科技厅、地方政府相关部门、省内园区、企业、合作社、大户等前来观摩指导。

3. 农技队伍与生产能手的培训与培养

一是专家驻点指导。每年依托科技服务项目，选派科技专家驻点指导，通过现场指导、田间实训，及时解决地方蔬菜生产中的问题，同时培养地方生产技术人员；二是集中培训。每年组织科技专家到地方，采用集中授课方式，培训地方人员；三是人员交流培训。每年接收地方政府农技部门、科研单位、园区、企业等选派的科技人员，安排他们到不同方向的研究室，边工作边培训。

4. 新型经营主体经营管理咨询服务

发挥省级农业科学院的平台优势与农业科技资源集中优势，为新型农业经营主体提供组织框架设计、商业模式、盈利模式、管理模式、农业政策咨询等服务。

5. 政府决策咨询参考

阶段性到生产一线进行产业调研，包括新型农业经营主体的经营管理情况、营收情况、政策障碍、存在问题，地方产业发展趋势，主要蔬菜作物生产情况等。形成调研报告，为行业部门或地方政府的农业决策提供信息咨询与参考。

二、科技服务成效

1. 助推地方蔬菜产业发展

以自主创新新品种、新技术为抓手，紧紧围绕服务“三农”、科技创新、成果转化，集结全所科技专家，服务全省各类农业经营组织，有效促进地方农业产业发展、升级，农民增收。全省 13 个地级市，主要蔬菜产区均有蔬菜所科技服务的影子。其中东台、江宁的西瓜产业、灌云的芦蒿产业、响水的西兰花产业、淮安的春提早辣椒等均是在蔬菜所科技力量助推之下快速发展起来的典型案例。

2. 助力科技成果转化

一是在开展科技服务中，以蔬菜所的科技成果为抓手，通过对科技成果的示范推广，加快科技成果在生产上的应用速度。科技成果（尤其是新品种）在接受生产检验后，更能提高成果转化应用单位的信心，有利于新品种、新技术等科技成果的商业化转化；二是已经转化的科技成果，在后续的推广应用中，成果拥有者与转化推广单位相互配合，提供必要的技术服务，有利于成果的快速转化应用，尽快产生经济效益。

3. 培养锻炼一批科技人才

科技人员在科技服务中，自身能力得到锻炼提高。一是对生产一线的情况熟悉了解，有助于明确自身科研育种方向；二是新成果在生产中推广应用，接受生产实践的检验，有助于发现问题，解决问题；三是通过挂职服务等形式，参与地方政府工作，有助于自身综合素质的提高。蔬菜所目前现任的四位所领导中，有三位领导均有在地方挂职服务的经历。

4. 涌现一批科技服务专家（明星）

蔬菜所许多专家凭借深入基层开展科技服务工作的突出成绩获得多项表彰，其中 2 位同志 2009 年被评为全国优秀特派员，10 位同志获得江苏省级优秀科技特派员，1 位同志获得南京市优秀科技特派员荣誉称号，2位同志荣获江苏省20佳富民标兵称号，4位同志荣获江苏省挂县强农富民工程先进个人称号等。

5. 提高研究所社会美誉度

一是各级领导视察与调研指导①时任江苏省委书记李强到响水视察江苏省农业科学院博士服务工作站；②省委常委、省纪委书记、省监委主任蒋卓庆到淮安示范基地调研指导。

二是重量级的新闻报道①中央电视台新闻联播节目报道江苏省农业科学院与响水共建西兰花产业研究院；②新华社新华视频现场采访响水西兰花产业研究院。

科技人员挂职服务一览表

姓　名	挂职地点	挂职时间	职　务	挂职来源
沈善铜	淮阴市淮阴县	1996年2月—1997年2月	副县长	院地合作
刘金兵 金建康	淮安市淮阴区棉花庄乡	1996年3月—1996年12月		院地合作
羊杏平	淮阴市淮阴县	1997年3月—1999年3月	副县长	院地合作
江　蛟	淮安市淮阴区棉花庄乡	1997年3月—1997年12月		院地合作
庄　勇 潘宝贵	淮安市淮阴区棉花庄乡	1998年3月—1998年12月		院地合作
高　军 王克娟	淮安市淮阴区棉花庄乡	1999年3月—1999年12月		院地合作
王伟明	淮阴市淮阴县	1999年4月—2000年2月	副县长	院地合作
王伟明	淮阴市洪泽县	2000年3月—2002年1月	副县长	省委组织部
王伟明	盐城市沿海开发办	2010年5月—2012年5月	副主任	省委组织部
刘金兵	江阴市徐霞客镇	2010年8月—2011年8月	副书记	科技镇长团
赵统敏	宿迁市泗阳县	2011年7月—2013年8月	副县长	院地合作
樊平声	常熟市碧溪新区	2011年8月—2013年8月	副书记	科技镇长团
刘金兵	宿迁市农科院 宿迁农科所	2012年7月—2015年9月	党委委员、 副院长；副所长	院地合作
苏小俊	常熟市碧溪新区	2013年8月—2014年8月	副主任	科技镇长团
魏国平	常熟市碧溪新区	2014年8月—2016年8月	副书记	科技镇长团
苏小俊	仪征市枣林湾生态园	2015年8月—2016年8月	副主任	科技镇长团
高文瑞	淮安市洪泽县 农业委员会	2015年8月—2016年8月	副主任	科技镇长团
赵统敏	宿迁农科所	2015年9月—2017年5月	所长	院地合作
庄　勇	宿迁市宿城区	2016年2月—2018年2月	副区长	院地合作
徐　海	常熟市碧溪新区	2016年8月—2018年8月	副书记	科技镇长团
徐　海	江苏常熟国家 农业科技园区	2017年8月—2018年8月	副主任	科技镇长团
刁卫平	淮安市淮安区	2017年12月—	副区长	院地合作
魏国平	宿迁市泗阳县王集镇	2018年4月—	副书记 徐渡村第一书记	省委驻泗阳县 帮扶工作队

（续表）

姓　名	挂职地点	挂职时间	职　务	挂职来源
宋立晓	常熟国家科技园区	2018 年 8 月—	副主任	科技镇长团
郑子松	响水县南河镇	2018 年 8 月—	副镇长	科技镇长团
万云龙	宿迁市宿城区	2018 年 10 月—	副区长	院地合作

第五章　科技人才

第一节　院蔬菜学科先贤

一、管家骥

管家骥先生（生卒不详），浙江上虞人。1921—1924年就读于金陵大学农学院学士学位，在美国康奈尔大学以甘蓝为材料进行研究获得博士学位。1932年9月起，在中央农业实验所兼职，任代理技正，主持蔬菜、薯类的研究工作。1943年，中央农业实验所建立园艺系，管家骥先生担任系主任。在整理我国已有地方品种的基础上，引进英、美薯种进行评比鉴定，在江苏、陕西、河北等地示范推广，产量增加一倍。撰写马铃薯种植的相关理论《我国马铃薯之改进》及《全国马铃薯改进计划草案》。抗日战争期间，管家骥先生先后在四川、贵州等地与美国专家合作，开展马铃薯引种和栽培技术研究，为马铃薯在贵州及西南其他地区的推广提供了重要的技术支持。与此同时，管先生为马铃薯在西南的扩种栽培的技术，包括打破休眠，实现一年二季栽培技术、马铃薯天然授粉与人工杂交技术等方面，做出重要贡献。著有《抗战后我国马铃薯栽培之展望》等著作。

二、吴光远

吴光远（1914—1978年）先生，江苏无锡人。1943年毕业于金陵大学农学院研究生院，获得硕士学位，同年进入迁至四川的原中央农业实验所。1945年5月—1946年7月先后在美国康乃尔大学蔬菜园艺系及加州理工大学生理研究所学习蔬菜育种及植物病理课程。回国后，任中央农业实验所园艺系技正。

吴光远先生在蔬菜科技工作上，做出了许多创新之举，对蔬菜生产和市场供应，做出了重要的贡献。在国内蔬菜科技界具有较高的威望，早在解放初期，国家制定科技发展十二年长远规划时，就曾邀请吴先生出席参加。

吴光远先生重视品种资源的搜集利用。早在解放初期，就有计划、有目的地从美国、日本广泛引进了大量优良的蔬菜和西瓜等品种，并在试验田中栽培，观察比较，筛选，不断组织蔬菜组科技人员，选优去劣，提纯复壮，撰写文章介绍推广，丰富了我国市场，很受农民欢迎。同时，吴先生对国内主要蔬菜地方品种资源的调查、收集整理与利用，获得一批早熟、优质、抗性强的材料，为蔬菜育种研究打下了坚实基础。

20世纪50年代中期，吴先生以‘新大和’西瓜为材料，引变成四倍体植株，并培育成三倍体“无籽西瓜”，开创了我国瓜类及蔬菜多倍体育种的先河。同期，吴先生从美国引进了黄皮洋葱的三系配套材料，研究其保纯和制种技术，并对地方品种黄皮洋葱、胡萝卜等品种不育系、保持系与恢复系进行研究。吴先生开展的洋葱、茄子的杂交优势利用工作带动了蔬菜组甘蓝、大白菜、辣椒等作物杂交优势利用研究。1965 年，吴先生在南京主持召开了第一次全国茄果类蔬菜育种经验交流会，会场展示的‘早×524’番茄、‘苏×长’茄子、‘早×甜’辣椒（早丰一号）已在生产上普遍应用，早熟丰产效果明显。与会者深受启发，回去后纷纷开展了茄果类杂交优势利用的研究，推动了蔬菜杂交优势利用在生产上的普及。

吴光远先生注重协作，坚持科研为经济建设服务，为生产服务，特别是为“两当”（当前、当地）服务。1960 年主持研究南京蔬菜区划，派人到各省辖市会同各市主管部门分别对徐州、连云港、淮阴、镇江、扬州、南通、苏州、常州等城市进行区划调查，发现各市蔬菜茬口布局的共同特点，有计划按比例地安排不同的茬口类型，合理搭配。该观点发表于《中国农业科学》（1961 年 11 期），对国内各大中城市制定蔬菜周年均衡生产计划，起到积极的参考作用。早在 20 世纪 70 年代初，正值“文革”期间，吴光远先生对缺菜问题主动进行调查、走访，针对主要问题组织专题研究协作组，邀请省级有关大专院校，各市农业局、商业局有关技术干部共同参加，分工协作，每年分春、秋两次由各市轮流承担做东。组织现场总结交流，团结了省内广大蔬菜专业技术人员，总结了群众经验，推广了科研成果，提高了蔬菜供应水平，活跃了学术气氛，得到了领导、群众和广大技术人员的欢迎。这种大协作形式在当时其他省市尚属少见。

吴光远先生把科研工作视为关系国计民生的事业来追求，不仅本人的工作作风严谨，实事求是，还十分重视培育人才，组织团队。吴先生为人谦和，做事稳重冷静，与省内外相关单位的关系和谐而密切，深受同行和学生们尊敬。1978 年冬，他从广东开会后直接赶到北京开会，由于两地温差大，一时难以适应，原有的慢性气管炎复发，回南京后又未得到及时诊治而去世，这是江苏省科研界的重大损失。但他的业绩是不可磨灭的。

（摘编自《怀念吴光远先生》，作者徐鹤林，《缅怀农学前辈》凤凰出版传媒集团/江苏科学技术出版社，2006 年 10 月第一版）

第二节　建所后副研究员以上专家

据统计，截至 2019 年 5 月，退休研究员 14 人，副研 12 人；在职研究员 17 人，副研 33 人。部分专家简介根据人事档案材料整理。

一、退休研究员

陈广福（1927 年 7 月—），男，浙江黄岩人，中国共产党党员，研究员。1951 年毕业于上海复旦大学园艺系，同年参加工作；1952 年调入华东农业科学研究所园艺系任技术员。曾任中国园艺学会会员；江苏省园艺学会常务理事；南京蔬菜学会副理事长等职。

作为江苏省农业科学院 1955 年支援西藏建设的科技干部，在西藏工作 20 多年，曾担任日喀则专区农科所副主任、兼支部书记。1957 年，作为西藏代表团成员，出席全国农业劳动模范代表大会。在藏期间，做了大量蔬菜适应高原地区栽培的引种引变工作，为培育适应高原地区栽培品种做出了贡献。其中“晚抽薹大白菜研究”获西藏自治区人民政府五等奖；本人先后被评为“日喀则地区及西藏自治区先进工作者”。获得国家民委、劳动人事部、中国科协授予“在少数民族地区长期从事科技工作荣誉证书”，西藏自治区政府授予“和平解放西藏、建设西藏、巩固边防做出贡献荣誉证书”。

1977 年调回江苏省农业科学院（园艺所）蔬菜所。主要从事蔬菜地膜栽培贮藏保鲜及宏观农业研究。获得全国技术改进一等奖 1 项，参与编写的《江苏省综合农业区划》获国家区划委一等奖。先后在蔬菜塑料大棚覆盖及地面覆盖栽培技术研究，番茄、辣椒产地简易贮藏技术研究，晚抽薹春夏大白菜开发研究技术（结合在西藏工作的继续）均做出贡献。

丁犁平（1928 年 1 月—2014 年 5 月），男，安徽萧县人，中国共产党党员，研究员，国务院政府特殊津贴专家。1953 年毕业于浙江农学院果蔬专业，1956 年调入江苏省农业科学院工作。曾任中国农学会遗传资源委员会第一届委员，江苏种子学会第一届理事，《中国蔬菜品种志》《中国主要蔬菜抗病育种进展》及《辣椒杂志》编委，硕士研究生导师。

主持“江苏省蔬菜地方品种调查，收集与整理”“江苏省特产蔬菜开发利用”以及国家“六五”“七五”期间科技攻关项目专题等重大项目，并在江苏省蔬菜区划，茄子、大蒜等新品种选育及推广方面做了大量的工作。曾远赴新疆及东北繁殖‘早丰一号’辣椒种子，使杂交种子产量由亩产 5 千克上下提高到 30~40 千克，最高达 60 千克，是国内最早开发蔬菜品种先例之一。良种不仅覆盖全省，有些遍及全国，取得了重大经济效益与社会效益。

发表论文近 20 篇，代表作《辣椒杂种优势利用》，参编《中国主要蔬菜抗病育种进展》以及《中国蔬菜品种资源目录》，对当时生产具有较大指导意义。获得农业部科技进步二等奖等省、部级以上科技成果奖 7 项。

徐鹤林（1928 年 12 月—2012 年 4 月），男，安徽巢湖人，中国共产党党员，研究员，国务院政府特殊津贴专家。1953 年毕业于浙江农学院果蔬专业，1955 年调入江苏省农业科学院。1982—1983 年赴美国密执安州立大学进行蔬菜抗病育种合作研究。曾任中国园艺学会第七届理事会理事、江苏省园艺学会副理事长、江苏省蔬菜研究会副会长，江苏省科协委员，《中国蔬菜》《江苏农业科学》杂志编委等职。荣获“南京市城郊型农业有突出贡献的专家”称号。1995 年被授予“科技功臣”荣誉称号并予重奖。

承担国家“六五”“七五”“八五”攻关课题和部、省蔬菜新品种选育重点课题任务，共选育出番茄、辣椒、西瓜、甘蓝、大白菜等优良新品种 20 多个，在几十个省、市大面积推广应用。其中，番茄育种方面，为国内番茄杂优利用及抗病育种的开拓人，首先发掘高抗菸草花叶病毒（TMV）的抗源材料 Manapal $Tm2^{nv}$，进行了系列利用，培育出苏抗系统红果系列、粉果系列、加工系列优良抗病一代杂交 10 多个，在国内大面积推广。同时还将该抗源推荐给国内各番茄育种单位，被广泛采用，形成我国番茄育种的特色，基本上控制我国番茄 TMV 的为害。主持选育辣椒新品种‘早丰一号’是我国第一个在生产上推广的辣椒一代杂种。用甜椒与辣椒杂交培育辣椒一代杂种的育种模式也广为国内各育种单位所采用。

发表论文 40 多篇，主编出版《中国番茄》等专著 10 余部。获得国家科技进步二等奖 1 项、三等奖 2 项，江苏省科技进步二等奖 2 项，农业部科技进步二等奖 1 项。

徐润芳（1931年6月—），女，湖北武汉人，研究员。国务院政府津贴专家，第六届、第七届江苏省政协委员。

从事瓜类作物育种及新品种示范推广研究。20世纪50—60年代，在江苏全省各地区调查搜集资料，首次总结提出江苏省蔬菜生产中三大茬口类型及其合理搭配，以缓解露地蔬菜生产均衡供应的论点。20世纪70年代末，以湖南省农业科学院的优良组合‘蜜宝×兴城红’为材料，通过加代、自交分离选择，选育出‘苏蜜一号’西瓜新品种，在80年代中期每年推广面积近50万亩，占全国西瓜种植面积60%左右。获得了较大的经济效益和社会效益。20世纪90年代初，选育出早熟、优质抗西瓜枯萎病的新品种‘抗病苏蜜’，连作地死株率低，种子供不应求。

1983年受农业部选派美国密执安州立大学农学院访学一年。1985年农业部引进日本甜瓜专家森田欣一先生来蔬菜所开展合作研究，制订出多雨地区厚皮甜瓜引种及配套技术。曾参加国际葫芦科学术会议、国际园艺学会以及海峡两岸西瓜、甜瓜抗病育种学术会议等国际会议，并应邀作大会发言，加强了国际交流与合作。

发表学术论文6篇，出版系列丛书3部。获1984年度江苏省科学技术进步三等奖1项。曾作为瓜类研究室主任，带领瓜类室荣获1985年江苏省人民政府颁发的先进集体称号。

赵华崙（1935年5月—），男，浙江奉化人，中国共产党党员，研究员。1962年7月毕业于北京农业大学农作物遗传育种专业。国务院政府特殊津贴专家。曾任中国园艺学会辣椒研究会第一届理事会会长、第二届名誉会长，中国园艺学会蔬菜良种产业化协会顾问，江苏省农作物品种审定委员会委员，南京蔬菜专家库成员等。

1965年10月从北京市农业科学院蔬菜所调入本院，长期从事蔬菜作物育种及新品种示范推广和农业宏观研究。主持国家及省、市、院下达的课题多项。参与主持“六五”“七五”农业部、国家攻关“辣椒新品种选育”课题；主持国家“八五”攻关全国“甜（辣）椒新品种选育技术研究”专题。选出省级审定甜辣椒、菜豆新品种多个。在宏观研究方面，1983年撰写的《加强我省蔬菜工作的建议》，列为江苏省长远规划参考资料。参加“江苏农业技术政策”课题研究，报告要点已由省政府转发各地试行。调研并撰写《江苏省蔬菜生产技术发展研究》，选入省科委主编的《2000年江苏科技经济发展战略研究》一书。参加调研和参与编写《江苏省蔬菜区划》，编入《江苏农业资源与综合区划》，该书获全国农业区划委员会和农业部优秀科技成果一等奖。

获农业部科技进步二等奖、省科技进步二等奖、省科技进步四等奖等多项奖励。

沈善铜（1938年4月—），男，江苏苏州人，中国民主同盟盟员，研究员。1961年毕业于苏州农业职业技术学院（原苏州农业专科学校）园艺专业，并分配到江苏省农业科学院园艺系工作。曾任原淮阴县科技副县长，中国农用塑料应用技术学会理事，中国农业工程学会农用设施专业委员会委员，江苏省农业工程学会植物环境专业委员会主任委员等职。

从20世纪60年代初期即从事露地蔬菜栽培技术和塑料小棚蔬菜栽培技术的试验研究和示范推广，20世纪70年代以后，从事以塑料大棚、日光温室为主的设施蔬菜配套栽培综合利用技术的试验研究和示范推广。“七五”和“八五”期间，主持农业部专题或子专题以及省科委与全国农技推广总站等多项相关课题。在省内乃至国内首先提出和开展塑料大棚综合利用试验研究和示范推广，并在全省大棚发展过程中最先组织和主持塑料大棚栽培技术协作组，开展综合利用配套技术及规范化栽培技术的试验研究和示范推广，为江苏省和长江流域地区棚室蔬菜的发展提供了科学依据和规范化实用配套技术，促进和推动了该地区棚室蔬菜的发展。

作为主要完成人先后获得国家科技成果三等奖 1 项，部级科技进步三等奖 3 项，省科委科技进步四等奖 1 项。另有省农林厅、中国农业工程研究设计院科技成果奖等多项。独立编著出版著作 2 部，参与编校著作 2 部，发表论文 10 余篇。

汪兴汉（1938 年 9 月—），男，安徽怀宁人，研究员，国务院政府特殊津贴专家。1960 年毕业于南京农学院（现南京农业大学），1979 年 5 月进入江苏省农业科学院蔬菜（组）所工作。曾任江苏省园艺学会副理事长，中国园艺学会理事、蔬菜专业委员会委员，中国园艺学会长江蔬菜协会副理事长，《长江蔬菜》杂志编委，江苏省农业标准化技术委员会委员，江苏省注册咨询专家。曾任南京市栖霞区政协第四届、玄武区第七届政协副主席。

参加江苏省综合农业区划中蔬菜区划起草和南京地区蔬菜高产优质多品种堵缺补淡综合技术研究以及江苏省蔬菜食物消费结构分析研究，主持国家自然科学基金，农业部、省科委等项目 18 项。重点围绕蔬菜地膜覆盖栽培技术，蔬菜无土栽培技术，蔬菜根际环境极其控制技术，以茄子为主的蔬菜需肥规律与施肥技术，蔬菜产品环境污染及其控制与治理技术等进行研究。提出了控制与治理蔬菜环境污染，生产无污染、少污染产品的综合措施。

发表科技论文、报告与专文 40 余篇，参编著作 10 部。共获各类成果奖 12 项，其中，国家科技进步一等奖 1 项、农业部科技进步一等奖、农业部科技进步二等奖各 1 项，江苏省科技进步四等奖 2 项。

丁凤珍（1939 年 2 月—），女，江苏扬州人，研究员。1961 年毕业于南京农学院（现南京农业大学），同年入职里下河水稻科学研究所，1982 年调入江苏省农业科学院，1984 年筹建蔬菜所食用菌研究组，从事食用菌、药用菌研究。创建之初，技术干部只有 2 人，第一年生产高、中、低温型菌种 3 万瓶，供应农民生产。随着时间推移，食用菌场地和设备有了很大改善，技术干部也发展为 5 人，成立了食用菌研究室，并有了固定的工人。

先后主持承担 10 余项食用菌研究课题。荣获江苏省科技进步奖三等奖 2 项，江苏省科技情报一等奖 1 项。发表论文 32 篇，其中第一作者 21 篇，有 2 篇被第五届世界食用菌生物学大会录用。出版第一作者专著 4 部。

孙洁波（1942年5月—），女，江苏武进人，研究员。1965年毕业于南京农学院（现南京农业大学）园艺系。国务院政府特殊津贴专家，曾荣获全国城镇妇女“巾帼建功标兵”、南京市“科教兴农工作先进个人”、院先进工作者等荣誉称号；中国园艺学会辣椒研究会第一届理事会副会长、第二届理事会顾问。

主要从事辣椒抗病育种研究及推广工作。先后主持“八五”国家科技攻关子专题、“九五”农业部辣椒重点专题及子专题、辣椒开发性研究国际合作项目等重点课题，参加“六五”“七五”辣椒育种国家攻关专题等重大项目。

选育适合保护地栽培早熟、丰产、抗病品种‘苏椒5号’，适合露地栽培中熟牛角椒‘苏椒2号’，适合露地栽培中晚熟羊角椒‘苏椒3号’，选育适合保护地栽培甜椒品种‘翠玉’等，参加及主要完成选育苏椒系列品种10个。‘苏椒5号’在全国科委举办的“星火实施十周年暨‘八五’农业科技攻关成果博览会”上被评为优秀项目。苏椒系列，特别是‘苏椒5号’‘苏椒2号’在江苏、安徽、四川等十多个省市大面积推广。

以第一作者发表论文6篇，主编或参编专著8部。获部省级科技进步二等奖2项，院科技开发特等奖3项。

丁万霞（1951年11月—），女，江苏新沂市人，中国共产党党员，三级研究员。国务院政府特殊津贴专家。1976年7月毕业于苏州大学蚕桑学院。1998年获江苏省“三八”红旗手称号。1979年调入蔬菜所工作。

主要从事甘蓝类蔬菜的育种，耐热、耐寒、抗病等新材料的选育，新品种示范推广和成果转化等工作。“八五”“九五”“十五”期间先后主持和参加了国家攻关项目“甘蓝耐先期抽薹、耐高温育种材料的选育”，863项目“南方主要蔬菜新品种选育及高效育种技术研究”“优质出口型蔬菜新品种选育与杂交育种技术研究”“主要蔬菜分子育种技术与新品种选育”；主持江苏省农业科技攻关项目、高新技术研究项目、省成果示范推广等项目。

获得国家外经贸部科技进步二等奖1项，省科技进步三等奖2项，院科技进步二等奖1项，院科技开发特等、一等、二等奖多项。获国家植物新品种权2个；参加及主持选育春、夏、秋甘蓝新品种10余个。先后撰写专业论文30余篇，出版专著3部。

沙国栋（1952年3月—），男，江苏靖江人，中国共产党党员，研究员。曾任江苏省农业工程学会常务理事、植物环境工程专业委员会主任。

主要从事高品质蔬菜生产技术原理、配套技术研究。连续20年深入基层开展科技服务，在农村建立试验示范基地，研究蔬菜实际生产中出现的突出问题和优质高产关键技术，并在生产上推广应用。1993年在国内率先开展蔬菜清洁生产技术研究，主持完成了国家攻关子专题、国家重点科技攻关计划、省科技攻关计划项目和国际合作项目、省科技支撑计划项目和科技厅招标项目等多项重点研究课题。

1993 年开始到睢宁县蹲点 4 年，1998 开始任江苏常熟国家农业科技园区蔬菜专家，2006 年开始到灌云县发展日光温室芦蒿产业。荣获“江苏省 30 佳科技富民标兵”“全国优秀科技特派员”“江苏省农业科技创新与推广先进个人”等多项荣誉，省农业科学院科技服务先进工作者十多次。先后获科技成果奖 11 项，发表论文 50 余篇。《苏南地区设施蔬菜持续高效技术研究初报》荣获“九五”国家科技攻关计划农业领域优秀论文。

顾和平（1954 年 4 月 12 日—），男，江苏靖江市人，中国共产党党员，研究员。1978 年 7 月毕业于江苏农学院农学系。1979 年 4 月 23 日开始在本院工作。2006 年 8 月—2014 年 4 月在蔬菜所工作。国家农作物审定专家，江苏省农作物审定委员。2016 年 8 月，江苏省科协聘任为江苏省首席科技传播专家。

1979—1984 年，从事太湖地区麦豆稻轮作制度研究，1979—1990 年，参加江苏省野生大豆种质资源研究和春大豆新品种选育。1986 年后，主要从事豆类新品种选育，先后主持国家栽培大豆种质资源研究子专题 2 项，国家野生大豆种质资源研究子专题 2 项，江苏省大豆新品种选育课题 3 项，江苏省农林厅三项工程项目 1 项，江苏省自然基金项目 1 项，江苏省农业自主创新项目 1 项；参加国家、省级项目 15 项。主持育成豆类新品种 7 个，参加育成豆类新品种 13 个。

发表科技论文 32 篇，其中学报级论文 4 篇。参与编写科技书籍 4 部。获得江苏省科技进步三等奖 2 项、镇江市科技进步一等奖 1 项。

2010 年，被农业部科技司评为援助非洲先进工人。1999 年，被省委扶贫促小康工作组评为先进工作者。

袁希汉（1955 年 4 月—），男，江苏宝应人，中国共产党党员，二级研究员。1978 毕业于江苏农学院农学专业，同年进入蔬菜所工作。1999 年，江苏省有突出贡献的中青年专家；2000 年，江苏省五一劳动奖章获得者；2000 年，南京市劳动模范。

主要从事十字花科和瓜类蔬菜遗传育种与栽培技术研究工作。从“六五”开始参加或主持了国家攻关计划、科技部农业支撑计划、“863”计划、国资委委托研究等各类课题 20 余项，省科技厅、省农委及省农业科学院各类项目 30 余项。

作为第一完成人获得国家发明专利 5 项，第一完成人育成审定（鉴定）品种 9 个，主持选育出‘夏丰’‘夏丰 40’‘双冠’‘热抗白’‘热抗青’‘东方’‘春佳’等系列大、小白菜新品种及‘江蔬一号’‘江蔬肉丝瓜’等丝瓜新品种，其中‘江蔬一号’是我国首个棒形杂交丝瓜品种，也是江苏省主栽品种。

培养硕士研究生 20 余名，发表论文 50 多篇。获江苏省科学技术进步二等奖、对外贸易经济合作部二等奖、江苏省科学技术进步三等奖各 1 项。

宋金俤（1956 年 10 月—）女，福建建瓯人，中国共产党党员，研究员。（长春）中国人民解放军农牧大学经济管理系毕业。江苏省技术咨询注册专家。曾任中国食用菌协会常务理事专家委员会常务委员、江苏省食用菌协会副会长等。

1988 年入职蔬菜所工作，主要从事食用菌遗传育种、季节性栽培及工厂化栽培、病虫害防治技术研究。主持部省级以上课题 18 项，主持选育国家认定品种 2 个、省级鉴定品种 3 个。开展食用菌病虫害防治与食用菌专用药剂研发，2002 年经国家登记高效低毒农药 4. 3%高氟·甲阿维（菇净）食用菌专用杀虫剂，填补了国内食用菌专用杀虫剂空白；2005 年登记 30%福百（菇丰）食用菌专用杀菌剂。两药在全国累计推广面积 15 万多公顷。“十二五”期间，作为国家食用菌产业技术体系食用菌虫害防控岗位科学家，研究出对双翅目害虫的无害化防控技术——两网一板一灯一缓冲，在全国推广。

获得部、省和市级科技成果奖 5 项和多项专利。出版食用菌方面的著作 14 部，发表论文 20 多篇。培训菇农 3 万人次以上。获得江苏省“双学双比”先进工作者，全国食用菌协会优秀科技人才，省百名巾帼科技创新典型人物等荣誉称号。

二、退休副研究员

饶隽民（1925 年 5 月—）女，湖南浏阳人，副研究员，1953 年毕业于浙江农学院果蔬专业。曾担任江苏省园艺学会会员。

毕业后，主要从事生物防治研究，对烟蚜茧蜂形态生物学特性，人工饲养、繁殖等进行较系统深入的研究，提出了提高烟蚜茧蜂治蚜效果的措施，探索了生物防治途径。

1981 年，调入江苏省农业科学院蔬菜所，参加了“江苏省蔬菜地方品种资源的研究”工作，前期作为第二主持人后为主要执行人，参与鉴定了 414 个品种，并对其大多数进行了繁殖更新和种子保存，在其研究的基础上选出了菊花心瓢儿菜及九头鸟雪里蕻优良地方品种，并有一定推广面积，同时选育出二个杂交一代优良组合。

1958 年被辽宁省旅大市农业局评为旅大市人委机关先进工作者。

王玉琳（1930 年 8 月—），女，江苏南京人，副研究员。1967 年毕业于吉林农业大学农学系，1979—1989 年在江苏省农业科学院蔬菜所工作。

蔬菜所为增加夏季“伏缺”期间蔬菜品种的供应，从亚洲蔬菜研究发展中心引进耐热类型品种。1985 年与亚洲中心合作，引进耐热大白菜一代杂种及品种，在此基础上，经过田间鉴定，筛选出两个抗性强、高产稳产，适宜长江流域种植的中晚型优良杂交组合，分别是“小青口 72049 两用系×石特 76—10-5-1-1 自交系”及“小青口 72049 两用系×连丰 75-1-1-7-1-9 自交系”。经院所批准命名为‘伏宝’ ‘青丰’，作为共同完成人，荣获院三等奖。

1982—1988 年，具体负责并主持全省大白菜新品种的区域试验，经全省每年 9 个区域试验点的鉴定，均认为这两个组合的抗病力强，产量较高。三年 27 个试点总平均产量分别列第一、第二位，通过了江苏省品种审定，列入推广品种，并颁发新品种证书。当时推广面积已达数千亩。后来经过全国大白菜区域试验，同样表现很好，抗病、高产、适应性广，并报全国品种审定委员会审定。

退休后继续返聘参加大白菜育种研究课题近四年，参加完成的"耐热大白菜'夏丰''双冠'新品种选育研究和应用"，荣获 1999 年省科技进步二等奖。

冯晓棠（1930 年 12 月—2019 年 1 月），男，上海嘉定人，九三学社社员，副研究员。1959 年毕业于山东农学院农学系。

先后承担和主持小麦杂种优势利用研究，是国内较早发现和较早研究小麦雄性不育者之一。早在 1963 年就在山东潍坊发现"潍型小麦不育系"。1976 年，调入江苏省农业科学院，1979 年育成一批优良的显性矮秆小麦系，经转育成不育系，在小麦利用雄性不育三系配复制种中可加以利用。小麦矮秆性遗传研究，获农业部科技成果三等奖。

在园艺作物组培方面，特别是芦笋组培的生根、成苗及通过组培途径解决国内芦笋种子生产问题等方面都有突破性进展。

获成果 2 项，发表论文 12 篇。

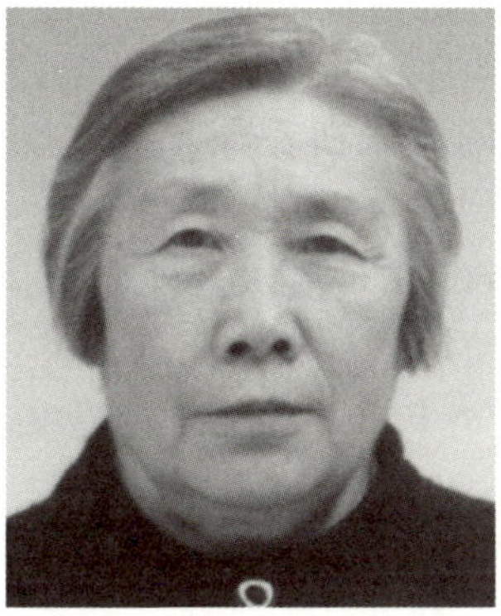

黄真诒（1931 年 6 月—），女，汉族，江苏宿迁人，副研究员。1954 年毕业于浙江农学院果蔬专业，同年到中国农业科学院江苏分院工作。

入职初期主要从事番茄杂种优势利用研究等，1963 年将研究成果"番茄的一代杂种优势及其表现规律"在《园艺学报》上发表。20 世纪 60 年代以后主要从事甘蓝育种工作。在'晨光平头'和'鸡心'两个品种中进行自交，不亲和性选育和组合测定，选出稳定的自交不亲和系 10 余个和不同类型，先后育成'苏晨一号''苏晨二号'和'春丰'3 个新品种。1984—1985 年先后经省审定通过，在省内外示范千余亩，其中'苏晨一号'参加全国区试，有 7 个省要求引种、扩种，反映很好。在蔬菜产区推广应用，经济效益显著，对蔬菜周年均衡供应起了很好的作用。

在甘蓝自交不亲和系和雄性不育系的选育和利用研究课题研究中，经回交五代，得到形态与轮回亲本相似的不育系若干个，对不育的原因，从形态观察，摸清规律，找出不育系结实率降低的原因，在栽培技术上采取措施，提高了结合率，取得成功。

黄真诒把试验研究，良种繁育与推广工作三者紧密结合起来，使良种在生产上更快更有效发挥作用。

陈振武（1934 年 3 月—2017 年 11 月）男，广东潮安人（系印度尼西亚归国华侨），中国共产党党员，副研究员。1963 年，毕业于南京农学院农学系果蔬专业，分配到中国农业科学院江苏分院工作。

长期从事瓜类栽培及育种工作。参加‘苏蜜一号’西瓜新品种的选育、扩大繁殖、示范推广。主动申请去新疆进行异地繁种，并第一个赴新疆落实基地，同时连续几年赴海南岛和厦门提供新疆繁殖生产用种，扩大繁殖原种，为‘苏蜜一号’开发和推广起到了重要作用。

主持“‘苏蜜一号’西瓜不同覆盖栽培效果研究”，为大面积推广应用‘苏蜜一号’提供早熟丰产配套技术。1983 年，任西瓜甜瓜新品种选育研究第二主持人和研究室副主任，主持华东区和江苏省西瓜品种区试，参加与日本合作项目西瓜防雨早熟栽培技术研究，主持并承担“晚熟抗病优质西瓜新品种选育研究”并筛选出两个较好的单系，主要经济性状基本稳定。

此外，还从事中、晚熟西瓜新品种以及西瓜早熟选育及生产栽培综合技术研究，参加选育‘苏甜一号’甜菜等工作。

获江苏省科技成果四等奖、江苏省农牧业技术改造三等奖、江苏农牧业技术改造四等奖、江苏省科技成果三等奖各 1 项，参编著作 1 部。

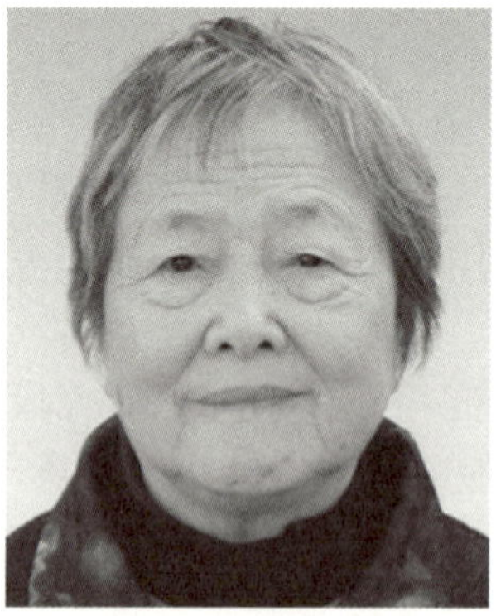

王元珪（1935 年 1 月—）女，江苏常熟人，副研究员。1958 年毕业于山东农学院植保系。

主要从事植保科研工作。1984 年，调入蔬菜所，主持“甘蓝、花菜黑腐病发生与防治技术研究”，在病原种类、发生环境和防治技术等方面取得了进展，主持芦笋茎枯病防治技术研究取得很好的结果。

参与“南京地区蔬菜高产、优质、多品种堵缺补淡综合栽培技术措施研究”获 1985 年南京市科技成果二等奖和省科技成果四等奖；参与“番茄、辣椒产地简易贮藏技术研究”获 1985 年省农业科学院科技成果五等奖。发表论文 4 篇。

赵桂芬（1935 年 11 月—） 女，黑龙江双城人，副研究员。1959 年毕业于沈阳农学院园艺系果蔬专业。

1978 年，调入江苏省农业科学院蔬菜组，主要从事蔬菜种质资源研究和四季豆育种工作。承担了“全国作物品种资源补充征集”和国家攻关“蔬菜种质资源繁种入库和主要性状鉴定”，作为“江苏省蔬菜品种资源研究”工作主要执行人，完成了 1 200多份种子的调查、征集、大田观察鉴定和整理编目、编志、保存等工作。从国外引种的大量菜豆资源中，筛选出一些有用材料，作为主要完成人选育出‘78-209’及‘81-6’两个品种，经省区试表现明显优于供给者，1989 年，通过江苏省品种审定，在生产上大面积推广。

作为主要完成人（第三）完成“蔬菜品种资源征集研究与应用”，1992 年获得农业部科技进步二等奖、1993 年获国家科技进步二等奖；作为参加人完成“全国作物品种资源补充征集”，1985 年获国家科技进步二等奖；另获江苏省农业科学院四等奖 1 次、五等奖 1 次。发表论文 5 篇。

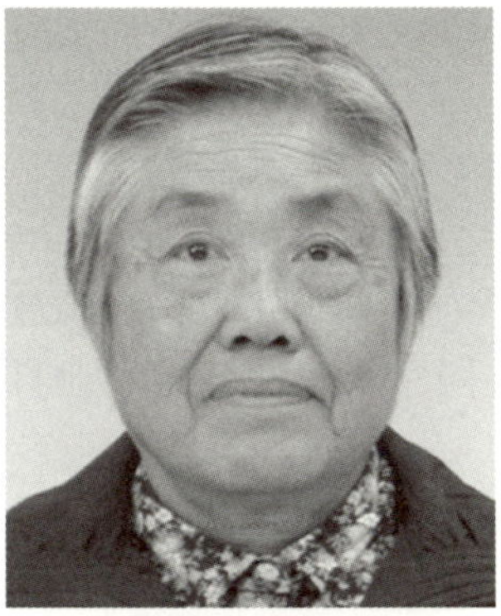

卢鉴植（1936 年 5 月—）女，四川乐山人，副研究员。1960 年毕业于西南农学院植保系。参与喀什地区棉花、橘、黄萎病的调查，对棉蓟马的发生规律及防治以及对甘蓝夜娥、黄地老虎辐射（钴 60）不育，黄地老虎性外激素的研究均取得一定成果。曾参加利用颗粒体病毒防治黄地老虎课题的部分工作。

1981 年，调入江苏省农科蔬菜所工作，参与“南京地区蔬菜高产、优质多品种堵缺补淡综合栽培技术措施研究”，获 1985 年科技南京市科技成果二等奖和省科技成果四等奖。

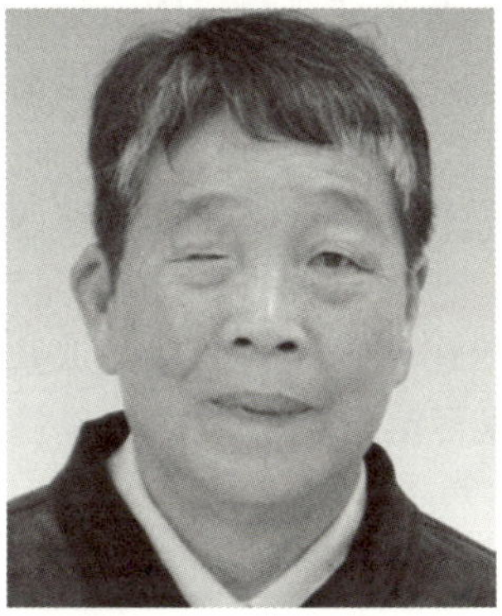

杨起英（1937 年 9 月—2015 年 4 月），女，江苏宝应人，中国共产党党员，副研究员。国务院政府特殊津贴专家。1959 年毕业于江苏省扬州农校，1960 年赴北京农业大学园艺系蔬菜专业深造。1965 年毕业后到天津市芦新河农业专科学校，任教导处主任。1972 年调至江苏省农业科学院工作，1982—1984 年期间，任江苏省农业科学院工会副主席。

在蔬菜所期间，主要从事蔬菜科研、管理及科技开发工作，先后参加大白菜新品种选育和茄子杂优利用研究，参加或主持高档蔬菜引种选育与栽培技术研究、国家主要蔬菜杂优利用推广协作项目、省科委切块项目等课题。参加配制大白菜杂交组合及鉴定筛选工作，育成‘早半’‘青石’‘青半’三个优良杂种组合，育成的‘苏崎茄’1987 年通过省作物品种审定委员会审定，育成的‘苏长茄’在省内外大面积推广。1985—1988 年期间，杨起英以副所长身份兼所科技开发办公室主任，安排与落实开发计划，组织销售和技术服务，总结与摸索出科技开发的系统经验，对改善和保障科研设施和条件等方面起了积极作用。

获江苏省农牧业技术改进三等奖、农牧渔业部农牧业技术改进二等奖各 1 项。

章志强（1938 年 12 月—），女，浙江绍兴人，副研究员。1960 年毕业于南京农学院农学系。

1980 年，调入江苏省农业科学院蔬菜所工作，参与主持“蔬菜地膜覆盖栽培技术及有色膜覆盖栽培效果研究”“番茄、辣椒产地简易贮藏技术研究”等课题。阐明了地膜覆盖后土壤环境及理化性状的变化，肯定了地膜覆盖栽培的早熟、丰产效果、为大面积推广应用提供依据。试验完成了产地简易贮藏设施和简易可行的自发气调贮藏技术，番茄、辣椒贮藏 45 天后，好果率保持在 90% 以上。先后获部、省、院科技成果奖五次（其中两次为第二主持人，三次为参加或主要执行人）。

姚萍（1940年6月—），女，江苏丹徒人，副研究员。1963年毕业于南京农学院土化系微生物专业。

1984年，调入江苏省农业科学院蔬菜所，食用菌课题组工作，先后参加、主持部、省、市院课题计10项。

作为主持人或主要完成人完成“罐藏蘑菇新菌株选育”“罐藏蘑菇17/2/3号菌株的示范”分别获1992年和1995年国家对外经济贸易部科技进步三等奖。

发表食用菌研究文章17篇，其中第一作者的8篇。

郭辉（1940年9月—），男，江苏如皋人，副研究员。国务院政府特殊津贴专家。1961年毕业于苏州农校，同年入职江苏省农业科学院。

1980年前参加甜菜、土豆、西瓜育种，蔬菜喷灌应用研究。1980—1984年参加主持江苏省蔬菜快速育苗研究。1985年后参加主持西瓜品种选育与栽培研究，优质中晚熟西瓜新品种选育，优质早中熟西瓜杂种一代的选育等。与省农林厅园艺处共同主持江苏省优质商品西瓜基地建设及配套技术的研究。

参加育成‘钟山白’‘钟山黄’土豆新品种，‘苏甜一号’和西瓜‘苏蜜一号’；参加主持育成西瓜新品种‘苏蜜二号’‘苏红宝’‘苏杂二号’‘抗病苏蜜’。‘苏蜜一号’和“江苏省优质商品西瓜基地建设及配套技术的研究”获江苏省成果三等奖，参加成果“控温快速育苗的配套技术与设施研究”获农业部一等奖；编写著作3部，以第一作者发表文章6篇。

1985年起，参加全所和课题组的开发工作，繁殖西瓜良种14.4万千克，推广580万亩，社会效益20多亿元。调查总结提出西瓜异地繁重的技术经验，提出整套行之有效的良繁技术措施。

三、在职研究员

余文贵（1960年11月—），男，江苏东台人，中国共产党党员。1982年1月毕业于南京农业大学园艺系蔬菜专业。1999年晋升为研究员，2014年被评为二级研究员。江苏省遗传学会、园艺学会和种子学会理事，中国园艺学会番茄分会副会长，江苏省青年科技奖和中国农学会青年科技奖获得者，江苏省政府授予“有突出贡献中青年专家”称号。

1986年12月至1988年12月赴美国Cornell University园艺系开展蔬菜抗病育种与合作研究。“九五”以来先后主持国家科技攻关专题、子专题，国家人事部优秀留学回国人员重点资助项目、江苏省青年基金项目以及国家“863”子课题、国家科技支撑计划、国家行业计划、江苏省高技术研究等重大科研课题。

获国家科技进步三等奖、部省级二等奖5项，省级三等奖1项。主编或参编番茄遗传育种、栽培、种子生产等专著7部，发表论文近20篇；获得国家发明专利1项，国家实用新型专利1项；制定江苏省地方标准8项；获得国家植物新品种权3个。

羊杏平（1963 年 2 月—），男，江苏泰兴人，中国共产党党员。江苏农学院农学学士（1983 年）；南京农业大学蔬菜学博士（2013 年）。2000 年晋升为研究员，2014 年评为二级研究员。中国园艺学会常务理事、中国西瓜甜瓜协会常务理事、江苏省西瓜甜瓜协会理事长、南京市蔬菜学会副理事长。

1983 年 8 月至今在蔬菜所任职。现任国家西甜瓜产业技术体系砧木育种岗位科学家，江苏省西甜瓜产业技术体系首席科学家。入职以来，一直从事西瓜、甜瓜育种及栽培研究工作。在国内率先开展西瓜抗枯萎病育种、厚皮甜瓜东移栽培及抗病育种研究以及薄皮甜瓜（香瓜）杂优利用研究。先后育成‘抗病苏蜜’‘抗病苏红宝’‘苏蜜 5 号’‘早抗京欣’‘苏蜜 8 号’西瓜；‘维多利亚’‘白雪公主’‘黄金蜜翠’‘珍珠’‘红珍珠’‘苏甜 1 号’‘苏甜 2 号’甜瓜等 20 个西瓜甜瓜新品种，累计推广 1 100多万亩。

发表论文 70 余篇，承担省级以上项目 40 多项。“设施西瓜新品种及优质高效生产技术集成推广”获 2011 年江苏省农业技术推广一等奖（第一完成人），“苏蜜系列西瓜品种与轻简化技术创新和应用”获 2017 年江苏省科技进步三等奖（第一完成人）。

王述彬（1963 年 10 月—），男，江苏姜堰人，南京农业大学蔬菜学博士（2005 年）。2001 年晋升研究员，2014 年评为二级研究员，享受国务院特殊津贴，江苏省“333”人才培养对象（第二层次），南京农业大学和扬州大学硕士生导师，中国园艺学会理事、辣椒研究分会副理事长，全国主要蔬菜品种鉴定委员会委员，全国辣椒登记品种评鉴技术负责人，院预培育重点学科带头人，蔬菜所学委会主任。

1984 年进入蔬菜所工作至今，研究方向为辣椒遗传育种及分子生物学，主攻方向为辣椒远缘杂交、不育系、抗病及耐低温分子机理研究、材料创制及新品种选育。率先在国内创立了“辣椒高效聚合育种技术体系”，实现了‘苏椒’‘江蔬’系列辣（甜）椒新品种的不断出新。主持国家“863”专项、国家科技支撑计划、国家农业科技成果转化基金 10 余项，江苏省科技攻关、科技支撑和自主创新体系项目首席专家等 20 余项；负责国家辣椒区域试验和辣椒登记品种综合评价，担任国家大宗蔬菜产业技术体系淮安综合试验站站长。

先后获国家科技进步一等奖 1 项、部省科技进步二等奖 3 项、部省科技进步三等奖 3 项；获国家发明专利 3 项；主持育成辣（甜）椒新品种 13 个，获国家植物新品种权 3 个；发表学术论文 60 余篇（SCI 收录论文 7 篇），培养研究生 14 名。

王伟明（1963 年 7 月—），男，江苏苏州人，中国共产党党员。东南大学硕士。2000 年晋升为研究员，2015 年评为三级研究员。江苏省突出贡献中青年专家，江苏省注册咨询专家、江苏省农学会理事、江苏省蔬菜协会副会长、江苏省园艺学会副理事长。

1985 年 7 月参加工作，就职于上海芦潮港农场农业科；1987 年 4 月来江苏省农业科学院工作，从事食用菌研究。先后任蔬菜所办公室副主任、蔬菜所副所长，江苏明天种业科技有限公司总经理、江苏省农业科技实业总公司副总经理、江苏明天种业科技有限公司总经理，江苏省农业科学院蔬菜所改革工作召集人（主持蔬菜所工作），江苏明天种业科技有限公司党支部书记，江苏省农业科技实业总公司总经理、企业党总支书记，产业办主任等职务。2014 年 6 月至今，任江苏省农业科学院蔬菜所所长，主要从事蔬菜科技成果转化工作。

主持国家发改委项目、国家科技部 863 项目，国家科技成果转化、江苏省科技成果转化重大专项等多项国家和省级科技项目。作为主要完成人获江苏省科技进步奖二等奖 1 项、国家外经贸部对外经济贸易科技工作重大成果奖三等奖 2 项；获得品种权授权 1 项。

刘金兵（1967 年 7 月—），男，安徽怀宁人，中国共产党党员。南京农业大学蔬菜学博士。2007 年晋升为研究员，2016 年被评为三级研究员。江苏省“六大人才高峰”第九批高层次人才。南京农业大学硕士生导师。江苏农业科技入户工程省级技术执行专家、江苏种业协会蔬菜种业分会副理事长。

1991 年 8 月，进入蔬菜所工作至今，主要从事辣（甜）椒新品种选育及配套栽培技术研究。主持育成江蔬系列辣椒新品种‘江蔬 1 号-7 号’，苏椒系列辣椒‘苏椒 11 号、13 号、14 号、20 号、21 号、27 号、103 号’‘苏彩椒 1 号’‘苏彩椒 3 号’，其中‘江蔬 5 号’是我国率先利用甜椒胞质雄性不育（CMS）“三系配套”技术育成的甜椒新品种；参与育成‘苏椒 2-6 号’‘翠玉’‘碧玉’‘云丰’‘苏椒 12 号’等品种；均已通过省级或全国审定或登记。“一种辣椒或甜椒胞质雄性不育系的选育及其制种方法”获得国家专利；‘江蔬 7 号’辣椒获国家新品种权保护；制定‘苏彩椒 1 号’等品种地方标准 6 项，辣椒杂交种子生产技术规程等 4 项。

获得农业部、江苏省科技进步二等奖 3 项。在《园艺学报》等专业期刊上以第一作者发表文章 40 多篇，出版著作 3 部。培养硕士生 5 人。

赵统敏（1971 年 11 月—），男，江苏赣榆人，中国共产党党员。扬州大学硕士。2011 年晋升研究员，2017 年评为三级研究员。江苏省科协第九届委员会委员，江苏省“333 高层次人才培养工程”第三层次培养对象，扬州大学硕士生导师。中国园艺学会番茄分会副会长，江苏省蔬菜产业技术体系茄果类蔬菜创新团队岗位专家。

主要从事蔬菜（番茄）种质资源、新品种选育及栽培技术等研究。先后主持国家科技支撑计划、国家 863 计划及江苏省自然科学基金等重大科研项目 18 项。针对外来烟粉虱传播的番茄黄化曲叶病毒病对我国番茄生产造成的毁灭性为害情况，在国内率先构建了抗番茄黄化曲叶病毒病高效育种技术体系，育成了抗该病系列新品种，解决了我国因抗该病种质资源及品种缺乏而造成的番茄毁灭性为害现状。

育成‘金陵美玉’等高品质番茄新品种，已成为江苏生产主栽品种。通过国家或江苏省鉴定新品种 9 个，获授权国家植物新品种权 6 个。发表 SCI 论文 7 篇，发表中文核心期刊研究论文 40 余篇。出版著作 3 部，作为主要作者之一编写《中国番茄》。获国家发明专利 5 项、实用新型专利 1 项，主持制定标准或技术规程 14 项。获山东省科学技术奖二等奖 1 项，江苏省科学技术奖三等奖1项，神农中华农业科技奖三等奖1项。

李建斌（1972年5月—），男，江苏宜兴人，中国共产党党员。南京农业大学硕士。2011年晋升为研究员，2018年评为三级研究员。院首批“小而特”学科带头人，院第二批中青年学术骨干，江苏省第四期“333”第三层次培养对象。

主要从事甘蓝类蔬菜的种质创新、遗传育种、新品种繁育及成果转化工作。近5年来，主持国家、部省级课题10余项。在甘蓝种质资源的引进与创新、新品种选育及生物技术研究等方面取得了较大进展；开展了甘蓝基因组及甘蓝类蔬菜泛基因组、甘蓝春化机理、甘蓝抽薹关键基因、甘蓝—芸薹根肿菌互作机理解析、甘蓝耐盐相关钙调蛋白组成和盐响应模式等方面较深入研究，建立了成熟的小孢子培养体系，建立了成熟的SSR、INDEL分子标记技术，大大提高了育种效率；搜集和引进资源的渠道不断扩大；常规手段、分子技术、细胞工程等多种育种方法相结合，聚合优良基因，育成一批新型甘蓝类蔬菜新种质；育成了适于多种栽培方式、满足不同消费需求的系列甘蓝新品种。

发表论文22篇，获得植物新品种权3项，5个新品种通过全国鉴定，8个新品种通过省级鉴定，制定江苏省地方标准3项，获得国家发明专利3项，获省部级科技进步奖3项。

徐刚（1963年3月—），男，江苏东台人，九三学社社员。南京农业大学博士（2005年）。2003年晋升为研究员，2019年评为三级研究员。江苏省现代农业蔬菜产业技术体系设施构型岗位专家；江苏省“333人才”；中国园艺学会设施园艺分会常务理事，中国瓜菜工厂化育苗产业技术创新战略联盟理事，专家委员会副主任委员，中国农业机械化协会设施农业分会副主任委员，中国农用塑料应用技术协会设施园艺专业委员会委员；江苏省注册咨询专家等；2009年被国家科技部授予全国优秀科技特派员。

1983年蔬菜专业本科毕业以来，专业从事蔬菜设施栽培技术研究与推广应用工作。曾获省政府公派作为访问学者留学澳大利亚。参加和主持过国家、农业部和省级科研项目50多项。

在江淮地区日光温室和大棚构型优化、新型设施开发、设施蔬菜温光逆境及抗逆机理与抗逆栽培技术、蔬菜LED精准光谱、设施蔬菜高效栽培模式、无土栽培技术等方面研究均取得显著成绩，共获得省部级奖项8个，其中2015年获省推广一等奖；2018年获省推广三等奖及省丰收奖二等奖。制定了国家行业标准2个，省级标准4个；获得国家发明专利3个，实用新型专利4个。出版著作7部；发表学报级论文68篇。培养硕士生8名。

严继勇（1963 年 11 月—），男，江苏姜堰人，中国农工民主党党员。浙江大学博士（2004 年）。2006 年晋升为研究员。南京农业大学硕士生导师。

1986 年 7 月进入蔬菜所工作以来一直从事蔬菜种质资源收集、整理和利用工作。入职之初，在徐鹤林所长指导下从事国外蔬菜资源和品种的引进与新品种培育工作，使本所成为国内最早开展青花菜、芦笋、洋葱、结球生菜、印度南瓜等引进品种选育工作的科研单位之一。此后，主持过豇豆、四季豆等蔬菜品种的选育工作。进入 21 世纪后主要从事甘蓝类蔬菜细胞工程与种质创新、分子遗传与育种和杂种优势利用研究。

主持农业部项目 2 项，参加 1 项；参加科技部项目 3 项；主持或参与江苏省科技项目 20 余个项。育成并通过省级、国家审（鉴）定蔬菜品种 20 多个，获得植物品种权 4 个；发表论文 40 余篇；获得江苏省农业科技推广三等奖 1 项，南京市科技进步奖 2 项；国家发明专利 3 项。

苏小俊（1969 年 10 月—），男，江苏如皋人，中国农工民主党党员。南京农业大学博士（2009 年）。2008 年晋升为研究员。2003 年 5 月被共青团江苏省委授予“江苏省新长征突击手”荣誉称号，2013—2015 年江苏省第四期“333 工程”第三层次培养对象。

先后从事大白菜、小白菜、丝瓜和萝卜等的遗传育种与高效栽培技术研究。主持国家科技支撑计划子课题、省科技支撑计划、省农业科技自主创新基金等项目 20 多项。

参与选育的‘双冠’大白菜于 2002 年度通过国家品种委员会审定；主持选育‘宁红 1 号萝卜’‘苏秀 1 号叶用萝卜’‘苏丽夏红 1 号萝卜’‘苏丽冬白 1 号萝卜’‘苏丝 3 号丝瓜’等新品种。

获得江苏省科学技术进步奖二等奖 1 项、南京市科技进步三等奖 1 项、江苏省科学技术奖三等奖 2 项。申请专利 23 件，其中获得授权发明专利 13 件、授权实用新型专利 2 件。主持制定江苏省地方标准 12 项。以第一作者撰写专业著作 7 部，累计约 90 万字。发表论文 80 多篇，其中学报级 15 篇，SCI 2 篇。

何循宏（1965 年 12 月—），男，江苏省海安市人，中国共产党党员。1987 年毕业于江苏农学院农学专业，2008 年获南京农业大学农学专业硕士学位，2010 年晋升为研究员。

1987—2003 年在江苏省农业科学院经济作物研究所主要从事棉花栽培生理的研究及产品开发，先后担任所开发办主任、棉花栽培室主任、副所长和睢宁县科技副县长；2003—2018 年调院机关主要从事基地建设、内部审计和科技服务等工作。先后担任院建设规划办公室主任、溧水植物科学基地主任、审计室主任、综合服务中心总经理和科技服务与知识产权联合党支部书记等；2018 年至今，任蔬菜所党支部书记，主要从事党建、人事和后勤管理方面的工作。

主持课题10项，其中省部级以上课题7项，参加各类课题25项。发表论文40多篇，其中第一作者12篇。出版著作3部，其中主编1部，副主编1部。获得各类科技成果14项，其中部省二等奖2项（均为主要完成人），三等奖5项（2项为主要完成人）。作为第一完成人获国家发明专利1项。

庄勇（1973年6月—），男，江苏东台人。南京农业大学蔬菜学博士（2009年）。2013年晋升为研究员。江苏省第四、第五期“333人才培养工程”第三层次人选，中国园艺学会茄子分会常务理事，南京农业大学学术型硕士研究生导师。

自1996年入职以来，先后从事十字花科、瓜豆类、洋葱、茄子等蔬菜的遗传育种与栽培技术研究工作。现主要从事茄子遗传育种、生物技术及配套栽培技术研究工作。主持国家自然科学基金面上项目、省自然科学基金面上项目和省农业科技自主创新资金项目等省级以上项目多项，参加“863”、国家（省）重点研发计划、国家（省）自然科学基金等省级以上项目多项。开展茄子种质资源的引进与评价工作，收集、保存国内外种质资源700多份，筛选出多个具有优质、抗病、抗逆等优良特性的种质作为育种材料。开展基于种间杂交的茄子种质创新研究，将野生茄子抗黄萎病和枯萎病基因导入栽培茄，获得了遗传稳定的异源胞质雄性不育系及其保持系。开展茄子聚合杂交育种工作研究，获得了一批具有优良目标性状的自交系和多个类型的苗头组合。

发表SCI收录论文11篇，授权发明专利3个，选育出授权茄子品种5个，并在生产上大面积推广应用。获省科技进步二等奖和三等奖各1项、南通市科技进步一等奖1项。

冯伟民（1962年11月—），男，江苏泰兴人，中国民主同盟盟员。1984年7月毕业于北京农业大学（现中国农业大学），2013年晋升为研究员。

1984年8月—1986年10月、2005年5月至今，在蔬菜所任职。主要从事无公害蔬菜栽培技术研究和示范推广工作。较为系统地研究了江苏地区适栽的优良早熟品种与配套的早熟栽培技术，着重研究蔬菜病虫害农业、物理、生物等绿色防控技术。此外，研究蔬菜作物的营养需求、土壤处理、设施结构优化、夏季通风降温措施、冬季保温措施。研究开发了夏季叶菜的清洁高效栽培模式、大棚芦笋高效生产模式、耐盐蔬菜栽培技术等。重视最新栽培技术推广与示范工作，在苏南、苏中、苏北十多个县市示范推广设施叶菜、设施野菜、设施果菜、设施芦笋、日光温室蔬菜等技术模式，为当地蔬菜生产的提档升级做出了贡献。

主持省级科研项目、农业部行业专项子课题10多项。发表文章12篇，获得设施优化和设施环境调控等专利6项。

陈龙正（1980 年 11 月—），男，山东莒县人，中国共产党党员。2008 年 7 月博士毕业于南京农业大学园艺学院蔬菜学专业。2017 年晋升为研究员。自 2008 年入职以来，先后从事十字花科、瓜类等蔬菜的遗传育种与栽培技术研究；2017 年开始主要从事功能性特色蔬菜遗传育种、生物技术及配套栽培技术研究工作。

主要开展苦瓜种质资源的引进与评价工作，收集、保存国内外种质资源 300 多份。开展纯/强雌性系转育与应用的种质创新研究，提高种质资源的早熟性、丰产性和连续座 4 果能力，创制一批遗传稳定的优良种质资源。开展苦瓜耐低温弱光育种研究，筛选了一批耐低温弱光能力强的种质资源，为培育设施专用苦瓜新品种奠定基础。目前正在开展苦瓜总皂苷含量高的种质资源的筛选工作，以期培育药食两用苦瓜新品种。

近年来，主持或参加省自然科学基金、省科技支撑计划、省农业科技自主创新资金项目 10 余项。第一或通信作者发表论文 20 余篇，其中 SCI 论文 2 篇；制定江苏省地方标准 1 个；选育出苦瓜新品种 4 个，并在生产上大面积推广应用。获省科技进步三等奖及省农业技术推广三等奖各 1 项。

郑子松（1973 年 9 月—），男，江苏东海人，中国共产党党员。1997 年毕业于扬州大学农学院园艺系，2006 年获得南京农业大学农业推广硕士学位。2017 年晋升为研究员。1997—2005 年，在蔬菜所（江蔬种苗）开发部从事成果开发转化工作，2005—2012 年，任江蔬种苗副总经理，2012—2015 年时任江蔬种苗总经理。2016 年回蔬菜所工作，任科技服务部主任。主要开展蔬菜工厂化育苗相关技术研究与科技成果转化工作。

主持省自主创新资金项目、农业资源开发项目等 10 余项，参与国家行业专项、自主创新产业链等项目 5 项。在核心期刊发表研究论文 6 篇；制定江苏省地方标准 1 个；取得国家发明专利 1 项，实用新型专利 1 项；作为实际撰稿人，编著出版《蔬菜工厂化育苗技术》一书；获得江苏省科学技术奖 2 项。

潘宝贵（1974 年 5 月—），男，江苏盐都人，中国共产党党员。扬州大学园艺学院蔬菜学硕士（2005 年）。2018 年晋升为研究员。

1997 年进入蔬菜所工作至今，主要从事辣椒育种技术研究与新品种选育工作。主持或参加国家“863”、国家科技支撑、国家农转资金、国家辣椒品种区试、省农业自主创新资金、省农业重大新品种创制、省农业综合开发等项目多项。开展辣椒种质资源收集、保存与鉴定工作，筛选出一批优良材料并用于新品种选育。开展辣椒抗逆育种技术研究，筛选出耐冷材料并开展相关机理研究。开展辣椒杂种优势利用研究工作，选育出‘苏椒’‘江蔬’系列辣椒新品种，通过国家鉴定或江苏省审定，相关成果获得部省科技进步二等奖 2 项。

近年来，承担国家重点研发计划、省农业自主创新资金等课题 4 项，发表论文 6 篇，编著 5 部，选育辣椒新品种 4 个，在生产上大面积推广应用。

马林（1982年5月—），女，山西平定人，中国共产党党员。山西农业大学农业昆虫与害虫防治博士（2009年）。蔬菜所食用菌研究室主任，2018年晋升为研究员。院首批“小而特”学科带头人，山西农业大学硕士生导师，国家食用菌产业技术体系虫害防控岗位专家。

2009年进入蔬菜所工作至今，主要从事食用菌栽培及病虫害综合防控方面的工作。2013—2014年到美国密西西比州立大学开展为期一年的食用菌生防细菌方面的交流访问。近5年来，主持国家级、省级项目10多项。2009年起，开展食用菌病虫综合防控技术研究并取得了一系列创造性成果，在全国食用菌主产区推广应用，获得较好的防治效果。

在《微生物学报》《食用菌学报》等专业期刊上发表论文10多篇，参加编写《中国食药用菌学》《食用菌病虫图谱及防治》等食用菌书籍5部。获得国家专利5项、杀虫剂正式登记证1项，江苏省农业重大技术推广计划5项。2014年、2015年获得江苏省农业技术推广三等奖和江苏省农业丰收奖二等奖各1项。

四、在职副研究员

在职副研究员

序号	姓　名	性　别	毕业院校	研究方向	晋升年份
1	于　利	男	江苏农学院（现扬州大学）	甘蓝生物技术	1999
2	蒋　宁	男	南京农业大学	食用菌	2010
3	高文瑞	女	南京农业大学	设施栽培	2011
4	徐锦华	男	扬州大学	西瓜	2012
5	刁卫平	男	南京农业大学	辣椒	2012
6	魏国平	男	南京农业大学	科技服务	2012
7	周晓慧	女	南京农业大学	茄子	2013
8	徐　海	男	扬州大学	小白菜	2014
9	王神云	女	浙江大学	甘蓝生物技术	2014
10	张　曼	女	南京农业大学	西瓜	2014
11	华秀红	女	南京师范大学	所办公室	2014
12	娄丽娜	女	南京农业大学	甜瓜	2015
13	王银磊	男	中国农业大学	番茄	2015
14	万云龙	男	扬州大学	所办公室	2015
15	侯立娟	女	吉林农业大学	食用菌	2015
16	任润生	男	中国农业大学	西瓜	2016
17	许园园	女	南京农业大学	甘蓝种质创新	2016
18	郭广君	女	中国农业科学院	辣椒	2016
19	樊小雪	女	南京农业大学	设施栽培	2016

（续表）

序号	姓　名	性　别	毕业院校	研究方向	晋升年份
20	曲绍轩	女	中国农业科学院	食用菌	2016
21	宋立晓	女	南京农业大学	甘蓝种质创新	2017
22	刘　广	女	南京农业大学	西瓜	2017
23	李辉平	男	中国农业科学院	食用菌	2017
24	姚协丰	男	南京农业大学	甜瓜	2017
25	赵丽萍	女	南京农业大学	番茄	2017
26	张晓青	女	南京农业大学	科技服务	2017
27	曾爱松	女	南京农业大学	甘蓝种质创新	2017
28	戈　伟	女	南京农业大学	辣椒	2018
29	宋　波	男	南京农业大学	小白菜	2018
30	孙艳军	男	南京农业大学	设施栽培	2018
31	杨　艳	女	浙江大学	茄子	2018
32	余方伟	男	浙江大学	甘蓝生物技术	2018
33	唐　君	男	南京农业大学	甘蓝生物技术	2018

第三节　院级及以上人才

据统计，截至 2019 年 5 月，蔬菜所职工获得院级以上人才称号 45 人次。

蔬菜所建所以来获得的人才专家称号

类　别	姓　名	性　别	入选年度
国务院政府津贴专家	徐鹤林	男	1992
	丁犁平	男	1993
	赵华崙	男	1993
	冯晓棠	男	1994
	杨起英	女	1994
	郭　辉	男	1995
	汪兴汉	男	1996
	徐润芳	女	1997
	孙洁波	女	1998
	丁万霞	女	2000
	王述彬	男	2015

（续表）

类　别	姓　名	性　别	入选年度
江苏省有突出贡献的中青年专家	余文贵	男	1996
	袁希汉	男	1998
	王伟明	男	2003
	陈　新	男	2016
江苏省“333 高层次人才培养工程”二层次培养对象	余文贵	男	1998、2007
	王述彬	男	2013
	陈　新	男	2016
江苏省“333 高层次人才培养工程”三层次培养对象	余文贵	男	1997
	王述彬	男	2001
	陈　新	男	2006
	徐　刚	男	2007
	严继勇	男	2007
	赵统敏	男	2011、2016
	苏小俊	男	2013
	李建斌	男	2011
	庄　勇	男	2011、2016
	王神云	女	2018
	王银磊	男	2018
江苏省“六大人才高峰”高层次人才	刘金兵	男	2012
	赵统敏	男	2016
国家产业技术体系岗位科学家	羊杏平	男	2009
	陈　新	男	2009
	宋金俤	女	2009
	马　林	女	2016
国家产业技术体系试验站站长	王述彬	男	2009
省产业技术体系首席专家	羊杏平	男	2017
省产业技术体系岗位专家	徐　刚	男	2017
	赵统敏	男	2017
院三级人才中青年学术骨干	陈　新	男	2016
	李建斌	男	2018
院三级人才青年拔尖人才	陈华涛	男	2016
	杨　艳	女	2017
	任润生	男	2017

第四节　人才培养

自 20 世纪 80 年代开始，与南京农业大学联合培养研究生；2000 年开始，与扬州大学联合招收和培养硕士生，所内一批科技人员考取了扬州大学研究生，通过扬州大学老师集中授课，蔬菜所导师指导实验和撰写毕业论文的形式，完成研究生学习和实验，取得硕士学位，为社会和本所培养了一批科技人才；2011 年，开始招收博士后。

一、博士后培养

截至 2019 年 5 月，共招收博士后 6 名，有 3 名博士后出站后留在所内工作。

博士后培养人员

序号	合作导师	博士后姓名	在站时间	去向
1	羊杏平	张　曼	2011 年 7 月—2013 年 7 月	蔬菜所
2	羊杏平	任润生	2013 年 7 月—2015 年 7 月	蔬菜所
3	陈　新	陈景斌	2013 年 7 月—2016 年 11 月	蔬菜所，后调入经作所
4	陈　新	吴官维	2014 年 7 月—	暂未出站
5	李建斌	张　伟	2017 年 7 月—	在站
6	羊杏平	赵　庆	2017 年 7 月—	在站

二、研究生培养

截至 2019 年 5 月，共培养硕士研究生 78 名，有 18 名毕业后留在所内工作。

研究生培养人员

序号	入学年份	导师姓名	学生姓名	专业	所属高校	学制（年）
1	1986	丁梨平	刘振海	蔬菜学	南京农业大学	3
2	1985	徐鹤林	杨荣昌	蔬菜学	南京农业大学	3
3	1986	徐鹤林	金健康	蔬菜学	南京农业大学	3
4	1986	徐润芳	吉加兵	蔬菜学	南京农业大学	3
5	1988	徐润芳	于　利	蔬菜学	江苏农学院	3
6	1990	丁梨平	钱芝龙	蔬菜学	南京农业大学	3
7	2000	袁希汉 曹碚生	刘金兵	蔬菜学	扬州大学	3
8	2000	袁希汉 曹碚生	苏小俊	蔬菜学	扬州大学	3
9	2000	曹碚生 袁希汉	庄　勇	蔬菜学	扬州大学	3
10	2000	曹碚生 袁希汉	潘宝贵	蔬菜学	扬州大学	3
11	2001	袁希汉 曹碚生	赵统敏	蔬菜学	扬州大学	3

（续表）

序号	入学年份	导师姓名	学生姓名	专业	所属高校	学制（年）
12	2001	羊杏平 曹碚生	徐锦华	蔬菜学	扬州大学	3
13	2003	袁希汉	徐　海	蔬菜学	扬州大学	3
14	2003	羊杏平	万云龙	蔬菜学	扬州大学	3
15	2004	袁希汉	谭云峰	蔬菜学	南京农业大学	3
16	2004	羊杏平	姚怀莲	蔬菜学	扬州大学	3
17	2005	袁希汉	梁　亮	蔬菜学	南京农业大学	3
18	2005	袁希汉	宋　波	蔬菜学	南京农业大学	3
19	2006	王述彬	李晶晶	蔬菜学	南京农业大学	3
20	2006	王述彬	杨学玲	蔬菜学	南京农业大学	3
21	2006	袁希汉	陈　洁	蔬菜学	南京农业大学	3
22	2006	袁希汉	王　玉	蔬菜学	南京农业大学	3
23	2006	袁希汉	薛　峰	蔬菜学	扬州大学	3
24	2006	王述彬	戈　伟	蔬菜学	扬州大学	3
25	2007	王述彬	刘科伟	蔬菜学	南京农业大学	3
26	2007	王述彬	孙少霞	蔬菜学	南京农业大学	3
27	2007	王述彬	侯彬彬	蔬菜学	扬州大学	3
28	2007	徐　刚	王　虹	蔬菜学	扬州大学	3
29	2007	羊杏平	张朝阳	蔬菜所	扬州大学	3
30	2007	袁希汉	安林海	蔬菜学	南京农业大学	3
31	2007	袁希汉	单奇伟	蔬菜学	南京农业大学	3
32	2008	王述彬	支　莉	蔬菜学	南京农业大学	3
33	2008	袁希汉	胡俏强	蔬菜学	南京农业大学	3
34	2009	王述彬	于彩云	蔬菜学	南京农业大学	2.5
35	2009	徐　刚	刘　涛	蔬菜学	南京农业大学	2.5
36	2009	严继勇	冯　翠	蔬菜学	南京农业大学	2.5
37	2009	袁希汉	张永吉	蔬菜学	南京农业大学	2.5
38	2009	羊杏平	周　峰	蔬菜学	扬州大学	2.5
39	2010	刘金兵	吴国平	蔬菜学	南京农业大学	2.5
40	2010	王述彬	袁　稳	蔬菜学	南京农业大学	2.5
41	2010	徐　刚	韩玉玲	蔬菜学	南京农业大学	2.5
42	2010	严继勇	王肖红	蔬菜学	南京农业大学	2.5
43	2010	袁希汉	张　慧	蔬菜学	南京农业大学	2.5
44	2011	刘金兵	李　珍	蔬菜学	南京农业大学	3

（续表）

序号	入学年份	导师姓名	学生姓名	专业	所属高校	学制（年）
45	2011	王述彬	刘　艳	蔬菜学	南京农业大学	3
46	2011	严继勇	张云霞	蔬菜学	南京农业大学	3
47	2011	袁希汉	况媛媛	蔬菜学	南京农业大学	3
48	2012	刘金兵	王仲慧	园艺	南京农业大学	2
49	2012	王述彬	孙润生	园艺	南京农业大学	2
50	2012	徐　刚	李德翠	园艺	南京农业大学	2
51	2012	羊杏平	王薇薇	蔬菜学	江西农业大学	2.5
52	2013	刘金兵	刘　娜	园艺	南京农业大学	2
53	2013	王述彬	许亚池	园艺	南京农业大学	2
54	2013	严继勇	管安琴	园艺	南京农业大学	2
55	2013	羊杏平	胡雪丹	蔬菜学	扬州大学	3
56	2014	陈　新	于龙龙	生物科学	南京农业大学	2
57	2014	刘金兵	孙　茜	园艺	南京农业大学	2
58	2014	王述彬	李然然	园艺	南京农业大学	2
59	2014	徐　刚	王　欣	农学	南京农业大学	2
60	2014	严继勇	闫圆圆	园林	南京农业大学	2
61	2014	余文贵	姜　静	园艺	南京农业大学	3
62	2015	王述彬	丁梦佳	园艺	南京农业大学	2
63	2015	严继勇	石利朝	蔬菜学	南京农业大学	3
64	2015	余文贵	张勤雪	蔬菜学	南京农业大学	3
65	2015	羊杏平	朱凌丽	园艺	南京农业大学	3
66	2016	陈　新	许文静	生物工程	南京农业大学	2
67	2016	王述彬	张根莲	蔬菜学	南京农业大学	3
68	2016	严继勇	王金香	园艺	南京农业大学	2
69	2016	余文贵	金　兰	蔬菜学	南京农业大学	3
70	2016	庄　勇	姜悬云	园艺	南京农业大学	2
71	2017	王述彬	张　凯	园艺	南京农业大学	2
72	2017	王述彬	钱恒彦	园艺	扬州大学	3
73	2017	徐　刚	李小鹏	园艺	南京农业大学	2
74	2017	羊杏平	徐彦刚	园艺	扬州大学	3
75	2018	庄　勇	王　丹	蔬菜学	南京农业大学	3
76	2018	庄　勇	刘娅萍	农艺与种业（园艺）	南京农业大学	2
77	2018	王述彬	王倩倩	农艺与种业（园艺）	南京农业大学	2
78	2018	王述彬	周　帅	农艺与种业（园艺）	南京农业大学	2

第六章　国际交流与合作

蔬菜所通过国家外国专家局引智项目、国家留学基金、省留学基金、省国际合作项目及其他双边合作项目、国际会议交流、援非、联合培养博士后、互访交流等多种形式，开展国际交流与合作。

（注：因资料缺失等原因，数据统计不尽完全。）

第一节　出国（境）交流、访学及援外

据统计，截至 2019 年 5 月，共派出 33 人次分赴美国、加拿大、澳大利亚、日本、荷兰等国家知名高校和科研机构中长期访学及合作研究，短期出访 100 余人次。

一、出国（境）交流及访学

20 世纪 30—40 年代，老一辈蔬菜专家管家骥先生、吴光远先生即赴美国留学、参加国际会议等。建所后，科技人员出国访学、国际交流更加密切。

出国（境）交流及访学简表

（根据年鉴、退休职工提供材料等整理）

人　员	时　间	到访国（地区）	内　容
吴光远	1944—1946 年	美国	留学，蔬菜研究
吴光远	1956 年 8 月	莫斯科	国际蔬菜生产经验交流会
张必泰	1981 年 12 月 9 日—1982 年 3 月 9 日	美国	赴美国密执安大学进修甘薯育种
徐润芳	1983 年 1 月—1984 年 1 月	美国	赴美国佛罗里达大学进修西瓜抗病育种
徐鹤林	1982 年 10 月—1983 年 11 月	美国	赴美国密执安州立大学进行蔬菜抗病育种合作研究
羊杏平	1984 年 10 月—1985 年 3 月	泰国	TOP—AVRDC（亚洲蔬菜研究中心泰国分中心）进修
王为民	1985 年 2 月 7 日—1985 年 12 月 1 日	日本	培训蔬菜生产
袁希汉	1986 年	泰国	进修蔬菜
徐鹤林	1986 年 3 月 21 日—1986 年 3 月 31 日	日本	农业科技考察
余文贵	1986 年 12 月 3 日—1987 年 12 月 2 日	美国	赴美国纽约州农业试验站进修

（续表）

人　员	时　间	到访国（地区）	内　容
丁犁平	1987 年 12 月 11 日—1987 年 12 月 21 日	日本	促进江苏省和鹿儿岛蔬菜技术交流、资源交换以及互派访问学者等
袁彩尧	1987 年	泰国	参加耐热作物培训班
邢定一	1988 年 9 月—1991 年 8 月	加拿大	赴加拿大 Laval 大学植物系攻读蔬菜生物学博士
龙明生	1988 年 10 月 15 日—1989 年 3 月 15 日	泰国	参加亚蔬中心耐热蔬菜培训班
徐鹤林	1989 年 4 月 25 日—5 月 5 日	泰国	考察亚洲蔬菜研究和发展中心泰国分部科研培训情况及泰国农业生产情况
徐润芳	1989 年 12 月 3 日—1990 年 3 月 3 日	美国	赴美国南卡罗里达州参加国际"葫芦科植物种子资源的评价与进展"学术会议，并与美国农业部农业研究蔬菜实验室进行合作研究
汪兴汉	1990 年 12 月 5 日—12 月 15 日	日本	随省计委考察农业新技术及其应用等
袁彩尧	1990 年 8 月 13 日—1992 年 7 月	美国	赴夏威夷大学攻读植物病理硕士学位
王为民	1991 年 5 月	加拿大	自费赴 Guelph 大学园艺系攻读蔬菜硕士
袁希汉	1992 年 2 月 20 日—3 月 22 日	墨西哥	执行中墨科技合作协议，考察咨询当地蔬菜种植技术
赵华崙	1992 年 6 月 23 日—7 月 4 日	巴西	省政府组团，综合农业考察（棉花、蔬菜等）和洽谈两国合作项目
杨起英	1992 年 10 月 18 日—11 月 4 日	韩国	考察蔬菜生产与经贸洽谈
杨荣昌	1992 年 10 月 15 日—1993 年 3 月 16 日	泰国	耐热性蔬菜栽培技术研修
赵华崙	1993 年 4 月 21 日—4 月 30 日	泰国	随省科委进行蔬菜应用技术综合考察，并与有关大学、亚蔬中心交流
金建康	1993 年 5 月 3 日—12 月 17 日	智利	由国家科委派出帮智利发展蘑菇生产
汪兴汉	1993 年 5 月 17 日—6 月 2 日	俄罗斯	随国家科委组团进行科技考察
徐鹤林	1993 年 11 月 18 日—11 月 27 日	新西兰	参加第八届国际芦笋学术会议
沈善铜	1993 年 12 月 8 日—12 月 18 日	日本	随农业部考察农膜生产
王爱民	1994 年 1 月 1 日—1994 年 12 月 31 日	美国	CLEMSON 大学进修基因导入
袁希汉	1994 年 6 月 20 日—1994 年 6 月 30 日	中国台湾	参加"海峡两岸蔬菜耐热抗病栽培育种"研讨会
余文贵	1994 年 8 月 20 日—9 月 1 日	日本	参加 24 届国际园艺学大会
彭明生	1995 年 4 月 20 日—	加拿大	赴 Guelph 大学自费攻读园艺学博士
王述彬	1995 年 11 月—1996 年 4 月	泰国	随农业部赴泰国亚蔬分中心进修蔬菜学
徐润芳	1995 年 7 月 1 日—1995 年 7 月 12 日	中国台湾	农友种苗股份有限公司参加两岸西瓜及甜瓜研讨会
陆春贵	1995 年 8 月 28 日—	以色列	赴 Ben—Gurion 大学进修番茄生理

（续表）

人 员	时 间	到访国（地区）	内 容
王述彬	1995年10月15日— 1996年3月15日	泰国	随农业部参加第十四期亚蔬耐热性蔬菜进修班
杨荣昌	1996年2月19日—	澳大利亚	自费赴Murdoch大学攻读番茄基因工程博士
金建康	1996年8月—	美国	自费赴田纳西州大学攻读植物学博士
余文贵	1996年12月2日—12月13日	日本	随农业部赴日本执行番茄育种和栽培技术考察任务
严继勇	1997年10月15日—1998年3月	泰国	随农业部赴泰国亚蔬耐热性蔬菜进修班
丁万霞	1997年10月21日—11月10日	日本	“江苏省蔬菜、花卉调查员”赴日本爱知县考察访问
沈善铜	1998年2月	老挝	随省计经委考察并提供技术咨询
袁希汉 余文贵 孙洁波	1998年3月2日— 1998年3月11日	美国	赴Seminis蔬菜种子公司考察（位于California）
沈善铜	1998年4月30日—5月10日	越南	省计经委牵头进行考察并提供技术咨询
王伟明	1998年6月14日— 1998年6月23日	中国台湾	参加“海峡两岸夏季蔬菜栽培与种苗生产研讨会”
吉加兵	1998年7月28日—9月19日	以色列	参加“农业生物技术”国际培训班
余文贵	1998年7月	美国、墨西哥	赴密西根州立大学、国际玉米小麦改良中心等考察交流，商讨合作
吉加兵	1998年7月28日— 1998年9月15日	以色列	参加农业生物技术培训
易金鑫	1998年10月15日— 1999年3月14日	泰国	随农业部组团赴泰国执行蔬菜试验进修班
徐 刚	1998年11月—1999年10月	澳大利亚 Central Queensland University	江苏省政府公派，留学及合作研究
袁希汉	1999年6月7日—6月16日	荷兰	农业科技考察
刁阳隆	1999年11月5日—11月6日	朝鲜	省对外友好协会组团赴朝鲜访问
袁希汉	1999年11月27日—12月7日	泰国越南	随农业部组团考察
吉加兵	2000年4月5日—9月27日	荷兰	自费留学
李春芳	2000年6月2日—6月14日	荷兰、法国	院组团进行农业科技项目考察
袁希汉	2000年10月21日—10月28日	朝鲜	省对外友好协会组团出访
羊杏平	2001年1月15日—2月25日	以色列	参加MASAVF多种设施条件下蔬菜精准栽培国际培训班
沈 奇	2001年5月1日—5月21日	伊朗	随农业部考察
羊杏平	2001年10月9日—10月12日	越南	讲授蔬菜育种及种子技术进展
羊杏平	2002年2月22日—29日	中国台湾	参加海峡两岸遥测及农业生物技术研讨会
陈 新	2002年10月—2003年8月	泰国	到泰国农业大学进行为期10个月的进修及合作研究

（续表）

人　员	时　间	到访国（地区）	内　容
苏小俊 袁希汉	2002年11月21日—12月18日	泰国、 新加坡	耐热十字花科作物专项课题组成员进行短期研究
陈　新	2004年10月—2005年8月	泰国	泰国农业大学再次进修；进行博士课程的学习
袁希汉 王述彬	2004年2月14日—2月26日	泰国、 新加坡	执行科技部短期考察项目
徐　刚	2004年2月15日—2月29日	澳大利亚、 新西兰	随省科技厅进行农业科技考察
羊杏平	2004年10月30日—11月13日	法国、 德国	随团进行农作物优异种质资源引进及新品种改良体系考察
严继勇	2005年3月21日—8月23日	美国	合作研究
易金鑫	2005年6月29日—	加拿大	省留学奖学金资助，访问学者
羊杏平	2006年3月5日—3月20日	美国、 加拿大	随省委农工办组团进行农业现代化考察
羊杏平	2006年8月13日—8月27日	韩国、 日本	赴韩参加第27届国际园艺学大会，会后赴日本考察蔬菜育种及种苗产业化情况
羊杏平	2006年11月18日—11月28日	瓦努阿图、 澳大利亚	院组团赴瓦进行援瓦合作项目考察，并顺访澳大利亚
羊杏平	2007年7月10日—7月12日	南非、埃及	院组团进行农业科技考察
陈　新	2007年11月13日— 2008年2月13日	泰国	国家外专局部分资助，赴泰培训
羊杏平 陈　新	2008年11月16日—12月6日	加拿大	赴加农业部南方作物保护与食品研究中心蔬菜病虫害防治与食品安全技术培训
陈　新 赵统敏	2009年10月16日—10月26日	澳大利亚	执行国家外专局项目任务
羊杏平	2009年11月9日—14日	中国台湾	台湾江苏周农业代表团成员
庄　勇	2010年3月11日—3月25日	美国	农业部组团执行现代蔬菜产业技术体系建设考察任务
唐于银 陈　新 陈华涛	2010年4月22日—4月27日	泰国	赴泰国农业大学访问交流
陈　新	2010年4月28日—6月18日	泰国	博士论文答辩
羊杏平	2010年4月26日—5月3日	中国台湾	参加海峡两岸西甜瓜育种研究交流会
羊杏平	2010年11月13日—11月19日	美国	参加2010年国际瓜类作物年会
樊平声	2010年11月20日—11月29日	赤道几内亚	参加江苏海外集团组团执行蔬菜农场考察和规划建设任务
庄　勇	2011年7月—2012年7月	美国	在密西西比州立大学农业与生命科学学院作访问学者。
张红梅	2011年10月—2012年9月	日本	日本国际农林水产业研究中心留学
宋金俤 马　林	2011年10月4日—10月13日	法国 荷兰	参加第七届世界食用菌生物学及产品大会

（续表）

人　员	时　间	到访国（地区）	内　容
苏小俊	2012 年 7 月—2013 年 7 月	美国	得克萨斯 A&M 大学（得州农工大学）访学
陈华涛	2012 年 10 月—2013 年 9 月	日本	赴日本国际农林水产研究中心（JIRCAS）生物资源利用研究室做合作研究
姚协丰	2012 年 9 月—2013 年 2 月	日本	由省外办组织，赴日本作海外技术研修员
陈　新	2012 年 1 月 12 日—1 月 17 日	泰国	参加第十二届亚太育种协作会
陈　新	2012 年 5 月 19 日—5 月 28 日	韩国、泰国	现代园艺技术学习访问交流
王述彬	2012 年 8 月 11 日—8 月 24 日	美国	执行中美政府间合作项目
陈　新	2012 年 9 月 7 日—9 月 20 日	日本	执行国家外专局现代园艺技术培训项目任务
羊杏平	2012 年 9 月 11 日—9 月 20 日	肯尼亚、以色列	院组团农业科技交流
冯伟民	2012 年 10 月 11 日—10 月 17 日	日本	参加第二届中日设施园艺新技术研讨会
羊杏平 张　曼	2012 年 10 月 13 日—10 月 19 日	土耳其	参加第十届国际葫芦科作物研究大会
马　林	2013 年 8 月—2014 年 8 月	美国	赴密西西比州立大学进行交流访问
李苹芳	2013 年 7 月 21 日—7 月 27 日	美国	参加 2013 年园艺学年会
羊杏平 樊平声	2013 年 8 月 11 日—8 月 14 日	朝鲜	考察交流
赵统敏	2013 年 8 月 24 日—9 月 4 日	韩国、泰国	韩国京畿道农业技术学院和泰国农业大学进行农业科技交流
陈　新 顾和平 崔晓艳 袁星星	2013 年 9 月 1 日—9 月 6 日	泰国	执行科技部政府间科技合作项目
王述彬	2013 年 10 月 24 日—10 月 31 日	丹麦、瑞典	赴丹麦农业和粮食理事会和瑞典农业科学大学进行学术交流
羊杏平 张　曼	2014 年 8 月 16 日—8 月 24 日	澳大利亚	参加第 29 届国际园艺学大会
樊平声 冯伟民	2014 年 9 月 7 日—9 月 14 日	赤道几内亚	协助江苏海外集团争取赤道几内亚农业项目
王述彬 李建斌	2014 年 12 月 2 日—12 月 7 日	缅甸	赴缅甸长城集团有限公司进行技术指导及品种输出
崔晓艳	2014 年 8 月—2015 年 8 月	加拿大	院公派赴加拿大西安大略大学访学
羊杏平	2015 年 3 月 18 日—24 日	美国、加拿大	院组团访问加州大学戴维斯分校、河滨分校；加拿大农业部南方作物保护与食品研究中心访问交流
樊平声	2015 年 4 月 19 日—4 月 27 日	东帝汶	执行援外项目
刁卫平	2015 年 8 月 14 日—2016 年 8 月 13 日	美国	获得国家留学基金委公派出国留学资格，派往美国肯塔基大学访问交流。

（续表）

人　员	时　间	到访国（地区）	内　容
陈龙正	2015 年 9 月 17 日— 2016 年 9 月 16 日	美国	院公派赴美国康涅狄格大学转基因植物中心访学
李苹芳	2015 年 7 月 1 日— 2016 年 6 月 30 日	德国	访问学习
陈　新	2015 年 8 月 3 日—8 月 7 日	泰国	参加国际会议
樊平声	2015 年 12 月 14 日—12 月 19 日	肯尼亚	科技交流（农业部组团）
曲绍轩	2016 年 5 月 28 日—6 月 3 日	荷兰	参加国际会议
马　林 李辉平	2016 年 7 月 11 日—7 月 15 日	韩国	农业科技交流
羊杏平 任润生	2016 年 7 月 24 日—7 月 29 日	波兰	参加欧洲植物育种学会第 6 次瓜类作物遗传育种大会
陈华涛	2016 年 8 月 20 日— 2017 年 8 月 20 日	美国	院公派赴美国密苏里大学访学
陈　新 王伟明 崔晓艳 张红梅 袁星星 陈景斌	2016 年 8 月 1 日—8 月 5 日	泰国	农业科技交流
陈　新 陈华涛 崔晓艳 袁星星	2016 年 8 月 24 日—8 月 30 日	日本	执行 948 项目
陈　罡	2016 年 9 月 —2017 年 9 月	美国	院公派赴美国加利福尼亚大学访学
陈华涛	2016 年 12 月 1 日— 2017 年 12 月 1 日	美国	院公派访学
羊杏平 姚协丰	2017 年 6 月 2 日—6 月 8 日	美国	访问美国佛罗里达大学及佐治亚大学
陈　罡	2017 年 6 月 23 日—6 月 28 日	美国	参加国际会议
蒋　宁	2017 年 7 月 27 日—7 月 28 日	韩国	科技交流
李建斌 于　利 王神云	2017 年 8 月 16 日—8 月 13 日	美国、 加拿大	科技交流
任润生	2017 年 10 月—2018 年 10 月	美国	国家留学基金资助赴美国康奈尔大学访学
侯立娟	2017 年 11 月—2018 年 11 月	美国	院公派赴美国密苏里大学访学
娄丽娜	2017 年 12 月—2018 年 12 月	荷兰	院公派赴荷兰瓦赫宁根大学访学
赵统敏	2017 年 11 月 19 日—11 月 23 日	乌克兰	科技交流
曲绍轩	2018 年 1 月 15 日— 2019 年 1 月 14 日	美国	2017 年出国（境）培训项目资助，赴美国康奈尔大学昆虫系开展学术培训
郭广君	2018 年 8 月 30 日— 2019 年 8 月 30 日	美国	国家留学基金资助赴美国康涅狄格大学访学

（续表）

人　员	时　间	到访国（地区）	内　容
王伟明 王述彬	2018 年 7 月 2 日—6 日	塞尔维亚	参加第三届丝绸之路农业教育科技合作论坛
王述彬 庄　勇	2018 年 9 月 20 日—22 日	意大利	国际植物科学与分子生物学大会
羊杏平	2018 年 11 月 8 日—15 日	美国、加拿大	院组团访问美国田纳西大学（纳什维尔）及加拿大圭尔夫大学
王伟明 徐　刚	2018 年 11 月 13 日—18 日	英国	赴英国诺丁汉特伦特大学农业与环境学院，洽谈合作事宜
王述彬	2018 年 12 月 6—16 日	墨西哥、古巴、秘鲁	随湖南代表团考察辣椒资源与蔬菜生产
王银磊	2018 年 12 月 20 日—	荷兰	国家留学基金资助赴瓦赫宁根大学访学
许园园	2019 年 5 月 13 日—	美国	江苏省留学基金资助赴康奈尔大学访学

二、援外

20 世纪 70 年代开始，派技术骨干对赤道几内亚、西萨摩亚等国进行中长期技术援助。

援外信息简表

受援国	人　员	时　间	工作内容
赤道几内亚	周明月	1973 年 9 月—1975 年 9 月	援助赤道几内亚农技组
赤道几内亚	李敬荣	1975 年 9 月—1977 年 5 月	援助赤道几内亚农技组
西萨摩亚	赵华崙	1980 年 10 月—1982 年 3 月	参加经贸部、农业部派出援外专家组，援建蔬菜站和培训学员
赤道几内亚	顾和平	2009 年 7 月—2010 年 7 月	农业部国际合作司援赤道几内亚高级农业技术专家项目

第二节　接待外国（地区）专家（代表团）

根据年鉴等材料统计，蔬菜所参与接待外国（地区）专家代表团 100 余批次。

接待外国专家（代表团）简表

来访国（地区）	来访单位（组织）/人员	时　间	内　容
美国	戴兹创	1943 年	管家骥、杨鸿祖、姜诚贯协同考察四川、贵州马铃薯，引进品种试验等
日本	森田欣一	1985 年	瓜类合作研究
日本	铃木方夫	1986 年 10 月	参观指导无土栽培技术
孟加拉国	粮食作物蔬菜考察组	1989 年 5 月 12 日	交流蔬菜生产
荷兰	孟山都种子公司	1989 年 6 月 10 月	就蔬菜试验与江苏省农业科学院互换品种并探讨合作

（续表）

来访国（地区）	来访单位（组织）/人员	时　间	内　容
日本	静冈县对外交流中心	1991 年 6 月 28 日	交流
美国	费城种植试验站	1991 年 9 月 1 日—11 日	专业交流
美国	瑞迪生公司	1991 年 9 月 17 日	交流黑色地膜研究
美国	康奈尔大学园艺系专家	1991 年 10 月 16 日—18 日	学术交流并赠送种子及资料
古巴	遗传育种专家	1992 年 3 月 31 日	了解蔬菜病毒防治经验
肯尼亚等六国	国际蔬菜生产培训班	1992 年 9 月 3 日—7 日	参观学习蔬菜种植技术
日本	番茄专家	1992 年 10 月 20 日	交流番茄、甜瓜育种栽培技术
日本	蔬菜育种家企业主	1993 年 7 月 24 日	蔬菜抗病育种等
荷兰	蔬菜营销专家	1994 年 3 月 10 日	中国蔬菜种子生产与流通
泰国	农业技术考察组	1994 年 3 月 14 日	了解中国农业技术现状及探讨农技推广、农林发展等方面的学术问题
加拿大	芦笋专家	1994 年 9 月 10 日—24 日	芦笋抗病生物技术育种研究
日本	日本世界农业考察团	1994 年 10 月 10 日	蔬菜学术交流
德国	植病专家	1994 年 10 月 10 日—13 日	执行中德政府间农业科技合作项目
日本	米可多化工株式会社森山邦夫一行	1994 年 10 月 31 日	参观访问蔬菜所
日本	爱知县蔬菜考察组	1994 年 12 月 12 日	商谈夏大白菜等品种合作事宜
加拿大	NOVN Scotiahgr Collage 教授	1994 年 12 月 10 日—12 日	讨论中国蔬菜种质资源的利用问题，寻求合作可能性
美国	芦笋专家	1995 年 5 月 11 日—13 日	业务交流
日本	福冈农业试验场	1995 年 9 月 13 日	交流
日本	鹿儿岛基层农协访华团	1995 年 9 月 24 日	参观交流
日本	蔬菜专家野崎宽一行	1995 年 10 月 4 日	业务交流商讨双边合作制种可能性
以色列	蔬菜专家 DR. Aloni	1995 年 11 月 6 日—7 日	无土栽培、番茄、瓜类等交流
美国	皮托种子集团访华考察团	1996 年 9 月 19 日	辣椒制种等
日本	东京大学农学部园艺专家	1997 年 9 月 6 日—8 日	交流有关蔬菜科研生产流通等
澳大利亚	Queens-land 大学	1997 年 9 月 3 日—4 日	交流无土栽培节水栽培等，并专题报告
泰国	亚蔬亚洲区域中心专家	1998 年 5 月 29 日—30 日	考察项目成效收获，探讨今后双边合作
日本	爱知县农试场蔬菜专家	1998 年 6 月 30 日	商谈了解有关蔬菜生产与科研
中国台湾	亚蔬中心邹篪生博士	1999 年 1 月 16 日—17 日	了解“亚蔬项目”执行情况
美国	蔬菜专家	1999 年 10 月 18 日—19 日	检查合作项目
以色列	农业部蔬菜推广专家	1999 年 11 月 8 日	举办温室蔬菜生产与管理讲座
尼日利亚	Kebbi 州顾问 Eke	1999 年 11 月 24 日	寻求蔬菜双边合作

（续表）

来访国（地区）	来访单位（组织）/人员	时间	内容
亚蔬中心	专家团	2001年9月17日—18日	考察无公害蔬菜生产基地
以色列	海泽拉优质种子公司	2001年12月24日	寻求合作
日本	日本设施蔬菜无公害规范化生产专家	2002年10月5日—12日	执行引智项目
荷兰	瓦赫宁根大学植物学系温室作物研究组	2003年10月12日—26日	合作研究智能温室相关技术
澳大利亚	澳大利亚谷物生物技术公司杨荣昌	2003年10月15日—19日	交流
荷兰	先正达种苗公司荷兰研究中心高级研究人员	2003年11月9日—10日	交流十字花科蔬菜育种技术及合作研究与推广
美国	美国 Cornell 大学园艺系前主任	2003年11月16日—17日	交流转基因食品安全以及蔬菜育种技术
美国	美国 Virginia Polytechnic Institute and State University 园艺系教授 Gregory E. Welbaum	2003年11月22日—12月1日	执行引智项目
泰国	泰国农业大学 Peerasak Srinives 教授	2004年6月27日—7月3日	交流
美国	密歇根州立大学大豆专家王得春	2004年8月19日—26日	讨论毛豆育种合作
美国	美国农业部茄果类蔬菜遗传育种专家 Dr. John R. Stmmel	2004年9月18日—21日	执行引智项目
美国	杨又迪博士	2005年3月21日	看望学生
印度尼西亚	印度尼西亚农化公司业务代表团	2005年3月28日	寻求蔬菜等作物品种引进试种与进口销售
美国	美国科学院院士 Steven D. Tanksley	2005年4月21日	康奈尔大学农业与生命科学专家来参观辣椒番茄茄子试验地
中国台湾	世界蔬菜研究中心亚洲区域中心 Afren Altoveros	2005年8月18日—25日	带来泰国农业大学园艺系和亚洲蔬菜研究中心玉米杂交种，讨论进一步合作事宜
加拿大	加拿大农业部南方植物保护和食品研究中心专家	2005年11月28日—12月5日	Dr. Daniel Brown 和王爱民，学术交流
美国	美国威斯康星州立大学植物病理系实验室主任孙文献	2006年2月18日—23日	学术交流
韩国	韩国庆北大学农业与生命科学院园艺蔬菜专家	2006年4月26日	Byung-Soo Kim 教授，交流辣椒抗病育种研究
中国台湾	亚洲蔬菜研究与发展中心植物病理专家王添成、陈坚华	2006年9月10日—23日	开展番茄晚疫病菌及其抗病育种研究技术交流
泰国	泰国农业大学和世界蔬菜研究与发展中心专家	2006年9月18日—24日	豆类学术交流

（续表）

来访国（地区）	来访单位（组织）/人员	时间	内容
英国	诺丁汉大学陆春贵	2006年12月18日—31日	交流合作事宜
美国	康奈尔大学蔬菜育种专家 Dr. Phillip Griffiths	2007年4月15日—16日	学术交流
泰国	泰国农业大学农学院 Pathalin Tanya	2007年10月25日—11月1日	执行引智项目
加拿大	加拿大农业部南方作物保护与食品研究中心	2007年11月1日—9日	参加院庆海外专家学术研讨会，并进行豆类相关资源印记及育种技术指导
美国	Synergene Seed 科技有限公司	2007年11月1日—16日	参加院庆海外专家学术研讨会，并交流，为下一步合作打基础
日本	日本农业生物科学研究所	2007年11月2日—9日	参加院庆海外专家学术研讨会，并交流豆类资源与育种技术
美国	得克萨斯大学生物技术专家金健康一行	2008年6月17日—19日	学术交流及讨论会员工作及合作可能性
泰国	泰国农业大学 Peerasak Srinives	2008年8月3日—9日	执行引智项目
日本	名古屋大学	2008年9月12日	蔬菜科技交流
美国	Phyton Biotech Inc 王为民	2008年9月28日—10月9日	一般交流
加拿大	加拿大南方作物保护与食品中心王爱民	2008年10月3日—10日	执行引智项目
加拿大	西安大略大学 Dhaubhadel 副教授	2008年11月4日—12日	大豆蔬菜等相关内容合作交流
以色列	西伯伦大学 Shmuel Wolf 教授	2008年11月5日—10日	参加首届江苏国际产学研研究大会
加拿大	加拿大南方植物保护与食品安全研究中心王爱民	2009年8月9日—21日	执行引智项目
美国	密歇根州立大学王得春	2009年10月1日—16日	执行国家引智示范推广项目
澳大利亚	莫道克大学杨荣昌	2009年10月26日—11月13日	执行国家引智项目
泰国	泰国农业大学 Peerasak Srinives 博士团	2010年8月31日—9月5日	合作交流
加拿大	加拿大南方植物保护与食品安全研究中心王爱民	2010年10月24日—29日	合作交流
波兰	波兰农业科技代表团	2010年11月29日—30日	合作交流
美国	肯塔基大学	2011年4月15日	顺访、交流
泰国	泰国农业大学	2011年10月5日—11日	学术交流
日本	日本农业资源研究所	2011年10月5日—11日	学术交流

（续表）

来访国（地区）	来访单位（组织）/人员	时 间	内 容
美国	密歇根州立大学	2011年10月10日—21日	学术交流
美国	美国农业部农业研究中心蔬菜实验室	2012年4月19日—20日	访问、交流
美国	美国北达科他州立大学	2012年6月20日—27日	引智项目
日本	日本北海道综合农业机构	2012年6月20日—27日	引智项目
加拿大	加拿大南方植物保护与食品安全研究中心	2012年9月15日—22日	引智项目
美国	密歇根州立大学	2012年10月18日—22日	访问、交流
加拿大	加拿大农业与农业食品部	2012年10月20日—25日	访问、交流
加拿大	加拿大农业部南方植物保护与食品安全研究中心	2012年11月4日—8日	访问、交流
美国	密西西比州立大学	2013年4月16日	访问、交流
美国	美国得州A&M农工大学	2013年5月16日—19日	访问、交流
加拿大	加拿大农业部南方植物保护与食品安全研究中心	2013年8月19日—29日	引智项目
朝鲜	朝鲜合营投资委员会	2013年8月22日	访问、交流
泰国	泰国农业大学	2013年10月21日—26日	访问、交流
美国	得州农工大学、密西西比州立大学、佛罗抵达大学访学团	2014年5月21日—24日	访问、交流
泰国	泰国农业大学原副校长	2014年9月19日	合作交流
美国	美国北达科他州立大学植物科学系	2014年10月4日—6日	合作交流
日本	日本国际农林水产研究中心	2014年10月11日—17日	合作交流
韩国	韩国江原大学辛承昊代表团	2015年3月18日—19日	签署合作谅解备忘录
荷兰	瓦赫宁根大学Guusje代表团	2015年4月21日	学术交流
美国	佛罗里达大学Mathews Paret代表团	2015年5月9日—15日	学术交流
美国	康涅狄格大学李义代表团	2015年5月28日	学术交流

（续表）

来访国（地区）	来访单位（组织）/人员	时 间	内 容
加拿大	农业部南方作物保护与食品安全研究中心王爱民代表团	2015 年 7 月 29 日—8 月 8 日	执行引智项目
泰国	泰国农业大学 Peerasak Srinives 代表团	2015 年 8 月 6 日—15 日 2015 年 9 月 26 日—10 月 2 日 2015 年 10 月 17 日—12 月 6 日	执行引智项目
澳大利亚	昆士兰大学 Brett Ferguson 代表团	2015 年 10 月 15 日—21 日	执行引智项目
中国台湾	亚蔬蔬菜中心南亚分中心 Ramakrishnan M. Nair 代表团	2015 年 10 月 18 日—22 日	执行引智项目
韩国	首尔大学 Suk-Ha Lee 代表团	2015 年 10 月 18 日—22 日	执行引智项目
韩国	京畿道农业科研院代表团	2016 年 6 月 27 日—7 月 1 日	学术交流

第三节 国际合作成果

蔬菜所在新品种选育和杂优利用研究上，一直致力于广泛征集国外种质资源，并大胆改进利用。建所初期，先后从美国、日本及欧洲引进 47 种蔬菜 1 000多份材料，进行观察鉴定和改进利用，对不能直接利用的材料则利用其某一优良基因加以转育后间接利用，育成了一批优异的番茄、大白菜、四季豆、甜瓜等新品种。

抗日战争结束后，联合国救济署曾提供大量蔬菜种子给我国，蔬菜研究所从百余份番茄种子中筛选出 Earliana 和 Bounty 两个早熟和极早熟品种，定名‘棕红’及‘矮红金’，成为 20 世纪 50 年代国内优良推广品种。20 世纪 70 年代又从美国引进了百余份番茄种质资源，从日本引进粉果、无限生长并较抗病的‘强力米寿’番茄在生产上推广。通过对种质资源进行认真培育、观察、鉴定，筛选，开展杂种优势利用的研究工作，育成早熟亲本‘矮黄’，以其为亲本育成‘苏抗 4 号、5 号、6 号’，又育成粉果类型早熟亲本‘霞粉’，培育了‘苏抗 7 号、8 号、9 号’‘霞粉’等杂交品种，在生产上大面积推广。

1985—1990 年，蔬菜所承担农业部科技司组织的与亚洲蔬菜研究发展中心开展耐热蔬菜合作项目中“耐热大白菜品种选育与应用技术研究”课题，从亚蔬中心引进 41 分耐热大白菜种质材料中，选育出夏大白菜品种——‘夏丰’‘伏宝’，其成果“夏大白菜——‘夏丰’‘伏宝’的选育和应用”于 1990 年通过科技部成果鉴定，“耐热大白菜‘夏丰’‘双冠’新品种选育、研究和应用”获得 1998 年度江苏省科技进步二等奖。此外，从亚蔬中心引进的耐热大白菜种质 PL-1还作为核心亲本，通过与小白菜的亚种间杂交育成了耐热小白菜品种‘热抗青’和‘热抗白’。这一国际合作项目取得了丰硕的成果。

蔬菜所与泰国农业大学 Perasak Srinives 团队的国际合作成果获得国家友谊奖、国际合作奖、江苏省友谊奖、江苏省国际合作奖的大满贯。2015 年国家友谊奖，马凯副总理亲自颁奖。作为友谊奖 25 年来唯一的农业专家在《人民日报》（海外版）予以报道。

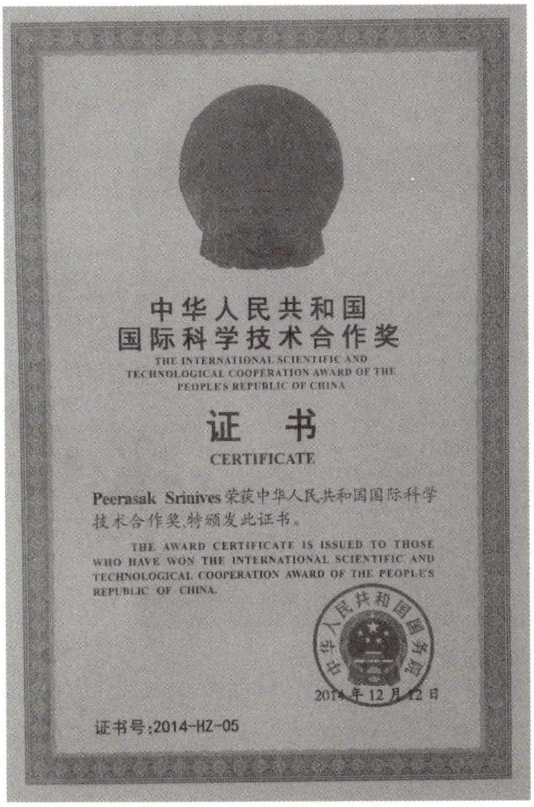

中华人民共和国
国际科学技术合作奖
THE INTERNATIONAL SCIENTIFIC AND TECHNOLOGICAL COOPERATION AWARD OF THE PEOPLE'S REPUBLIC OF CHINA

证　书
CERTIFICATE

Peerasak Srinives 荣获中华人民共和国国际科学技术合作奖，特颁发此证书。

THE AWARD CERTIFICATE IS ISSUED TO THOSE WHO HAVE WON THE INTERNATIONAL SCIENTIFIC AND TECHNOLOGICAL COOPERATION AWARD OF THE PEOPLE'S REPUBLIC OF CHINA.

中华人民共和国国务院

2014年12月12日

证书号：2014-HZ-05

2014 年，中华人民共和国国际科学技术合作奖

2012 年度江苏省科学技术奖

证　书

为表彰江苏省科学技术奖获得者，特颁发此证书。

奖励类型：江苏省国际科学技术合作奖

获 奖 者：披拉沙·斯乃文（Peerasak Srinves）

省长：李学勇

2013 年 1 月 23 日

证书号：2012-J-GH-D03

2013 年，江苏省国际科学技术合作奖

This Jiangsu Certificate of Friendship and Friendship Medal are awarded to

Mr. Peerasak Srinives

in appreciation of your enthusiastic support for Jiangsu's Construction and your friendly co-operation

Jiangsu Provincial People's Government of the People's Republic of China

Month 9 Day 19 Year 2014

披拉沙·斯乃文 先生

为感谢您对我省建设事业的热情支持和在友好合作中所做出的贡献特授予您江苏友谊奖并颁发友谊奖牌

此证

中华人民共和国
江苏省人民政府

2014 年 9 月 19 日

2014 年，江苏友谊奖

Peerasak Srinives 教授简介：泰国农业大学教授，博士生导师，亚洲大洋洲国际育种协会主席，世界著名豆类育种专家，泰国首次接受国王接见的 3 位农业科学家之一。在中国国内开展培训，学生来自农业农村部、科技部等合计 300 多人，国际培训人员和学生超过 1 000人。

2015 年，中华人民共和国友谊奖

第七章　主要荣誉

据统计，截至2019年5月，共荣获综合实力百强研究所、江苏省文明单位等集体荣誉20余项。

第一节　集体荣誉

集体荣誉

获奖主体	名　称	时　间
蔬菜研究所	全国农业科研单位综合科研能力优秀单位	“七五”
蔬菜研究所	全国农业科研开发综合实力百强研究所	“八五”
蔬菜研究所	全国区试工作先进单位	“十五”
蔬菜研究所	全国巾帼建功先进集体	2016年
蔬菜研究所	国家国际科学技术合作奖，中方主持	2014年
蔬菜研究所	国家友谊奖，中方主持	2015年
蔬菜研究所	江苏省文明单位	1986—1987年度、1988—1990年度
蔬菜研究所	省级机关“青年文明号”	2003年、2005年
蔬菜研究所	江苏省送科技下乡30佳富民项目	2006年
蔬菜研究所	江苏省50佳短平快科技富民项目	2007年
瓜类作物新品种选育及育种技术研究项目组	2007—2008年院先进集体	2009年
食用菌研究项目组	江苏省省级机关巾帼文明岗	2010年
蔬菜所团支部	江苏省省级机关五四红旗团支部	2006年、2016年
蔬菜研究所	江苏省挂县强农富民先进单位	2010年、2013年、2016年
蔬菜研究所	江苏省国际科学技术合作奖，中方主持	2012年
蔬菜研究所	江苏友谊奖，中方主持	2014年
蔬菜研究所	院知识产权先进单位	2009年
蔬菜研究所	院科技服务先进单位	2013年、2014年、2015年、2016年
茄果类研究室	2013年度“院十强研究团队”	2013年

第二节 个人荣誉

据统计，截至2019年5月，蔬菜所职工共获得省市级荣誉50余项。

个人荣誉

姓 名	性 别	荣 誉	时 间
陈广福	男	参加全国农业劳动模范大会	1957年
徐鹤林	男	南京市科技功臣	1995年
余文贵	男	第六届中国农学会青年科技奖	1998年
余文贵	男	第五届江苏省青年科技奖	1998年
丁万霞	女	江苏省“三八”红旗手	1998年
袁希汉	男	南京市劳动模范	2000年
袁希汉	男	江苏省“五一”劳动奖章获得者	2000年
孙洁波	女	全国城镇妇女“巾帼建功”标兵	2000年
袁希汉	男	江苏省农业科技先进科学技术工作者	2001年
羊杏平	男	1999—2000年度南京市科技兴农先进个人	2001年
羊杏平	男	苏北星火产业开发带建设先进工作者	2002年
羊杏平	男	2001—2002年度南京市科技兴农先进个人	2003年
苏小俊	男	江苏省新长征突击手	2003年
沈 奇	女	全国科技年活动先进个人	2004年
宋金俤	女	中国食用菌协会优秀科技人员	2005年
羊杏平	男	2003—2004年度南京市科技兴农先进个人	2005年
羊杏平	男	江苏省20佳科技富民标兵	2006年
沙国栋	男	江苏省20佳科技富民标兵	2006年
刘金兵	男	江苏省园艺学会先进科技工作者	2006年
江 蛟	男	第七届省级机关优秀青年公仆	2006年
丁万霞	女	江苏省“双学双比”女能手	2006年
陈 新	男	农作物品种区试工作先进工作者	2007年
羊杏平	男	南京市双百工程先进个人	2007年
沙国栋	男	江苏省30佳科技富民标兵	2007年
沙国栋	男	“江苏省万名科技专家兴农富民工程”优秀科技专家	2008年
高长洲	男	“江苏省万名科技专家兴农富民工程”优秀科技专家	2008年
高 兵	男	江苏省省级机关优秀共青团员	2008年
袁希汉	男	南京市优秀科技特派员	2009年
徐 刚	男	全国优秀科技特派员	2009年

（续表）

姓 名	性 别	荣 誉	时 间
沙国栋	男	全国优秀科技特派员	2009年
唐于银	男	江苏省优秀科技特派员	2009年
宋金俤	女	江苏省优秀科技特派员	2009年
卢昱宇	男	江苏省优秀科技特派员	2009年
赵统敏	男	江苏省省级机关五好家庭	2009年
袁希汉	男	江苏省优秀科技特派员	2010年
沙国栋	男	江苏省优秀科技特派员	2010年
卢昱宇	男	江苏省优秀科技特派员	2010年
魏国平	男	江苏省挂县强农富民工程先进个人	2010年
陈龙正	男	江苏省挂县强农富民工程先进个人	2010年
沙国栋	男	江苏省农业科技创新与推广先进个人	2010年
顾和平	男	全省农作物品种区试工作先进个人	2010年
徐锦华	男	全省农作物品种区试工作先进个人	2010年
陈龙正	男	江苏省“送科技下乡促农民增收”优秀科技特派员	2011年
魏国平	男	江苏省“送科技下乡促农民增收”优秀科技特派员	2011年
魏国平	男	江苏省挂县强农富民工程“农业科技服务明星”	2011年
徐 海	男	江苏省挂县强农富民工程“农业科技服务明星”	2011年
徐锦华	男	南京市“双百工程”优秀专家	2011年
严继勇	男	南京市“双百工程”专家参与奖	2011年
袁希汉	男	江苏省特派员创业先进个人	2013年
王述彬	男	江苏省优秀科技特派员	2013年
陈 新	男	第十二届江苏省优秀科技工作者	2016年
华秀红	女	江苏省省级机关“说家事话家风 写家书促和谐”征文一等奖	2016年
华秀红	女	江苏省省级机关“名人家风家训伴我行”征文一等奖	2017年
陈龙正	男	江苏省省级机关“家庭文明我在行”征文三等奖	2018年

陈广福在援藏期间，代表西藏自治区出席全国首届农业劳动模范代表会议。

下图为纪念刊及代表证，全国农业劳动模范代表会议纪念章

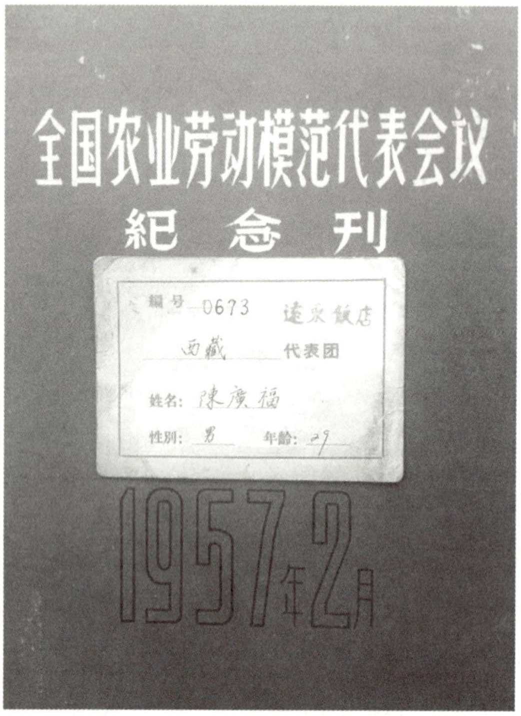

纪念刊

纪念章

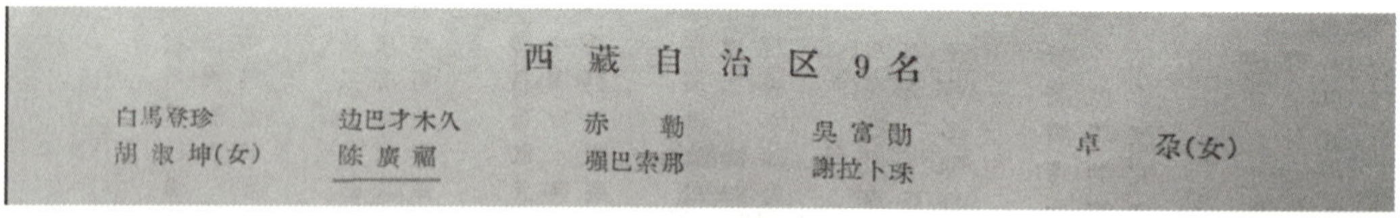

西藏自治区9名

白馬登珍 胡淑坤(女) 边巴才木久 陈廣福 赤勒 强巴索那 吴富勋 謝拉卜珠 卓朵(女)

会议名单（部分）

致 谢

四十年薪火相传，四十载励精图治，谱华章助推产业兴旺，创成果造福三农百姓。

经过一代代人的辛勤耕耘，江苏省农业科学院蔬菜研究所已经发展成为学科门类齐全、人才结构合理、社会影响力较大的蔬菜科研单位，研究实力居国内同行前列，在江苏省乃至全国农业发展史上具有重要地位。为蔬菜所立志，记录历史，激励后人不忘初心，牢记使命，砥砺前行，是当代蔬菜人义不容辞的责任。

所志编写中，得到全体编委的大力支持，他们在素材提供、要素完善上做了大量工作。此外，江苏省志·农业科学技术志《资料长篇》（许本璟主编）；《缅怀农业前辈》（凤凰出版传媒集团/江苏科学技术出版社，2006 年 10 月第一版）；《跨世纪神农伟业》（院内整理材料）等提供了大量的资料信息。

所志编写中，得到了顾问组的大力支持，他们提供了许多宝贵的历史资料，并提出修改意见，还为所志提纲编撰付出大量心血。

所志编写中，华秀红在完成本职工作的同时，加班加点查阅整理材料，反复推敲，几易其稿，终得此志书成型；江苏省专业报新闻记者协会秘书长刘若玮，在内容整理、文字核对等方面做了大量工作。

所志编写中，江苏省农业科学院院办公室、人事处、成果转化处、国际合作处，中国第二历史档案馆、南京大学档案馆等给予档案查询、资料核实等诸多帮助。

特别感谢中国工程院院士方智远先生在百忙之中作序。

所志编写中还有许多给予支持帮助的单位和个人，得以完善全书，确系盛世佳话，永记于史。

不一一列举，在此一并致谢。

蔬菜所所志主编

2019 年 5 月

第一部分 历史传承

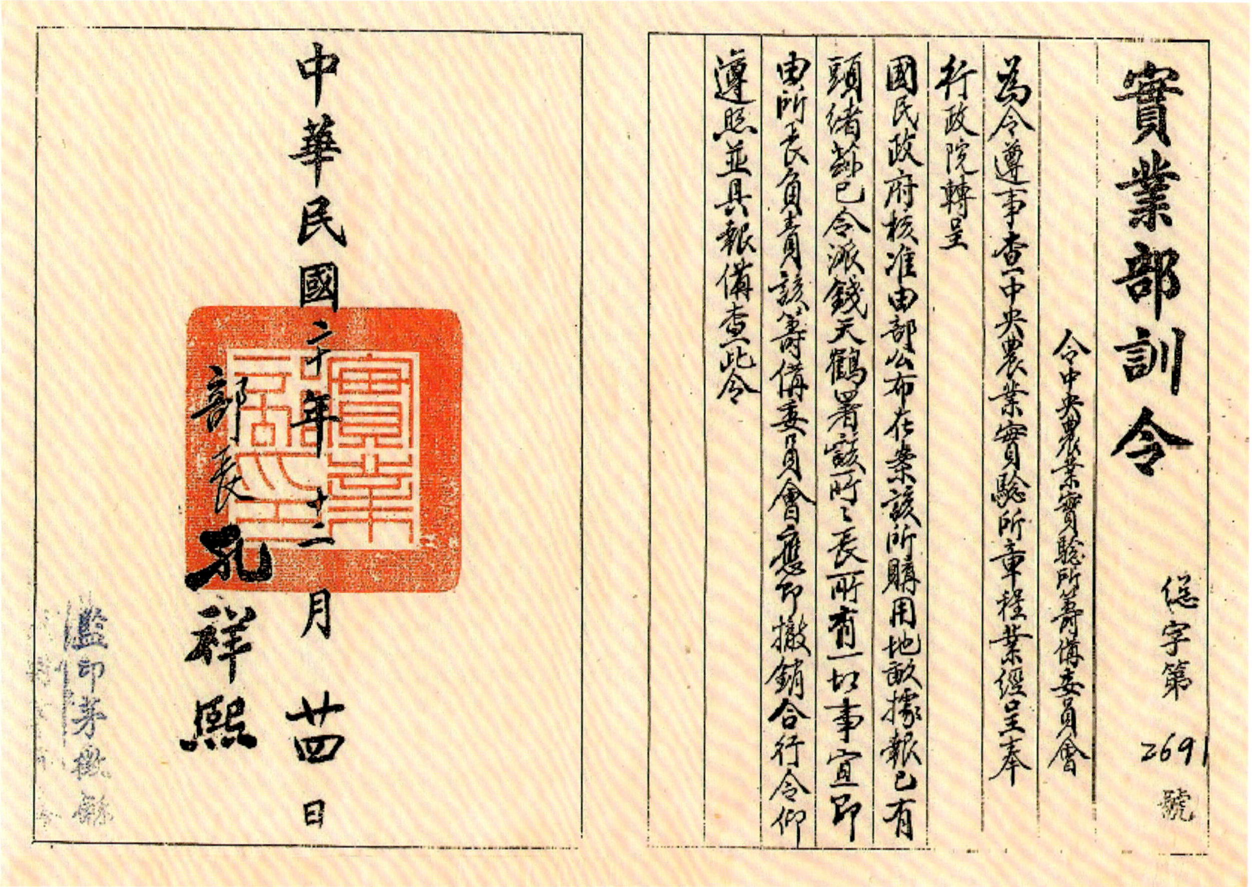

實業部訓令

令中央農業實驗所籌備委員會

從字第2691號

為令遵事查中央農業實驗所章程業經呈奉

行政院轉呈

國民政府核准由部公布在案該所購用地畝據報已有頭緒茲已令派錢天鶴署該所所長所有一切事宜即由所長負責該籌備委員會應即撤銷合行令仰

遵照並具報備查此令

部長 孔祥熙

中華民國二十年十二月廿四日

1931 年，国民政府“成立中央农业试验所训令”

中央农业试验所总实验馆

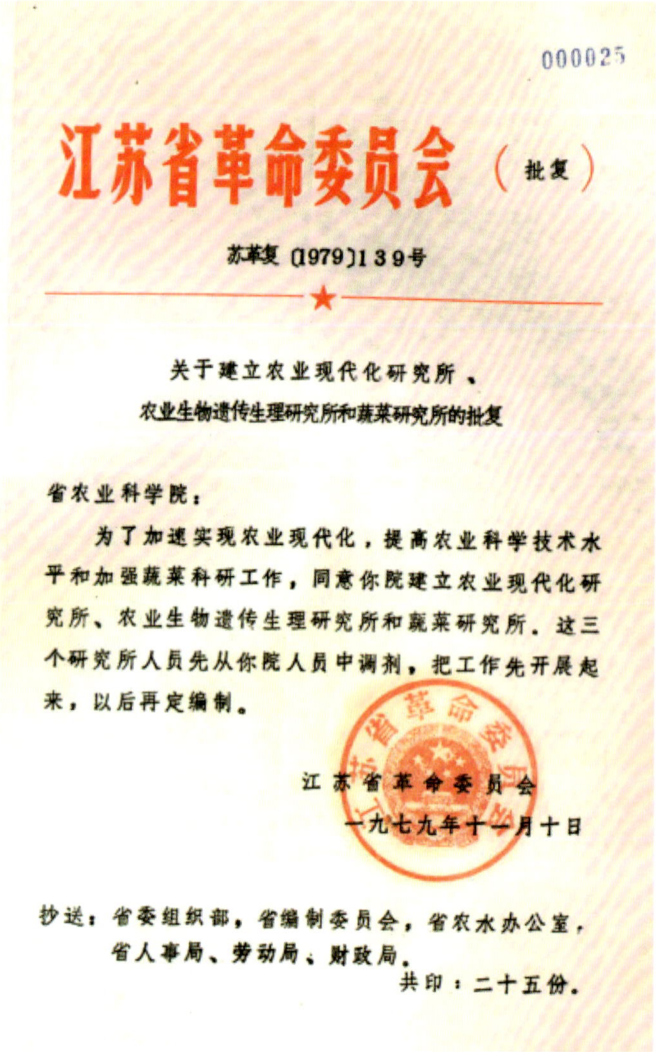

000025

江苏省革命委员会（批复）

苏革复〔1979〕139号

关于建立农业现代化研究所、
农业生物遗传生理研究所和蔬菜研究所的批复

省农业科学院：

为了加速实现农业现代化，提高农业科学技术水平和加强蔬菜科研工作，同意你院建立农业现代化研究所、农业生物遗传生理研究所和蔬菜研究所。这三个研究所人员先从你院人员中调剂，把工作先开展起来，以后再定编制。

江苏省革命委员会
一九七九年十一月十日

抄送：省委组织部，省编制委员会，省农水办公室，
省人事局、劳动局、财政局。
共印：二十五份。

1979 年，关于成立蔬菜研究所的批复

20 世纪 80 年代末，蔬菜所部分领导、专家在蔬菜所大楼门前合影

第二部分　辉煌岁月

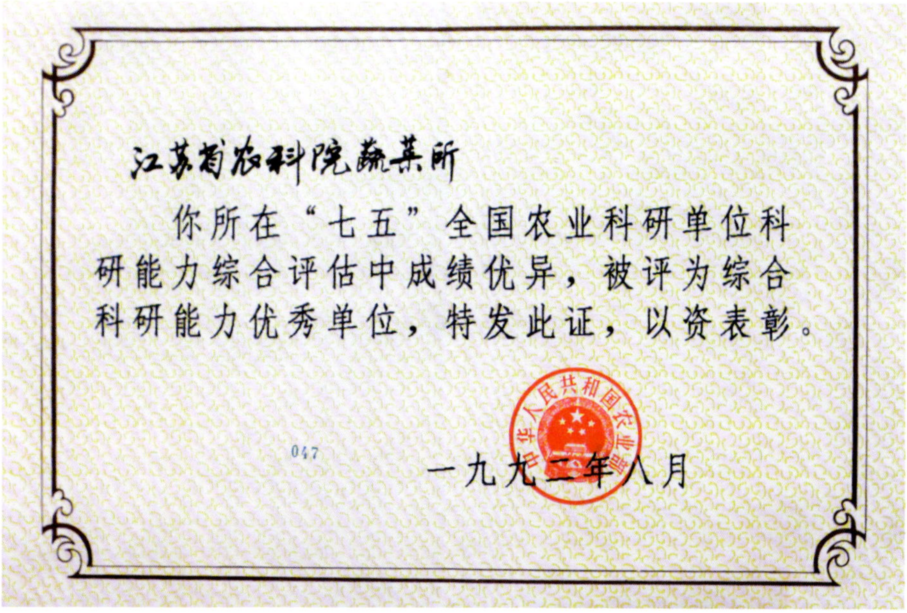

江苏省农科院蔬菜所

你所在“七五”全国农业科研单位科研能力综合评估中成绩优异，被评为综合科研能力优秀单位，特发此证，以资表彰。

047

一九九二年八月

1992 年，在“七五”全国农业科研单位科研能力综合评估中，被评为综合科研能力优秀单位

证书

江苏省农业科学院蔬菜研究所：

“八五”全国农业科研开发

综合实力

百强研究所

一九九六年十月二十一日

1996 年，被评为“八五”全国农业科研开发综合实力百强研究所

1993 年，对外发布蔬菜科研新成果信息

在 1998 年成立中国辣椒协会上赵华崙（前排左 4）
当选为第一届会长

证　书

江苏省农业科学院：

江蔬牌瓜菜良种被认定为首届江苏名牌农产品，特发此证。

江苏省名牌农产品认定组织委员会
一九九九年五月二十日

1999 年，江蔬牌瓜菜良种被认定为首届江苏名牌农产品

第三部分　学术交流

20 世纪 80 年代，在院招待所主持召开的全国番茄会议

1991 年，主办江苏省蔬菜科技交流大会

1998 年，承办中国辣椒协会理事会年会

1999 年，主持召开国家攻关番茄专题中期总结交流会

2011 年，承办第九届十字花科蔬菜学术研讨会暨新品种展示会

2016 年，在江苏南京主办华东地区省（市）农科院蔬菜学科第一届青年学术交流会

2017 年，在江宁谷里举办蔬菜种业高峰论坛

主办每年一度的江苏省蔬菜科技创新协作组年会暨学术交流会

2017 年，江苏省现代农业产业技术体系首席专家羊杏平（前排右 3）
组织召开江苏西甜瓜产业技术体系启动会

第四部分　对外合作与交流

1983 年，徐鹤林（前排右 1）在密西根州立大学访学

1983 年，徐润芳（右 1）在佛罗里达州大学访学

20 世纪 90 年代，美国友人指导芦笋制种

20 世纪 90 年代，沈善铜（右 1）参加中日地膜设施栽培学术研讨会

2012 年，以色列海泽拉优质种子公司来蔬菜所合作洽谈

2015 年，泰国农业大学 Peerasak Srinives（右 5）教授到所进行学术交流

2018 年，王伟明所长（右 2）徐刚研究员（右 1）
访问英国诺丁汉特伦特大学交流

2012 年，吴明珠院士到蔬菜所作学术报告

2016 年，邹学校院士来蔬菜所指导

2016 年，李天来院士参加江苏省蔬菜协作组会议并作大会报告

2017 年，方智远（右 2）院士到蔬菜所六合基地指导工作

2014 年，中国园艺学会理事长，杜永臣来蔬菜所指导

第五部分　科技服务与成果转化

20 世纪 80 年代，蔬菜所专家在生产一线指导蔬菜生产

1984 年，举办江苏省西瓜栽培技术培训班

20 世纪 90 年代，开展农业科技普及宣传大会

20 世纪 90 年代，苏蜜 1 号西瓜在新疆制种

1997 年，蔬菜所原所长赵华崙（左 1）到徐州辣椒繁种基地田间检查亲本纯度

徐鹤林（后排右 3）所长带队到安徽和县开展蔬菜科技服务

与常熟碧溪新区开展现代农业战略合作

番茄新品种独占许可签约

第六部分　科研条件

20 世纪 80 年代，蔬菜所自建办公大楼（图片为 2003 年重新装修后）

蔬菜所现在使用的办公大楼

蔬菜所六合基地试验大棚

蔬菜所植物病理学实验室

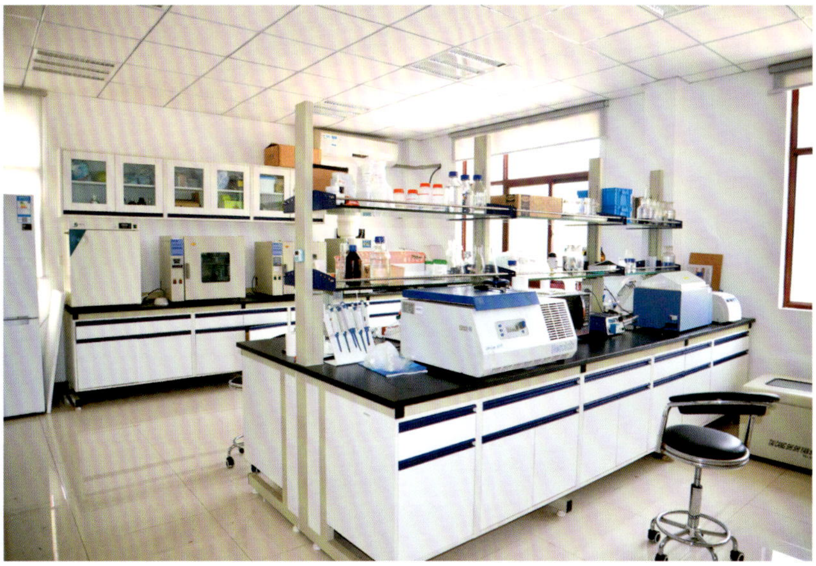

蔬菜所分子生物学实验室

第七部分　硕果累累

奖状

为表扬在我省科学技术工作中作出显著贡献者，特颁发此奖状，以资鼓励。

受　奖　者　江苏省农业科学院园艺研究室

完成的成果　抗烟草花叶病毒（TMV）番茄和耐热茄子一代杂种选育

江苏省革命委员会

一九七八年

1978 年，抗烟草花叶病毒番茄和耐热茄子一代杂种选育获江苏省科技奖

科技進步奬

証書

为表彰在促进科学技术进步工作中做出重大贡献者，特颁发国家科技进步奖证书，以资鼓励。

获 奖 项 目：中国番茄主要病毒病毒原鉴定和抗源筛选、创新及利用

获 奖 单 位：江苏省农科院蔬菜所

奖 励 等 级：二等奖

奖 励 时 间：一九九七年十二月

证　书　号：13-2-012-01

中华人民共和国国家科学技术委员会主任　宋健

1997 年，中国番茄主要病毒病病毒源鉴定和抗源筛选、创新及利用，获国家科技进步二等奖

奖状

江蘇省農科院蔬菜所

在蔬菜抗病品种选育的“六五”国家科技攻关中成绩显著，特予表彰。

一九八六年五月　日

蔬菜抗病品种选育，获“六五”国家科技攻关表彰

奬状

为表彰在农业科学技术进步工作中作出显著成绩者，特授予部级科学技术进步奖二等奖。

受奖项目：中国番茄主要病毒病毒原鉴定和抗源筛选 创新及利用

受奖单位：江苏省农业科学院蔬菜研究所

编号：1996-00106

中华人民共和国农业部

一九九六年十[illegible]月一日

1996 年，中国番茄主要病毒病毒原鉴定和抗源筛选创新及利用，获农业部科技进步二等奖

证书

获奖项目：番茄抗烟草花叶病毒"矮黄"亲本的选育及红果系列杂种一代的育成及利用

获奖单位：江苏省农科院蔬菜所 等

奖励等级：三 等

奖励日期：一九九零年十二月

证书号：农-3-009-01

国家科学技术进步奖
评审委员会

1990年，番茄抗烟草花叶病毒'矮黄'亲本的选育及红果系列杂种一代的育成及利用，获国家科技进步三等奖

科技進步奬
証書

为表彰在促进科学技术进步工作中做出重大贡献者，特颁发国家科技进步奖证书，以资鼓励。

获奖项目：优质多抗丰产苏抗粉果系列番茄新品种的选育与应用

获奖单位：江苏省农业科学院蔬菜研究所

奖励等级：三等奖

奖励时间：一九九六年十二月

证书号：13-3-008-01

中华人民共和国
国家科学技术委员会主任 宋健

1996年，优质多抗丰产苏抗粉果系列番茄新品种的选育与应用，获国家科技进步三等奖

奬状

为表扬在农牧渔业科学技术工作中作出显著成绩者，特授予部级科学技术进步奖三等奖，以资鼓励。

受奖单位：
江苏省农科院蔬菜所
南京市蔬菜局等四个单位

受奖项目：
早丰一号辣椒新品种的选育与应用

中华人民共和国农牧渔业部

编号：85 0337

一九八五年九月

1985年，早丰一号辣椒新品种的选育与应用，获农牧渔业部科技进步三等奖

奬状

为表彰在农业科学技术进步工作中作出显著成绩者，特授予部级科学技术进步奖二等奖

受奖项目：苏椒系列(苏椒2号、苏椒5号、苏椒3号(A))选育及育种技术研究

受奖单位：江苏省农业科学院蔬菜研究所

编号：1998-00141

中华人民共和国农业部

1998年，苏椒系列（苏椒2号、苏椒5号、苏椒3号（A）选育及育种技术研究，获农业部科技进步二等奖

1992 年，缸藏蘑菇新菌株选育，获对外经贸部科技工作成果三等奖

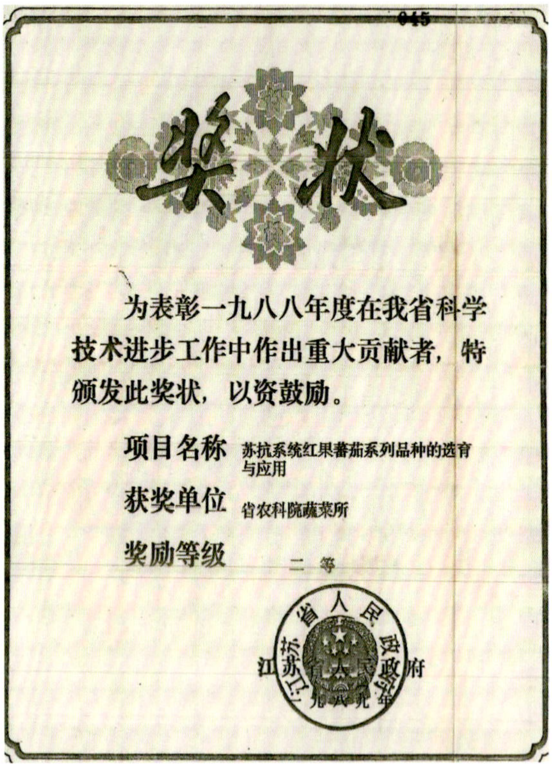

1989 年，苏抗红果番茄系列品种的选育与应用，获江苏省科技进步二等奖

1993 年，辣椒新品种苏椒二号选育与应用，获江苏省科技进步二等奖

1995 年，优质多抗粉果系列番茄苏抗七、八、九号的选育与应用，获江苏省科技进步二等奖

1999 年，耐热大白菜‘夏丰’‘双冠’新品种选育、研究和应用，获江苏省科技进步二等奖

2010 年，江蔬系列辣椒新品种（1-7 号）选育与应用，获江苏省科技进步二等奖

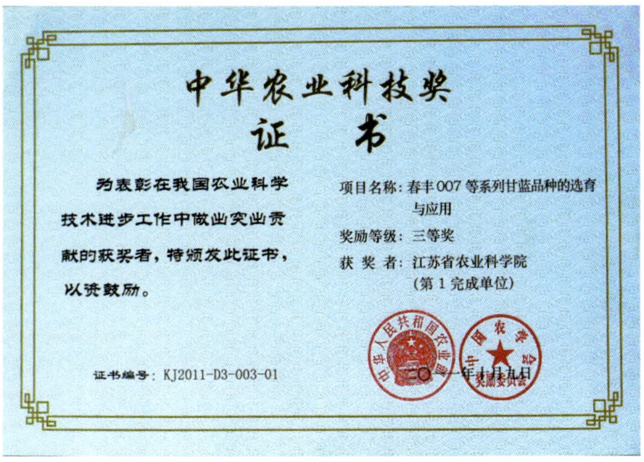

2011 年，春丰 007 等系列甘蓝品种的选育及应用，获中华农业科技奖三等奖

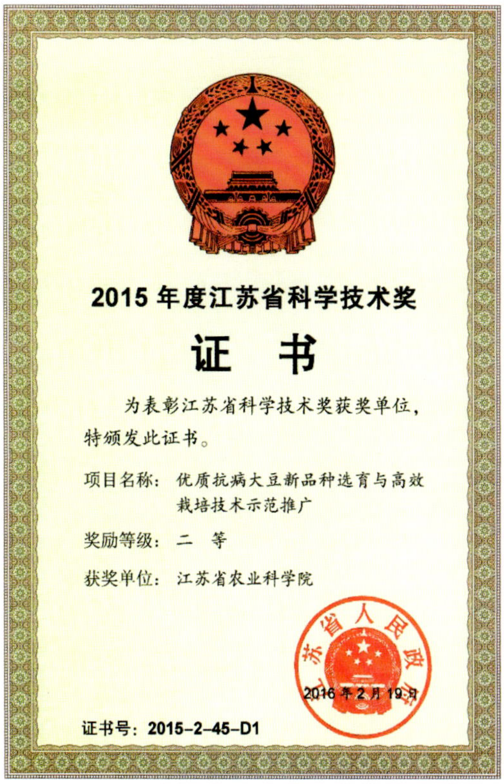

2016 年，优质抗病大豆新品种选育与高效栽培技术示范推广，获江苏省科学技术奖二等奖